青島市社科規劃項目
青島大學出版基金資助

《孝經》鄭玄注匯校

郭金鴻 ◎ 匯校

中國社會科學出版社

圖書在版編目(CIP)數據

《孝經》鄭玄注匯校／郭金鴻匯校．—北京：中國社會科學出版社，2021.9
ISBN 978-7-5203-8053-9

Ⅰ.①孝…　Ⅱ.①郭…　Ⅲ.①家庭道德—中國—古代②《孝經》—研究　Ⅳ.①B823.1

中國版本圖書館 CIP 數據核字(2021)第 040736 號

出 版 人	趙劍英
責任編輯	任　明　宮京蕾
責任校對	朱妍潔
責任印製	郝美娜

出　　版	中國社會科學出版社
社　　址	北京鼓樓西大街甲 158 號
郵　　編	100720
網　　址	http://www.csspw.cn
發 行 部	010-84083685
門 市 部	010-84029450
經　　銷	新華書店及其他書店

印刷裝訂	北京君昇印刷有限公司
版　　次	2021 年 9 月第 1 版
印　　次	2021 年 9 月第 1 次印刷

開　　本	710×1000　1/16
印　　張	11
插　　頁	2
字　　數	177 千字
定　　價	85.00 元

凡購買中國社會科學出版社圖書，如有質量問題請與本社營銷中心聯繫調換
電話：010-84083683
版權所有　侵權必究

尋找青島學脈是文化基因測序工程(代序)

東漢經學大師鄭玄(127—200年)七十三歲逝世,周歲。孔子也七十三歲病故,虛歲。據説,鄭玄祖上鄭國是孔丘弟子。孔子門生三千,鄭玄萬余。孔子的學生把老師的言行與自己的感悟編成《論語》,鄭玄弟子把老師的成果編成《鄭志》。鄭玄,挺玄的,影子聖人,夢到孔子不久,便魂歸那世去了。冥冥之中,似乎有某種感應存在,這可能是定數。古代名家間有太多的相同之處,而與現代學者相當不同。傳統知識分子經典意識更强些;現代知識分子公共意識更强些。强化公共經典意識,兩種優點都突出,才會有周全的擔當,成爲社會的良心與頭腦。

鄭玄"不樂爲吏",對再顯赫的官位也不稀罕。他"念述先聖之元意",孜孜不倦。這個"元"字很重要,是"頭"的意思,鄭玄要做有"頭腦"的學問,而且要從"頭兒"開始做,最後做成了學者的"頭兒"。他早年負笈陝西,師從名家馬融,從芸芸衆生中脱穎而出。當他離開時,馬融道:"鄭生今去,吾道東矣。"老師感歎學問跟著學生走了,這樣高的評價絶無僅有。如今讀書的種子已經不多,厭學現象常見,畢業了,拿到了薄薄的一紙文憑,如釋重負,把學問還給老師,淨身出戶,從此不再親近書本,親近市場去了,這樣的學生不少見。

李白《將進酒》中豪言"會須一飲三百杯",典故出於鄭玄。他不但海量,對酒也有研究,被稱爲"中國酒學第一人",喝出了學問。《世説新語》中講,鄭玄在一次從早到晚的酒場中豪飲三百杯,即便是一錢一盅的小容器,也有三斤之多。但他"温克之容,終日無怠"正因爲没醉,他才躲過了馬融的忌殺。老師謀害學生,是驚人故事,從贊歎到忌妒,可以説明鄭玄的學問之大,馬融的心量之小。青出於藍而勝於藍,恰好説明教師成功,馬融不但没以此爲榮,反而以此爲禍。他做學問能行,做老師不行，做人就更不行了，小人儒也。

鄭玄在政治、經濟、哲學、法律、教育、曆史、天文、曆法、數學、物理、機械、醫學等方面都有見解，其成果被集成爲"鄭學"，有人説是"極學"。古代大家都是雜家，誰能想到教"語文"的孔子也教"數學"？他的六藝課程中還有"禦"，相當於現在的"駕校培訓"。

漢靈帝中平五年（公元 188 年）初秋的某天。衆讀書人簇擁著一輛席棚牛車，車上坐著的智慧老漢就是蜚聲朝野的鄭玄，六十一歲，剛過耳順之年。他在現今青島城陽區惜福鎮一處山清水秀的地方落腳，建了所民辦學校。鄭玄字康成，學校定名爲"康成書院"。康成康成，健康成長，用在教育事業上，真是個好品牌，現在也是。

有人認爲書院制度起源於唐代，康成書院證明東漢就有，算到公元 2017 年，它的建立是一千八百二十九年以前的事情了，在嗣後七百八十八年，也就是公元 978 年，才有了如今依然如日中天的嶽麓書院。假如康成書院能夠一直延續下來，很難想象會是何等輝煌，可惜曆史不能"假如"。

嶽麓書院在清代改爲湖南高等學堂，民國時期更名湖南大學，"千年學府，弦歌不絕"。一般認爲，曆史悠久的高等學府都在歐洲，湖大是不是太誇張了？西方高校來自中世紀的神學院，校齡從上帝開始算賬；中國以書院爲根，校齡從聖人開始算賬。要想證明前者合理，後者牽強，恐怕並不容易。西方重"神"，中國重"聖"，加起來就是"神聖"。大學是知識神壇，也是文化聖地。

明正德七年（1512 年），即墨知縣高允中在鄭玄築廬授徒原址重建院宇，購經書，聘先生，辟學田，親書匾額"康成書院"，這是有重量的記憶。中國鄉下的地名，多是張家村，李家店。直到今天，青島的"書院村"尚在，不遠處的"演禮村"是鄭玄向山裏人傳授禮儀之處。《三齊記》上説，本地有一種多年生草本植物，葉子細長有韌性，鄭玄用來編連竹簡與捆書，被稱爲"康成書帶"，有了雅物名分，李白、蘇軾、王世貞、陸龜蒙等人都曾賦詩撰文歌詠，時至今日，書院村還流行著《書帶草歌》。高雅教育長久活在草根生活中，那裏是文化原鄉。

重建康成書院，於原址接文化地氣，入大學續學術文脈。天地玄黃，上通下達，方有恢宏氣勢。《三齊記》贊美鄭玄講學之地"文墨涵濡，草木爲之秀異"，這是自然的人化，精神的物化。我每到一所大學參觀，先看樹，樹越粗，在我心中越有分量。正所謂十年樹木，百年樹人。校園植物與森林裏的已經不同了。天然松下有生靈，大學松下有故事。年輪中的人倫，刻紋更深。

　　始皇焚書坑儒後的漢代，鄭玄他們爲恢復學術而殫精竭慮，如今，我們也在進行文化復興，與鄭玄做的是同一種事情。重建康成書院是靈魂歸巢工程，有文化地標價值，"立書院，聯會講"，聚集國學志願者，搭建博雅教育平台，守望精神家園，讓大學成爲書香門第。當年我動議的項目有了結果，青島大學同仁整理了宋以來學者輯佚鄭玄佚書的成果就要出版了，文化孝道，慎終追遠，我們不可健忘，要成爲歷史記憶中的大腦細胞，待機還魂。

　　青島是國務院頒布的歷史文化名城，德占時的租借文化、"五四"緣由的政治文化、徐福方仙道的海洋文化、全真派的道教文化都有歷史痕迹。即使這樣，許多人還認爲島城是"文化沙漠"。難見書卷遺産，没有學術名人，地方文化就缺少權威性，有人提出過"青島學"研究，因爲學術積澱淺近，而成了過眼煙雲。

　　尋找青島學脈是文化基因測序工程。在歷史上，域内的青峪書院、石屋書院、崂山書院、華陽書院都是散在於民間的村學，其中康成書院最讓人惦記，這全然因爲鄭玄的人望。鄭玄出生於山東高密，與現今的青島地區一起，當年都屬於北海郡。他與膠東大儒庸譚、房鳳、伏湛、伏完等人一並成勢。説青島没文化是因爲没研究。續上學祖文宗香火，疏通城市智慧源流，青島會因厚重而變得更優雅。

　　在魯迅先生看來，只有最爲民族的，才最爲國際。那麽也可推論，只有最爲地方的，才最爲民族。世界需要多元化，中國也需要多元化，鄭玄屬於膠東，屬於中國，也屬於世界，正像蘇格拉底屬於雅典、屬於希臘，也屬於世界一樣。不同的我們，可以創造同樣的輝煌。努力傳播東方經典，在人類共同價值觀中發出民族聲音。世界要走向勻態，我們應成爲積極的平衡力量。

徐宏力
2017年4月30日於青島大學

匯校説明

鄭玄是東漢末期最著名和最有影響力的經學家，他遍注羣經。但對於《孝經鄭注》所指鄭氏是否爲漢代鄭玄，歷史上曾有過激烈爭論。自南朝陸澄質疑開始，到唐代劉知幾駁鄭"十二驗"，在歷經元、明兩朝沉寂之後，這一問題又在清朝重新被提起，并對此開始進行相關匯輯、注釋工作。當代學者陳鐵凡在《孝經學源流》一書總結清儒錢侗、嚴可均、阮元、皮錫瑞、潘任等諸家之辯證，認爲《孝經鄭注》是漢代鄭玄所著，大陸學者如耿天勤、舒大剛等也持有此見。本書匯集各種輯本，並在比較、分析、整理基礎上，讚同清人嚴可均、皮錫瑞、龔道耕等學者，當代學人舒大剛、陳鐵凡等人觀點，認爲《孝經鄭注》爲鄭玄所著。①

最早對《孝經鄭注》佚本進行編輯的是清康熙時的朱彝尊，在其所撰《經義攷》中抄録鄭《注》24節文字。後世如王謨、陳鱣、孔廣林、黃奭、袁鈞等人的《鄭注》輯本類型更多。清嘉慶時，日本岡田挺之《孝經鄭注》輯本及《羣書治要》回傳中國，中國學人據此進行輯佚，其中嚴可均《孝經鄭注》、洪頤煊《孝經鄭注補證》、臧庸《孝經鄭氏解輯》等輯本，皆爲上乘之作。通過上述幾家輯佚，《孝經鄭注》基本恢復了原貌，現收録於《叢書集成初編》中的嚴氏、陳氏、洪氏、臧氏及日本岡田挺之五家輯本較爲流行。晚清民國時，學人作進一步疏釋攷校，如皮錫瑞《孝經鄭玄註疏》，潘任、龔道耕之校補，又匯衆家輯佚成果，進入研究和闡釋的新境界。

目前總計輯録鄭注成書者有30多家，但因爲時間久遠，所輯録資料

---

① 臺灣學者陳鐵凡《孝經學源流》一書曾採清儒錢侗、嚴可均、阮元、皮錫瑞、潘任等諸家之辯証，對唐代劉知幾所提出的"十二驗"，逐條進行反駁，以証劉氏之説誤。參見舒大剛論文《迷霧濃雲：〈孝經鄭注〉真僞諸説平議》，《儒藏論壇》，2012年；耿天勤《鄭玄注〈孝經〉考辨》，《古籍整理研究學刊》2010年第1期。

有多寡，後人刊刻訂正後的書名與分卷也並不相同，諸家輯本繁简不一，爭議甚多。但是其中以清代嚴可均輯本、皮錫瑞註疏本、龔道耕輯本、當代台灣學者陳鐵凡校本爲最优。本匯校以内容較多且參之以個人注釋的《叢書集成初編》之皮錫瑞校訂本《孝經鄭玄注疏》爲藍本，以龔道耕編《孝經鄭氏注》、陳鐵凡編著的《敦煌本孝經類纂》爲參校，并佐以嚴可均輯本、洪頤煊《孝經鄭注補證》、曹元弼《孝經鄭注解》、王謨《孝經注》、日本岡田挺之輯本"《孝經鄭注》一卷附補證一卷"等作參照。如内容一致則不出校，有異則出校文。同時借鑒當代學者舒大剛、陳鐵凡、耿天勤等學者最新研究成果，對《孝經》鄭玄注進行補充、修正，以期更加完善。

凡　　例

一、經文以皮錫瑞《孝經鄭註》（師伏堂刻本）爲底本，小四號黑體字加粗。校以嚴可均、宋刊唐玄宗御註本、阮元刻本。

二、鄭玄注文以皮錫瑞《孝經鄭註》（師伏堂刻本）爲底本，以 注 表示，小四號宋體字。校以陳鐵凡《敦煌本孝經類纂》、龔道耕《孝經鄭注》、日本寬政藤益根本，參校《四部備要》本。

三、鄭玄注文出處以小五宋體字表示。各輯本作者闡發其意則以五號宋體字表示。

目　　錄

一　鄭注序匯總 ………………………………………………（1）
　1. （清）皮錫瑞《鄭氏序》《序》《鄭氏解》………………（1）
　2. 龔道耕《孝經鄭氏注》………………………………………（6）
　3. （清）王謨輯鄭康成《孝經注》一卷 ………………………（6）
　4. （清）阮元爲《孝經鄭氏解輯本》題辭 ……………………（7）
　5. ［日］尾張　岡田挺之《鄭註孝經》序 ……………………（7）
　6. ［日］尾張　藤益根　刻《孝經鄭註》序 …………………（8）
　7. 周中孚《鄭堂讀書記·孝經鄭注》一卷 ……………………（9）

二　《孝經》鄭注校 ……………………………………………（11）

三　附錄 …………………………………………………………（33）
　1. 皮錫瑞《孝經鄭注疏》………………………………………（33）
　2. 臧庸《孝經鄭氏解》…………………………………………（98）
　3. 洪頤煊《孝經鄭注補證》……………………………………（112）
　4. 王謨輯《孝經注》北海鄭康成解 ……………………………（123）
　5. 尾張　藤益根輯《孝經鄭註》（寬政本）……………………（128）
　6. 袁鈞輯　鄭玄《孝經注》……………………………………（133）
　7. 龔道耕輯《孝經鄭氏注》……………………………………（142）

參考文獻 ………………………………………………………（160）

後記 ……………………………………………………………（163）

一　鄭注序匯總

1.（清）皮錫瑞《鄭氏序》《序》《鄭氏解》

《孝經鄭注疏》光緒乙未師伏堂栞《師伏堂叢書》

皮錫瑞　鄭氏序（《孝經鄭注疏》卷上）

孝經者，三才之經緯，五行之綱紀。孝爲百行之首。經者，不易之稱。《玉海》四十一。《藝文·孝經類》。僕避難於南城山，棲遲巖石之下①，念昔先人餘暇，述夫子之志，而注《孝經》焉。劉肅《大唐新語》九。

疏曰：《御覽》卷四十二《南城山》：《後漢書》曰："鄭玄，漢末遭黃巾之難，客於徐州。今《孝經序》，鄭氏所作。其序云："僕避於南城之山，樓遲巖石之下。念昔先人餘暇，述夫子之志，而注《孝經》。蓋康成胤孫所作也。今西上可二里所，有石室焉，周迴五丈，俗云是康成注《孝經》處也。"鄭珍曰："唐劉肅《大唐新語》云：'梁載言《十道志》解南城山，引《後漢書》云：'鄭玄避黃巾之難'至'蓋胤孫所作也。'"證知《御覽》此條出於梁載言，其首原有"《十道志》曰"四字。《太平寰宇記·沂州·費縣》下又系鈔梁志言，而改末句作"俗云是康成胤孫注《孝經》處"，殊失其原。今《御覽》傳本脫首四字，竹垞朱氏直以爲《後漢書》，而謂《范史》無此文，未知爲袁山松、華嶠之書，抑薛瑩之書。脫誤之本，惑人如此。《齊乘·南成城》：費縣南百餘里，齊檀子所守，漢侯國，屬東海，因南成山而名。漢末黃巾之亂，鄭康成避地此山，有注經石室。按：南成，今沂州府費縣地，後漢時縣雖屬太山郡，在兗州部中，以《禹貢》州域言之，正徐州境内地也。又按：南成

---

①《漢魏遺書鈔·經翼》（第四冊），王謨輯《孝經注》一卷，《唐志·鄭康成孝經注一卷》作"僕避兵於城南之山，棲遲於巖石之下，念昔先人"。

屬兗部，康成避地於徐，先則陶恭祖以師友禮待，後則劉先主敬與周旋，不知何以又棲遲此山。豈恭祖興平元年死後，陳宮輩未迎先主，乃暫入山中著述耶？抑初去高密，先寓此山，青州黃巾入兗州，即初平三年四月也，此山於是時且可避，乃始到徐州耶？無從致定矣。

　　錫瑞按：據鄭珍說，《御覽》本《十道志》，《志》引《後漢書》止首二句，"今《孝經》序"以下皆梁載言之語。朱竹垞以爲皆《後漢書》，殊誤，鄭珍訂正，是也。而梁載言之誤，猶未及訂正。鄭注《孝經》全用今文，當在注緯、注《禮》之時，與晚年用古文不合。《序》云避難南城，是避黨錮之難，非避黃巾之難。《後漢書》以爲"被禁錮，修經業，杜門不出。"而據鄭君自序，實有黨錮逃難之事，當是黨禍方急，不能不避。後事稍緩，乃歸杜門耳。若避地徐州，有陶恭祖、劉先主爲主人，不得有棲巖石之事。鄭小同注《孝經》，古無此說。自梁載言以爲"胤孫所作"，王應麟遂傅會以爲小同。梁蓋以《孝經鄭氏解》，世多疑非康成，故調停其說，以爲康成之孫所作。又以《序》有"念昔先人"之語，於小同爲合，遂刱此論。案：鄭君八世祖崇爲漢名臣，祖沖亦明經學。《周禮疏》曰：玄，鄭沖之孫。《禮·檀弓》疏皇氏引鄭說，"稱鄭沖云：《小記》云'諸侯弔必皮弁、錫衰'，則此弁經之衰亦是弔服也。"皇所引是《鄭志》之文，蓋鄭君稱其祖說以答問。然則鄭君之祖，必有著述。《序》云"念昔先人"，安見非鄭君自念其祖，而必爲小同念其祖乎？鄭珍既以小同之說不足爲信，又謂康成客徐州已六十六歲，注是晚年客中之作。俟小同長，始撿得之，則猶爲梁載言所惑。其辨南成屬兗非徐，康成在徐有陶恭祖、劉先主，不得棲此山，亦明知梁說爲不然，特未能盡闢之。則鄭君作注之年不明，而小同以孫冒祖之疑，亦終莫釋矣。

皮錫瑞　序（《孝經鄭注疏》卷上）

　　學者莫不宗孔子之經，主鄭君之注。而孔子所作之《孝經》，疑非孔子之舊。鄭君所著之《孝經注》，疑非鄭君之書，甚非宗聖經、主鄭學之意也。古人箸書，必引經以證義，引禮以證經，以見其言信而有徵。孔子作《孝經》多引《詩》《書》，此非獨《孝經》一書有然。《大學》《中庸》《坊記》《表記》《緇衣》莫不如是。鄭君深於禮學，注《易》箋《詩》必引《禮》爲證，其注《孝經》亦援古禮，此皆則古稱先、實事求是之義。自唐以來不明此義，明皇作注，於鄭注徵引典禮者概置不取，未免買櫝還珠之失，而開空言說經之弊。宋以來尤不明此義，朱子定本，於經文徵引《詩》《書》者，輒刪去之。聖經且加刊削，奚有於鄭注？

今經學昌明，聖經莫敢議矣，而鄭注猶有疑之者。錫瑞案：鄭君先治今文後治古文。《大唐新語》《太平御覽》引鄭君《孝經序》云："避難於南城山。"嚴鐵橋以爲避黨錮之難。是鄭君注《孝經》冣早。其解社稷、明堂大典禮，皆引《孝經緯·援神契、鉤命決》文。鄭所據《孝經》本今文，其注一用今文家説。後注《禮》《箋》《詩》參用古文。陸彦淵、陸元朗、孔沖遠不攷今古文異同，遂疑垂違非鄭所箸。劉子元妄列十二證，請行僞孔、廢鄭。小司馬昌言排擊，得以不廢。而自明皇注出，鄭注遂散佚不完。近儒臧拜經、陳仲魚始裒輯之。嚴鐵橋《四錄堂》本最爲完善。

錫瑞從葉煥彬吏部假得手抄《四錄堂》本，博攷群籍，信其塙是鄭君之注。乃竭愚鈍據以作疏。《孝經》文本明顯，邢疏依經演説已得大旨。兹惟於鄭注引典禮者爲之疏通證明，於諸家駁難鄭義者爲之解釋疑滯，冀以扶高密一家之學，而於班孟堅列《孝經》於小學之旨亦無憾焉。輯本既據鐵橋，故案語不盡加别白。煥彬引陳本《書鈔》、武后《臣軌》，匡嚴氏所不逮。兹并箸之，不敢掠美。更采漢以前徵引《孝經》者，坿列於後，以證《孝經》非漢儒僞作。竊取丁儉卿《孝經徵文》之意云。

光緒二十一年歲在乙未，仲夏月。善化皮錫瑞自序於江西經訓書院。

善化　皮錫瑞　鄭氏解　《孝經鄭注疏》卷上

疏曰：晉《中經簿》於《孝經》稱《鄭氏解》，據邢疏引。邢疏曰："《孝經》者，孔子爲曾參陳孝道也。"漢初，長孫氏、博士江翁、少府后倉、諫大夫翼奉、安昌侯張禹傳之，各自名家經文皆同。唯孔氏壁中古文爲異。案：今俗所行《孝經》題曰鄭氏注，近古皆謂康成，而魏晉之朝無有此説。晉穆帝永和十一年及孝武太元元年，再聚群臣共論經義。有荀昶者，撰集《孝經》諸説，始以鄭氏爲宗。晉末以來多有異端。陸澄以爲非玄所注，請不藏於祕省。王儉不依其請，遂得見傳。至魏、齊，則立學官，著作律令。蓋由虜俗無識，故致斯訛舛。然則經非鄭玄所注，其驗有十二焉。據鄭《自序》云："遭黨錮之事逃難，至黨錮事解，注古文《尚書》《毛詩》《論語》，爲袁譚所逼，來至元城，乃注《周易》。"都無注《孝經》之文。其驗一也。鄭君卒後，其弟子追論師所注述及應對時人，爲之《鄭志》。其言鄭所注者，唯有《毛詩》《三禮》《尚書》《周易》，都不言注《孝經》，其驗二也。又《鄭志》目録記鄭之所注，五經之外，有《中侯》《大傳》《七政論》《乾象厤》《六藝論》《毛詩譜》《答臨碩難禮》《駁①許慎異議》《釋廢疾》《發墨守》《箴膏肓》《答甄守然》等書，寸紙片言莫不悉載。若有《孝經》之注，無容匿而不言。其驗三也。鄭之弟子分授門徒，各述所言，更爲問答，編録其語，謂之《鄭記》，唯載《詩》《書》②《禮》《易》《論語》，其言不及《孝經》。其驗四也。趙商作《鄭玄碑銘》具載諸所注箋驗③論，亦不言注《孝經》。晉《中經簿》《周易》《尚書》《中侯》《尚書大傳》《毛詩》《周禮》《儀禮》《禮記》《論語》凡九書，皆云鄭氏注，名玄。至於《孝經》，則稱鄭氏解，無"名玄"二字。其驗五也。《春秋緯演孔圖》注云：康成注《三禮》《詩》《易》《尚》《書》《論語》，其《春秋》《孝經》則有評論。宋均《詩譜序》云：我先師北海鄭司農，則均是玄之傳業弟子。師有注述，無容不知，而云《春秋》《孝經》唯有評論，非玄所注特明。其驗六也。又宋均《孝經緯注》引鄭《六藝論》敘《孝經》云：玄又爲之註。司農《論》如是，而均無聞焉。有義無辭，今予昏惑。舉鄭之語而云無聞。其驗七也。宋均《春秋緯注》云：爲《春秋》《孝經》，則非注之謂。所言"又爲之注"者，汎辭耳，非事實。其敘《春秋》亦云：玄又爲之注。甯可復責以實注《春秋》乎？其驗八也。《後漢》史書存於代者，有謝承、薛瑩、司馬彪、袁山松等，其所注皆無《孝經》，唯范曄④書有《孝經》。其驗九也。王肅《孝經傳》首有司馬宣王奉詔令諸儒注述《孝經》，以肅說爲長。若先有鄭注，亦應言及，而不言鄭。其驗十也。王肅注書好發鄭短，凡有小失，皆在《聖證》。若《孝經》此注亦出，鄭氏被肅攻擊最應煩多，而肅無言。其驗十一也。魏晉朝賢辯論時事，鄭氏諸注無不撮引，未有一言《孝經》注者。其驗十二也。

　　錫瑞案：邢疏列十二證，乃劉子玄之言。《文苑英華》《唐會要》皆載之。子玄通史，不通經，所著《史通》《疑古》《惑經》諸篇，語多悖謬。近儒駁劉說，辨鄭注非僞，是矣，然未盡得要領。兹謹述鄙見，用袪未寤。

　　鄭注諸經，人皆信據，獨疑《孝經注》者。漢立博士，不及《孝

---

① "駁"，原闕，據《孝經注疏》補。
② "《詩》《書》"，原闕，據《孝經注疏》補。
③ "驗"應作"駁"，據《孝經注疏》改。
④ 原文爲"胜"，應爲"曄"，疑誤刻。

經》，《藝文志》列小學前。熹平刻石有《論語》，無《孝經》。當時視《孝經》不如《五經》《論語》之重，故鄭君雖有注，其弟子或未得見，或置不引。致惑之故，皆由於此。鄭自序不言注《孝經》者，序云：元城注《易》，乃在臨歿之年，故舉晚年所注之書獨詳。《序》云"逃難"下，《文苑英華》《唐會要》引多"注禮"二字。逃難注《禮》在禁錮時，避難南城山注《孝經》亦即其時，皆早年作。故自序云"注《禮》"，不云注《孝經》，蓋略言之。注《緯候》更在先，亦略不言也。《鄭志》《鄭記》《趙商碑銘》皆不及注《孝經》，亦以不在五經，故偶遺漏。晉《中經簿》據《隋書·經籍志》云"但錄題及言，至於作者之意，無所論辨"，是荀勗等無別裁之識，或沿《漢志》列之小學，故標題與九書不同，或因宋均之語有疑，故題"鄭氏"而不名也。宋均引鄭《六藝論》敘《孝經》云：玄又爲之注。鄭君，大賢，必不妄言，自云爲注，塙乎可信。古無刻本，抄錄甚艱。鄭君著書百餘萬言，弟子未必盡見。宋不見《孝經注》，固非異事，乃因不見，遂并師言不信而易其名，謂之"略說"，謂之"評論"。呂步舒不知其師書，以爲大愚。宋之昏惑，殆亦類是。鄭敘《春秋》，亦云：玄又爲之注。《春秋》《孝經》相表裏，故鄭皆爲之注。據其《自序》，文義正同。《世說新語》云：鄭玄注《春秋》尚未成，遇服子慎，盡以所注與之。是鄭實注《春秋》，則實注《孝經》可知。謝承諸書失載，猶《鄭志》目錄失載耳。范書載《孝經》，遺《周禮》，豈得謂《周禮》非鄭注哉！司馬氏與王肅有連，左祖王肅，先有鄭注，何必言及？王肅《聖證》駁鄭《孝經注》"社，后土。"明見《郊特牲》疏，近儒已多辨之。攷之邢疏，亦有一證。《聖治章》疏曰：鄭玄以《祭法》有"周人禘嚳"之文，遂變郊爲祀感生之帝，謂東方青帝靈威仰。周爲木德，威仰木帝。以駁之曰：按《爾雅》曰"祭天曰燔柴，祭地曰瘞薶。"又曰"禘，大祭也。"謂五年一大祭之名。又《祭法》祖有功，宗有德，皆在宗廟，本非郊配。若依鄭說，以帝嚳配祭圜丘，是天之最尊也。周之尊帝嚳，不若后稷。今配青帝，乃非最尊，實乖嚴父之義也。且徧窺經籍，並無以帝嚳配天之文。若帝嚳配天，則經應云"禘嚳於圜丘以配天"，不應云"郊祀后稷"也。案："以駁之曰"以下是王肅駁鄭之語。肅引《孝經》駁鄭，塙是駁《孝經注》。邢疏於下文亦謂是《聖證論》，則"以駁之曰"上必有脫誤。黃榦《儀禮經傳通解續》

引《孝經》邢疏"以駁之曰"上，多"韋昭所著，亦符此說。唯魏太常王肅獨著論"十七字，文義完足，所據當是善本，今本邢疏乃傳刻譌奪耳。子玄生於唐時，《聖證論》尚在，乃漫不一攷，且謂魏晉朝賢無引《孝經》注者，王肅豈非魏晉人乎？此十二驗，皆不足證鄭注之僞，鄭《六藝論》自言爲注，無可致疑。自宋均操戈於前，陸澄發難于後，劉子玄等從而吠聲，鄭注遂亡，遺文十不存一。《群書治要》來自海外，近儒疑與《釋文》、邢疏不合，不知《治要》本非全注。嚴可均取《治要》與《釋文》、邢疏所引合訂，近完善，可繕寫，真高密功臣矣。

2. 龔道耕《孝經鄭氏注》

《孝經》序

孝經者，三才之經緯，五行之綱紀。孝爲百行之首，經者不易之稱。《玉海》卷四十。《藝文·孝經類》。

僕避難於南城山，棲遲巖石之下，念昔先人餘暇，述夫子之志而注《孝經》。劉肅《大唐新語》卷九。《太平御覽》卷四十二"山"上有"之"字。《人平寰宇記》卷二十三。案：《後漢書》康成本傳，後將軍袁隗表爲侍中，以父喪不行。事在時年六十和進辟召之後。《申屠蟠傳》中評五年，蟠與荀爽、鄭玄等十四人并博士徵不至。後康成與陶謙等奏記朱儁，結銜稱博士。是當時雖未至京，已受詔命，其袁隗之表必後於博士之徵。因父喪未受朝命，故結銜不稱侍中也。中平六年四月，袁隗自後將軍遷太傅，則其表康成在中平五、六年之間。康成遭父喪，亦在此時。後三年爲初平二年，黃巾寇青部，避難徐州，乃注《孝經》。蓋免喪方愈年，故《序》有"念昔先人"之語，意謂改服之餘，永言孝思，因以餘暇注《孝經》也。自誤解此語而異說紛起矣，附辨於此，餘詳《敍錄》。

春秋有呂國而無甫侯。《禮記·緇衣》《正義》。

3. （清）王謨輯鄭康成《孝經注》一卷

《唐志》鄭康成《孝經注》一卷

鄭康成有自序曰：《孝經》者，三才之經緯，五行之綱紀。孝爲百行之首。經者，至易之稱。僕避兵於城南之山，棲遲於巖石之下，念昔先人餘暇，述夫子之志，而注《孝經》焉。

《後漢書》曰：鄭玄，漢末遭黃巾之難，客於徐州。今《孝經序》，鄭氏所作。南城山，西上可二里，所有石室焉，周迴五丈，俗云鄭康成注

《孝經》于此。見《太平御覽》《經義攷》云。攷《范史》。①

4.（清）阮元爲《孝經鄭氏解輯本》題辭

往者鮑君以文持日本《孝經》鄭注請序。余按其文辭不類漢魏人語，且與群籍所引有異，未有以應。近見臧子東序輯録本，喜其精核，欲與新出本合刊，仍屬余序。余知東序治鄭氏學幾二十年。有手訂《周易》《論語》注等，所采皆唐以前書，爲晉宋六朝相傳鄭注學者咸所依據。鮑君耄而好學益篤，凡有善本靡不刊行。然則《孝經》舊引之注，新出之書二本並行亦奚不可。嘉慶辛酉季冬儀征阮元題。

5.［日］尾張　岡田挺之　《鄭註孝經》序

岡田挺之補集　據《知不足齋叢書》本
《鄭註孝經序》　日本國原文

《孝經》有古文有今文。孔安國爲古文作傳，而鄭康成註今文。孔傳世多有刻本，鄭註則否。南齊時，國學置鄭玄《孝經》。陸澄乃與王儉書。諭之曰："世有一《孝經》，題爲鄭玄注。觀其用辭，不與注書相類。案：玄自序所注衆書，亦無《孝經》。"儉答曰："鄭注虛實，前代不嫌，意謂可安？仍舊立置據之。"則鄭註之行，其來尚矣。是本與陸德明經典《釋文》脗合無差，其爲鄭註，審矣。頃者，讀《知不足齋叢書》，所載《古文孝經》鮑、盧諸家序跋，乃知唯得孔傳，未得鄭註，瀛海之西其佚已久。嗚呼！書之災厄，不獨水火靳祕之甚，其極有至澌滅者。豈不悲乎？今刻是本，予之志在傳諸瀛海之西，與天下之人共之。家置數通，人挾一本，讀之頌之，則聖人之道，由是而弘，悠久無窮。海舶之載而西者，保其無恙，冀賴神明護持之力。鮑、盧諸家得是本，再附剞劂，則流傳遍於寰宇。當我世見其收在叢書中，所翹跂以俟之也。

癸丑之秋。

尾張　岡田挺之撰

右今文《孝經鄭注》一卷《群書治要》所載也。其經文不全者據註疏本補之以便讀者。

寬政癸丑之秋　尾張岡田挺之識

---

① 《後漢書》的別稱。因撰寫者是南朝宋範曄，故有此稱。

大清嘉慶辛酉八月歙縣鮑氏《知不足齋》重雕
書林　片野東四郎梓

《孝經》鄭氏註發興唐，亾於五季至宋雍熙閒。日本僧奝然以獻於朝，詔藏祕閣嗣。後歷元及明，未聞有述之者，訖無傳焉。入我朝一百五十年，歲在癸丑。日本岡田字挺之者，復於其國《群書治要》中得之。業殘缺不完，稍爲補輯，序而行之，復以其本。附估舶來意欲予刊入叢書以廣其傳。序中極爲鄭重，若跂足以俟者，且言書之灾厄，不獨水火靳祕之，甚有至澌滅者，與予流通古書之旨頗合。因樂爲傳之，至攷渠國所刊《七經·孟子攷文補遺》中《孝經》但有孔傳，竝無鄭註，不知所謂《群書治要》輯自何人？刊於何代？何以歷久不傳？至近時始行於世，其所收是否奝然獻宋原本，或由後人掇拾他書以成者，茫茫煙水，無從執而問難焉。亦俟薄海內外窮經之士論定焉可耳。

大清嘉慶辛酉八月朔日古歙鮑廷博識於知不足齋

6.　[日] 尾張　藤益根　刻《孝經鄭註》序

孝者，百行之本，五教之宗。故自天子，至于庶人，未有不由斯道，而成其德者也。是聖人所以述作而垂訓後代，嚴然者明矣。逮于天平寶字（元年丁酉），敕令天下家藏一本，精勤講習。經所謂明王（四十六代孝謙）之以孝理天下也。逮于天長（五十三代淳和）十年（癸丑）。

皇太子始讀《孝經》，從是厥後，東宮若幼主，始讀書，必用《孝經》。擇博士置侍讀，畢則設讌賜酒。博士獻提作序，御製親寫天札。詞臣獻詩，名曰竟宴。嚴行其儀，禮也。台記玉海，若東鑑等。載讀《孝經》，當時搢紳亡論，戎馬之徒，尚不廢《孝經》，可以知也。逮于應永（百一代愛小松帝）年中，宋儒之書，傳入于我，國郡稍習其書，以廢《孝經》特搢紳之家，奉其故事而已。於是《孝經》不行天下，蓋四百年。可謂聖人之教，有所不行矣。可歎之甚哉。夫經文秦煨之後，出河間顏芝、劉向參校古文，定此十八章。而孔安國傳丁古文，鄭康成註於今文。兩家之註，並行于世。學令、立置兩家，逮于貞觀二年，革置唐玄宗註，稱曰御註《孝經》。制曰：安國之本，梁亂而亾。今之所傳，出自劉炫。辭義紛薈，誦習尤艱。康成之註，比其註書，義理專非，又叄之鄭志，不註《孝經》。故玄宗廣酌儒流，深廻叡思。爲之訓註，以闡微言。自今以後，宜立學官，以充試業。據之，則孔鄭之廢，始於貞觀，然安國之傳，行於世。康成之註，廢於時。今所傳《群書治要》載存十七章，遂刻于家塾，以示同好。是於經文，不失其真也。庶幾遂行天下。家貯一本，人知孝悌，以助教化，猶如寧樂時也。惟愚不肖，在於草莽，兒執泑埃而也。

寬政三年辛亥冬至
尾張　藤益根　撰

7. 周中孚 《鄭堂讀書記·孝經鄭注》一卷

舊題鄭氏注，《隋志》載《孝經一卷》亦作鄭氏注。總論稱"相傳或云鄭玄。其立義與玄所注餘書不同，故疑之。"《釋文》亦稱世所行鄭注相承，以爲鄭玄。案：《鄭志》及《中經簿》無，唯中朝穆帝《集講孝經》云"鄭玄爲主檢。《孝經注》與康成注五經不同，未詳是非。"邢氏《正義》引《唐會要》駁議，歷證康成無《孝經注》。近儒據《天平御覽》所引《後漢書》證爲康成之孫小同所作。小同，魏關內侯，高貴。鄭公時爲五更。然則當爲魏人。故唐初以前本正稱鄭氏注而不加以漢字也。陸德明即依之以作《釋文》。唐元宗即采之以入御注。自元宗注行而鄭注遂廢。然新、舊《唐志》猶各爲著錄。至宋已佚不傳。《崇文目》①、《書錄解題》《通攷》《宋志》所載皆非鄭氏原本。陳氏云："按《三朝志》，五代以來鄭注已亡。周顯德中，新羅獻別序《孝經》，即鄭注者，而《崇文總目》以爲新平中日本國僧奝然所獻未詳。孰是世少有其本。乾道中，熊克子復從袁機樞仲得之，刻於京口學宮。"以上陳説今熊本亦不可復見。此本乃乾隆癸丑，海舶得自日本。前有尾張岡田挺之序，後有其識語云"右《今文孝經鄭注》一卷，《群書治要》所載也。其經文不全者，據注疏本補之，以便讀者。"經注字句之下多有點。今以《群書治要》所載核之，僅補《喪親章》經文耳。惟原刻經注字句之下多有點乙。譯其意義攷爲便於蒙誦而設，無關經義，是本爲錢同人。侗重刊亦仿而摹之，所以存其舊也。同人序信爲鄭注真本，非從《釋文》《正義》鈔撮而成，蓋以其中三四條見之《公羊傳疏》《太平御覽》。繼《漢書·祭祀志注》《南齊書·禮志》俱《釋文》《正義》所未引，而此本秩然具載，不謀而

---

① 應爲《崇文總目》，疑脱"總"字。

合恐非作僞者所能出也。此則不知其僞而扶持之者矣。近焦里堂①《雕菰集》有勘日本本《鄭注孝經》議設可疑十二，以關之其卓識，誠非同人所可及也。是書鮑氏《知不足齋叢書》亦收入之，則於字句之旁去其點，乙與《群書治要》所載同云。

---

① 清代焦循。循，字里堂。家有雕菰楼，故名。

二 《孝經》鄭注校

開宗明義章第一①

仲尼凥②，注仲尼，孔子字。《治要》。凥，凥講堂也。《釋文》。**曾子侍**。注曾子，孔子弟子也。③《治要》。**子曰："先王有至德要道，**注子者，孔子。《治要》。禹，三王取先者。五帝官天下，三王禹始傳於子。於殷配天，故爲教孝之始。王，爲文王也。④《釋文》。至德，孝悌⑤也。要道，禮樂也。《釋文》。**以順天下**。注以，用也。**民用和睦，上下無怨**。注睦，親也。至德以教之，要道以化之，是以民用和睦，上下無怨也。⑥《治要》。**女**⑦**知之乎？" 曾子避**⑧**席曰："參不敏，何足以知之？"**注參，

---

① 嚴可均云：《正義》云"今《鄭注》見章名。《釋文》用《鄭注》，亦有章名。《群書治要》無章名。《石臺》、唐石經、今本皆有'第一'"。據皮錫瑞疏從嚴本、《釋文》本。

② 皮錫瑞據嚴可均本經文"居"爲"凥"，黃奭本（據日本國岡田本）、《釋文》亦爲"凥"。《知不足齋叢書》岡田本、《治要》作"居"，龔道耕認爲嚴可均改經文"居"爲"凥"，非是。洪頤煊《孝經鄭注補證》校訂認爲古文《孝經》爲"凥"，今本作"居"，疑後人所改。

③ 岡田挺之補集本有"也"字。《釋文》有"曾子，孔子弟子也"七字，不云鄭注。陳鱣本輯有"卑在尊者之側曰侍"。

④ 皮疏本無。嚴可均輯本、臧庸輯本、洪頤煊輯本、龔道耕本均無。但嚴可均云：《釋文》下有"案五帝官天下，三王禹始傳於子，於殷配天，故爲教孝之始。王，爲文王也"二十八字，蓋皆《鄭注》。唯因有"案"字，與鄭注各經不類，疑爲陸德明申説之詞，退駙於注末。丁晏本輯爲鄭注。今據此補證。

⑤ 臧庸輯本《孝經鄭氏解輯本》、龔道耕本校"悌"爲"弟"。

⑥ 岡田挺之補集本爲"孝者，德之至，道之要也。言先代聖德之王，能順天下人心。行此至要之化，則上下臣人，和睦無怨"。

⑦ 今本爲"汝"。

⑧ 《釋文》作"辟"。

曾子名也。① 敏，猶達也。《儀禮·鄉射記疏》。參不達。**子曰："夫孝，德之本也**，夫□。② 《釋文》。注人之行，莫大於孝，故曰德之本也。③ 《治要》。**教之所由生也。**注教人親愛，莫善於孝。故言教之所由生。《治要》**復坐，吾語女。**注□復坐□。④ 《釋文》。**身體髮膚，受之父母，不敢毀傷，孝之始也。**注父母全而生之，己當全而歸之，《正義》。故不敢毀傷。⑤ **立身行道，揚名於後世，以顯父母，孝之終也。**注父母得其顯譽也者。《釋文》。**夫孝，始於事親，中於事君，終於立身。**注父母生之，是事親爲始。卅⑥彊《釋文》而仕，是事君爲中。臣⑦年七十，耳目不聰明⑧，行步不逮，退就田裡⑨，縣車致仕，是立身爲終也。⑩《正義》。詳習孝道，以教子弟足以立身揚名而已。⑪

　　《大雅》云：注《大雅》者，《詩》之篇名。《治要》。雅者，正也。方始發章，以正爲始。《正義》。⑫ **無**⑬**念爾**⑭**祖，**注無念，猶⑮無忘也。

―――――――――

　① 皮本無"曾子"二字，明皇注有"曾子"二字。明皇注"參，曾子名也。禮師有問，避席起答。敏，達也。參不達"云云，上下皆依《鄭注》。岡田挺之補集本"參，名也。參，不達。"據補。

　② 凡文不連貫，或者闕脱者，皆以□表示。皮本無"夫□"，據《釋文》補。

　③ 明皇注爲"故爲德本"，《正義》曰"此依鄭注引其《圣治章》文也"。

　④ 皮疏本無此注，據陳鐵凡《敦煌本孝經類纂》補。

　⑤ 皮錫瑞本無"故不敢毀傷"。邢昺疏云："此依鄭注引《祭義》。"據補。

　⑥ 黃奭本"卅"爲"四十"。

　⑦ 皮疏本無"臣"字，據林秀一《補訂敦煌出土孝經鄭注》補。

　⑧ 皮疏本無"耳目不聰明"，據《敦煌本孝經類纂》補。

　⑨ 皮疏本無"行步不逮，退就田裡"，據《敦煌本孝經類纂》補。

　⑩ 邢疏本引作"七十致仕"，無"行步不逮縣車"六字。

　⑪ 皮疏本無"詳習孝道，以教子弟足以立身揚名而已"，據《敦煌本孝經類纂》補。

　⑫ 《敦煌本孝經類纂》："雅者，正也。方始發章，欲以正爲始。"放在"不言《詩》而《言雅》者何？《詩》者通辭"之後。

　⑬ 《釋文》"無"作"勿"。"爾"作"尔"。皮疏作"尔"。現從今之經文。

　⑭ 皮本爲"尔"，今通行"爾"，改之。

　⑮ 皮疏本無"猶"字，據《敦煌本孝經類纂》補。

《釋文》。祖，先祖。① **聿修厥德。**" 注 聿，述也。修，治也。聿修之理。厥，其。② 爲孝之道，無敢忘爾先祖，當修治其德矣。③《治要》。不言《詩》而言《雅》者何？《詩》者通辭。④

天子章第二

子曰："**愛親者，不敢惡於人。** 注 愛其親者，不敢惡於他人之親。《釋文》。**敬親者，不敢慢於人。** 注 己慢人之親，人亦慢己之親。故君子不爲也。《治要》。**愛敬盡於事親，** 注 盡愛於母，盡敬於父。《治要》。**而德教加於百姓，** 注 敬以直内，義以方外。故德教加於百姓也。⑤《治要》。形⑥於四海， 注 形，見也。德教流行，見於四海也。⑦《治要》。無所不通。⑧ **蓋天子之孝也。** 注 蓋者，謙辭。《正義》。

《甫刑》⑨云：注《甫刑》，《尚書》篇名⑩。《治要》。云，言也。⑪ **一人有慶，** 引譬⑫連類，《文選·孫子荆爲石仲容與孫皓書》注。引類得象。《書》録王事，故證天子之章。⑬《正義》。一人，謂天子。《治要》。**兆民賴之。**" 注 賴，蒙也。⑭ 億萬曰兆。天子曰兆民，諸侯曰萬民。《五經·算術上》。天子爲善，天下皆賴之。《治要》。……者何《尚書》以疏録王事，

---

① 皮疏本無"祖，先祖"，據《敦煌本孝經類纂》補。
② 皮疏本無"聿修之理""厥其"，據《敦煌本孝經類纂》補。
③ 岡田挺之本"矣"爲"也"字。
④ 皮疏本無"不言詩而言雅者何詩者通辭"，據《敦煌本孝經類纂》補。
⑤《敦煌本孝經類纂》本爲"是以德教流行加於百姓"。
⑥ 皮疏本、岡田挺之本皆以"形"作經文。唐本作"刑"，注云"刑，法也"。臧庸本云"鄭本作'形'"，注云："形，見。"
⑦ 岡田挺之本、龔道耕本"見於四海"爲"見四海也。"互參校補。
⑧ 皮疏本無"無所不通"四字，據《敦煌本孝經類纂》補。
⑨ 黃奭本、岡田本"甫"作"吕"。"吕刑，《尚書》篇名。一人，謂天子。天子爲善，天下皆賴之。"
⑩ 皮疏本"今文《尚書》作'甫刑'，古文《尚書》作'吕刑'"。
⑪ 皮疏本無"行步不肄，退就田裡"。據《敦煌本孝經類纂》補。
⑫《釋文》作"引辟"。
⑬ 龔道耕案"引類得象"，即"引辟連類"之異文。黃奭本爲"書録王事，故證天子之章以爲引類得象"。
⑭ 皮疏本無，據《敦煌本孝經類纂》補"賴，蒙也。"

故證天子之章。①

諸侯章第三

　　在上不驕，高而不危。注諸侯在民上，故言在上。敬上愛下，謂之不驕。故居高位而不危殆也。《治要》。**制節謹度，滿而不溢。**注費用約儉，謂之制節。奉行天子法度，謂之謹度。故能守法而不驕逸也。《治要》。無禮爲驕，奢泰爲溢。《正義》。**高而不危，所以長守貴也。**注居高位而不驕，所以長守貴也。《治要》。**滿而不溢，所以長守富也。**注雖有一國之財而不奢泰，故能長守富也。《治要》。**富貴不離其身，**注富能不奢，貴能不驕，故能不離其身也。《治要》。②**然後能保其社稷，**注上能長守富貴，然後乃能安其社稷。《治要》。社，謂后土也。句龍爲后土。《周禮·封人疏》《禮記·郊特牲正義》。……功於人，故祭祀之。③**而和其民人。**注薄賦斂、省傜役，是以民人和也。《治要》。**蓋諸侯之孝也。**注列土分疆，謂之諸侯。《周禮·大宗伯》疏。

　　《詩》云：戰戰兢兢，如臨深淵，如履薄冰。注引《詩》自明。即孔子之謙。④戰戰，恐懼。兢兢，戒慎。如臨深淵，恐墜⑤；如履薄冰，恐陷。《治要》。義取爲君恒須戒懼⑥。

卿大夫章第四

　　非先王之法⑦服不敢服，注法服，謂先王制五服。天子服日月星辰，諸侯服山龍華蟲，卿大夫服藻火，士服粉米，皆謂文繡也。《釋文》。田獵、戰伐、採藥⑧、卜筮，冠皮弁，衣素積，百王同之，不改易也。《詩·

---

①　據《敦煌本孝經類纂》本補"……者何尚書以疏録王事故證天子之章"。陳鐵凡校爲"不言《尚書》而言《甫刑》者何？"。

②　龔道耕本云：單行《鄭注》本"富能不奢，貴能不驕離其身"。寬政藤益根本、岡田本同龔道耕本。

③　皮疏本無此鄭注，據《敦煌本孝經類纂》補。

④　據《敦煌本孝經類纂》本補"引詩自明即孔子之謙"。

⑤　袁鈞輯本"墜"爲"隊"。

⑥　臧庸云"岳本作《正義》常云'常須戒慎'今《注》及《疏》標起止作'懼'，誤。"存疑。

⑦　據日本寬政藤益根本爲"灋"。

⑧　據《敦煌本孝經類纂》補。

二　《孝經》鄭注校　　　　　　　　　　15

六月》《正義》。**非先王之法言不敢道，**注口言《詩》《書》，非先王之法言，①不合《詩》《書》，則②不敢道。《治要》。**非先王之德行不敢行。**注德行□③。《釋文》。禮以檢奢，《釋文》。樂以防淫。④不合禮樂，則不敢行。《治要》。**是故非法不言，**注非《詩》《書》，則不言。《治要》。⑤**非道不行。**注非《禮》《樂》，則不行。《治要》。⑥**口無擇言，身無擇行，**注言行皆遵法道，所以無可擇也。⑦**言滿天下無口過；**注言《詩》《書》滿天下，有何口過？⑧**行滿天下無怨惡。**注行禮樂滿天下，有何怨惡？⑨**三者備矣，**注法先王服，言先王道，行先王德，則爲備矣。《治要》。**然後能守其宗廟。**注然後乃能守其宗廟。⑩宗者，尊也。廟，貌也。親雖亡沒，事之若生，爲作宗廟⑪，四時祭之，若見鬼神之容貌⑫。《詩》《清廟》正義。**蓋卿大夫之孝也。**注張官設府，謂之卿大夫。《禮記·曲禮》正義。卿大夫行孝當如此章也。⑬

《詩》云：**夙夜匪懈**⑭，**以事一人。**注詩，者，直謂《詩》也。云，言也。⑮夙，早也。夜，莫⑯也。《治要》。匪，非也。懈，憻也。《華嚴音義》二十。一人，天子也。卿大夫當早起夜卧，以事天子，勿得懈堕也。《治要》。

---

① 皮疏本無此鄭注，據《敦煌本孝經類纂》補。
② 《敦煌本孝經類纂》本、日本寬政藤益根本輯有"則"，據補。
③ 皮疏本無此鄭注，據龔道耕本補"德行□"。
④ 皮疏本無此鄭注，據《敦煌本孝經類纂》補。
⑤ 據日本寬政藤益根本。
⑥ 據日本寬政藤益根本"言必守法，行必遵道。"
⑦ 皮疏本無此鄭注，據日本寬政藤益根本補"言行皆遵法道，所以無可擇也。"
⑧ 皮疏本無此鄭注，據《敦煌本孝經類纂》補。
⑨ 皮疏本無此鄭注，據《敦煌本孝經類纂》補。
⑩ 皮疏本無此鄭注，據《敦煌本孝經類纂》補。
⑪ 《敦煌本孝經類纂》、岡田挺之本、龔道耕本爲"爲作宮室"四字。
⑫ 《敦煌本孝經類纂》有"也"字。
⑬ 皮疏本無此鄭注，據《敦煌本孝經類纂》補。
⑭ 臧庸本"懈"作"解"。
⑮ 皮疏本無此鄭注，據《敦煌本孝經類纂》補"詩者，直謂詩也。云，言也。"
⑯ 黃奭本、岡田挺之本"莫"爲"暮"。

士章第五

資於事父以事母，而愛同。 注 資者，人之行也。《釋文》《公羊定四年疏》。事父與母，愛同，敬不同也。《治要》。**資於事父以事君，而敬同。** 注 事父與君，敬同，愛不同也①。《治要》。**故母取其愛，** 注 不取其敬②**而君取其敬，** 注 不取其愛③。**兼之者父也。** 注 兼，并也。愛與母同，敬與君同，并此二者，事父之道也。《治要》。**故以孝事君則忠。** 注 移事父孝以事於君，則爲忠矣。《治要》。**以敬事長則順。** 注 移事兄敬以事於長，則爲順矣。《治要》。**忠順不失，以事其上。** 注 事君能忠，事長能順。④ 二者不失，可以事上也。《治要》。上謂天子君忠最尊者也。⑤ **然後能保其祿位，** 注 内孝父母，外順君長。⑥ 食禀曰祿⑦。居官曰位。**而守其祭祀。** 注 始爲日祭⑧。《釋文》。繼世曰祀也。⑨ **蓋士之孝也。** 注 别是非，《釋文》。知義理謂之爲士。⑩ 士之行孝當如此章。⑪

《詩》云："夙興夜寐，無忝爾所生。" 注 詩者，直謂《詩》也。云，言也。⑫ 暮，寐臥。⑬ 忝，辱也。所生，謂父母也。言士爲孝，當早起夜卧，無辱其父母也。⑭《治要》。而言所生者何事？知義理，則知父母，

---

① 皮疏本、黃奭本、岡田本均無"也"字。《敦煌本孝經類纂》有"也"字。
② 皮疏本無此鄭注，據《敦煌本孝經類纂》補。
③ 皮疏本無此鄭注，據《敦煌本孝經類纂》補。
④ 龔道耕本爲"事君能忠，事長能敬"。《敦煌本孝經類纂》爲"事君忠事長順"。
⑤ 皮疏本無此鄭注，據《敦煌本孝經類纂》補。
⑥ 皮疏本無此鄭注，據《敦煌本孝經類纂》補。
⑦ 龔道耕本、黃奭本爲"食禀爲祿"。
⑧ 皮疏本從嚴氏輯本爲"日祭"。龔道耕本同。陳、洪、臧氏諸輯，皆用《釋文》"始爲日祀"。
⑨ 皮疏本無此鄭注，據《敦煌本孝經類纂》補。
⑩ 皮疏本無此鄭注，據《敦煌本孝經類纂》補。龔道耕本認爲當脱"通古今謂之士"六字。
⑪ 皮疏本無此鄭注，據《敦煌本孝經類纂》補。
⑫ 皮疏本無此鄭注，據《敦煌本孝經類纂》補"詩者，直謂《詩》也。云，言也。"
⑬ 皮疏本無此鄭注，據《敦煌本孝經類纂》補。
⑭ 皮疏本鄭注無"言""也"兩字。

己所從生也。①

庶人章第六

用②天之道。注春生夏長，秋收③冬藏。順四時以奉事天道。④ 分地之利，注分別五土，視其高下，若高田宜黍稷，下田宜稻麥，丘陵阪險宜種棗栗。《治要》《正義》《初學記》五、《御覽》三十六、《唐會要》七十七。此分地之利。⑤《治要》。謹身節用，以養父母。注行不爲非爲謹身，富不奢泰爲節用。度財爲費，什一而出，《釋文》。雖遭凶年，⑥父母不乏也。《治要》。此庶人之孝也。《釋文》。注庶，衆也。庶人爲孝當如此章。⑦上皆言蓋者，孔子之謙。庶人至賤，無所複謙。故發此言。⑧故自天子至於庶人，孝無終始，而患不及己者⑨，未之有也。注總說五孝，上從天子，下至庶人，皆當行孝無終始。能行孝道，故患難不及其身也⑩。未之有者，言未之有也。⑪《治要》。

三才章第七

曾子曰："甚哉！注上孔子語曾子孝謂然。⑫《釋文》。孝之大也。"注上從天子，下至庶人，皆當爲孝，⑬無終始。曾子乃知孝之爲大。《治

---

① 皮疏本無此鄭注，據《敦煌本孝經類纂》補。
② 皮疏本"用"作"因"，今通行"用"，改之。日本寬政藤益根本"因作用。"嚴可均本"用"字上有"子曰"二字，皮疏本从之。藏本、明皇本未見此經文。
③ 《正義》"秋收"作"秋斂"。
④ 《敦煌本孝經類纂》爲"順四時舉事天之道"也。日本寬政藤益根本"順四時以奉事天道"。
⑤ 皮疏本無此鄭注"此分地之利"。據龔道耕補"此分地之利"。
⑥ 皮疏本無此鄭注，據《敦煌本孝經類纂》補。
⑦ 皮疏本無此鄭注。據《敦煌本孝經類纂》補"上皆言蓋者，孔子之謙。庶人至賤，無所複謙。故發此言。"
⑧ 皮疏本鄭注爲"無所復謙"，無"故發此言"，據《敦煌本孝經類纂》補。
⑨ 嚴本、日本寬政本有"己"字，其他本無"己"。日本寬政藤益根本爲"不及己著"。
⑩ 龔道耕本有"也"字。
⑪ 《敦煌本孝經類纂》"未知有者，蓋未有也。"
⑫ 皮疏本據《釋文》僅有"語謂然"三字，義不全。《敦煌本孝經類纂》"上孔子語曾子孝謂然"。
⑬ 《敦煌本孝經類纂》"皆當行孝"。

要》。故謂然歎曰："甚哉，孝之爲大也。"① **子曰："夫孝天之經也，** 注 春秋冬夏，物有死生，天之經也。《治要》。**地之義也**，注山川高下，水泉流通，地之義也。《治要》。**民**②**之行也。** 注孝悌恭敬，民之行也。《治要》。③" **天地之經，而民是則之。** 注天有四時，地有高下，民居④其間，當是而則之也。《治要》。⑤ **則天之明，** 注則，視也。視天四時，無失其早晚也。**因地之利，**注因地高下，所宜何等。□種之。⑥ **以順天下。是以其教不肅而成，** 注以，用也。用天四時、地利，順治天下。民則樂之，是以其教不肅而成也。⑦《治要》。**其政不嚴而治。** 注政不煩苛，故不嚴而治也。《治要》。**先王見教之可以化民也。** 注見因天地教化民之易也，《治要》。**是故先之以博愛，而民莫遺其親。** 注先修人事，流化於民也。《治要》。**陳之以德義，而民興行。** 注上好義，則民莫敢不服也。《治要》。**先之以敬讓，而民不爭；** 注若文王敬讓與朝，虞、芮推畔於野⑧，上行之，則下效法之。⑨《治要》。**道**⑩**之以禮樂，而民和睦；** 注上好禮，則民莫敢不敬。《治要》。⑪ **示之以好惡，而民知禁。** 注善者賞之，惡者罰之。民之

---

① 皮疏本無此鄭注，據《敦煌本孝經類纂》補。
② 唐明皇御注經文爲"人之行"，避諱，今改。
③ 龔道耕本據《釋文》"悌"作"第"。
④ 龔道耕本"居"作"生"。
⑤ 皮疏本鄭注無"也"字。《敦煌本孝經類纂》爲"天有四時，地有高下，人居其間，當是而則之也。"龔道耕本"民則樂之"作"下民樂之"。
⑥ 皮疏本鄭注無"□種之"。據《敦煌本孝經類纂》補。
⑦ 據《敦煌本孝經類纂》本"以，用也。用天四時、地利，順治天下。民則樂之，是以其教不肅而成也。"
⑧ 龔道耕本據《釋文》"野"作"田"。
⑨ 龔道耕本據《釋文》"則下效法之"爲"則下効之"。
⑩ 皮疏本"道"作"導"。臧庸本、龔道耕本據《釋文》《治要》作"道"。今從之。
⑪ 日本寬政藤益根本輯爲"君行敬讓，則人化而不爭。""禮以檢其跡，樂以正其心，則和睦矣。"

禁，不敢爲非也。① 《治要》。

《詩》云：'赫赫師尹，民具爾瞻。'" 注 詩者，直謂《詩》也。云，言也。赫赫，明盛貌也。② 師尹，大臣，③ 若冢宰之屬也。民已具矣，女當視民。《釋文》。民亦視汝，汝善而民善亦。下之化上，猶風之靡草。④

孝治章第八

子曰："昔者明王之以孝治天下也。不敢遺小國之臣， 注 昔，古也。《公羊序疏》。古者，諸侯歲遣大夫，聘問天子無恙⑤。天子待之以客⑥禮。此不敢遺⑦小國之臣者也。《治要》。而況於公侯伯子男乎？ 注 古者諸侯五年一朝天子，天子使世子郊迎。芻禾百車，以客禮待之。《治要》。晝坐正殿，夜設庭燎，思與相見，問其勞苦也。《御覽》一百四十五。此天子以禮待諸侯。公侯伯子男五等，諸侯之尊爵也。公者，正也。黨爲王者，⑧《釋文》。正行天道。二王知之，侯也稱公。⑨ 侯者，候也。當爲王者，伺候非常。⑩ 伯者，長也。《釋文》。當爲王者長治百姓。子者，慈也。當爲王者慈愛人民。⑪ 男者，任也。《釋文》。當爲王者，任其職治及其封之□。公

---

① 據《敦煌本孝經類纂》本"善者賞之，惡者罰之。則民知有法令，不敢爲非也。"龔道耕本"民之禁"作"民知禁"。日本寬政藤益根本注疏"示好以引之，示惡以止之。則人知有禁令，不敢犯也。"

② 皮疏本無此鄭注，據《敦煌本孝經類纂》補。

③ 皮疏本鄭注無此"大臣"兩字，據《敦煌本孝經類纂》補。

④ 皮疏本無此鄭注，據《敦煌本孝經類纂》補"民亦視汝，汝善而民善亦。下之化上，猶風之靡草。"

⑤ 皮疏本鄭注無"無恙"，據《敦煌本孝經類纂》補。

⑥ 皮疏本鄭注無"客"字，據《敦煌本孝經類纂》補。

⑦ 皮疏本鄭注無"敢"字，據《敦煌本孝經類纂》補。

⑧ 龔道耕本"黨爲王者"爲"□黨爲王者□"。下接"公者，正也，言正行其事也。侯者，候也。言斥候而服事。伯者，長也。爲一國之長也。子者，字也。言字愛於小人也。男者，任也。言任王之職事也。德不倍者，不異其爵。功不倍者，不異其土。故轉相半，別優劣。"

⑨ 皮疏本鄭注只有"黨爲王者"四字，據《敦煌本孝經類纂》補及"此天子以禮待諸侯。公侯伯子男五等諸侯之尊爵也。公者，正也。黨爲王者，正行天道。二王知之，侯也稱公。"

⑩ 皮疏本鄭注只有"侯者候伺"四字，據《敦煌本孝經類纂》補"侯者，候也。當爲王者，伺候非常。"

⑪ 皮疏本無此鄭注，據《敦煌本孝經類纂》補"當爲王者長治百姓。子者，慈也。當爲王者慈愛人民。"

□伯七十里，子與男各五十里。□者，法雷也。雷震百里所潤同。七十里者，半百里，五十里者半七十里。① 德不倍者，不異其爵；功不倍者，不異其土。故轉相半，別優劣。《禮記》《王制》《正義》。**故得萬國之懽②心，以事其先王。**注 古者，天子五年一巡狩。勞來諸侯。③ 諸侯五年一朝天子。④ 貢國所有，⑤ 各以其職來助祭宗廟。⑥《治要》。是得萬國之歡心。事其先王也。**治國者，不敢侮於鰥寡，而況於士民乎？**注 治國者，諸侯也。⑦《治要》。丈夫六十無妻曰鰥，婦人五十無夫曰寡也。《詩·桃夭》《正義》《文選·潘安仁關中詩注》。士人中知儀理，弱者不見侵，强者不失職。⑧ **故得百姓之歡心，以事其先君。**注 綏强以理，撫弱以仁，競奉所有祭其先王也。**治家者，不敢失於臣妾之心**⑨，注 治家者⑩，謂卿大夫。臣，男子之賤稱。《釋文》。妾，女子之賤稱。⑪ **而況於妻子乎？**注 妻子承奉宗廟，家之貴者，務取和同。⑫ **故得人之歡心，以事其親。**注 小大盡節。《釋文》。恭敬安親。⑬ **夫然，故生則親安之，**注 養則致其樂，故親安之

---

① 皮疏本無此鄭注，據《敦煌本孝經類纂》補"當爲王者，任其職治及其封之□。公□伯七十里，子與男各五十里。□者，法雷也。雷震百里所潤同。七十里者，半百里，五十里者半七十里。""之"下闕，"公"下闕，"者"上闕。

② 皮疏本"歡"作"懽"，下同。袁鈞輯《孝經注》一卷，《鄭氏佚書》（浙江書局本、覲稼樓本）、日本寬政本、龔道耕本、《敦煌本孝經類纂》均爲"歡"。

③ 皮疏本無此鄭注，據《敦煌本孝經類纂》補"古者，天子五年一巡狩。勞來諸侯。"

④ 皮疏本鄭注爲"天子亦五年一巡狩。《王制》《正義》。勞來。《釋文》。"不全，據《敦煌本孝經類纂》修訂。

⑤ 皮疏本無此鄭注"貢國所有"，據《敦煌本孝經類纂》補。

⑥《敦煌本孝經類纂》爲"各以其職來助祭"。無"宗廟"二字。

⑦《敦煌本孝經類纂》本"治國者，謂諸侯。"

⑧ 皮疏本無此鄭注，據《敦煌本孝經類纂》本補"士人中知儀理，弱者不見侵，强者不失職。"龔道耕本爲"士知禮儀"四字。

⑨ 龔道耕本、黃奭本"臣妾"下無"之心"兩字。

⑩ 皮疏本鄭注無"者"字，據《敦煌本孝經類纂》補。

⑪ 皮疏本鄭注無"臣"、"之"兩字，據《敦煌本孝經類纂》補。陳鱣輯本有"妾，女子之賤稱。"其他本無。

⑫ 皮疏本無此鄭注，據《敦煌本孝經類纂》補"妻子承奉宗廟，家之貴者，務取和同。"

⑬ 皮疏本無鄭注"恭敬安親"四字，據《敦煌本孝經類纂》補。

也。《治要》。**祭則鬼饗之。**注祭則致其嚴，故鬼饗之也。《治要》。**是以天下和平，**注上下無怨，故①和平。《治要》。**災害不生，**注風雨順時，百穀成孰。②**禍亂不作。**注君惠臣忠，父慈子孝，是以天下禍亂無緣得起也。③《治要》。**故明王之以孝治天下也如此。**④注故上明王所以災害不生，禍亂⑤不作，以其孝治天下，故致於此。《治要》。

《詩》云：'有覺德行，四國順之。'"注覺，大也。有大德行，四方之國，順而行之也。《治要》。化流明矣。⑥

聖治章第九

曾子曰："敢問聖人之德。無以加於孝乎？"注曾子見上明王孝治天下，致於和平，災害不生，禍亂不作。以爲聖人合天地，當有異於孝乎？故問之也。⑦**子曰："天地之性，人爲貴。**注貴其異於萬物也。《治要》。**人之行，莫大於孝。**注孝者，德之本，又⑧何加焉？《治要》。**孝莫大于嚴父。**注莫大於尊嚴其父也。⑨《治要》。教之若君。⑩**嚴父莫大於配天，**注尊嚴其父，莫大於配天也。生事敬愛，死爲神主也。《治要》。**則周公其人也。**注尊嚴其父，配食天者，周公爲之。**昔者，周公郊祀后稷以配天。**注郊者，祭天之名。《治要》《宋書·禮志三》。在國之南郊故謂之郊。⑪后

---

① 嚴輯本爲"曰"字。
② 據《敦煌本孝經類纂》"風雨時節，百穀成孰。"
③ 皮疏本鄭注、岡田本無"天下"兩字。《敦煌本孝經類纂》"君惠臣忠，父慈子孝，是以天下禍亂無因得起。"據補。
④ 唐明皇御注本經文無"也"字。
⑤ 龔道耕本"禍亂"作"災亂"。
⑥ 皮疏本無此鄭注，據《敦煌本孝經類纂》補。
⑦ 皮錫瑞本無此鄭注句，據《敦煌本孝經類纂》補"子見上明王孝治天下，致於和平，災害不生，禍亂不作。以爲聖人合天地，當有異於孝乎？故問之也。"
⑧ 皮疏本爲"有"字。《敦煌本孝經類纂》、日本寬政本"有"爲"又"字。
⑨ 岡田本爲"莫大尊嚴其父"。
⑩ 皮疏本鄭注無"教之若君"四字，據《敦煌本孝經類纂》補。
⑪ 皮疏本鄭注無"在國之南郊故謂之郊"九字，據《敦煌本孝經類纂》補。黃奭本、岡田本鄭注爲"祀感生之帝，以帝嚳配祭圜丘。《正義》。配聖廟仰也。《通典》。郊者，祭天名。后稷者，周公始祖。"

稷者，是堯臣，周公之始祖。①《治要》。東方青帝靈威仰，周爲木德，威仰木帝，以后稷配蒼龍精。《正義》。自外至者無主不止，故推始祖配天而食之。**宗祀文王於明堂，以配上帝。**注文王，周公之父。明堂②，天子布政之宮。《治要》。明堂之制，八窗四闥，《御覽》一百八十八。上圓下方，《白孔六帖》十。在③國之南。《玉海》九十五。南是明陽之地，故曰明堂。《正義》。上帝者，天之別名也④。神無二主，故異其處，避⑤后稷也。《史記·封禪書》集解、《續漢書·祭祀志注補》。**是以四海之内，各以其職來助⑥祭。**注周公行孝於朝，越裳重譯來貢，是得萬國之歡心也。《治要》。**夫聖人之德，又何以加於孝乎？**注孝悌之至，通於神明，豈聖人所能加也？⑦ **故親生之膝下，以養父母日嚴。**注子親生之父母膝下，是以養則致其樂。⑧《釋文》。**聖人因嚴以教敬，因親以教愛。**注因人尊嚴其父，教之爲敬。因親近於其母，教之爲愛。順人情也。《治要》。⑨**聖人之教，不肅而成，**注聖人因人情而教民，民皆樂之⑩。故不肅而成也。《治要》。**其政不嚴而治。**注其身正，不令而行，故不嚴而治也。《治要》。**其所因者本也。**注本，謂孝也。孝道流行故乃不嚴而□。⑪ **父子之道，天性也，**注性，常也。父子相生，天之常道。⑫ **君臣之義也。**注君臣非有骨肉之

---

① 皮疏本鄭注無"是堯臣"、"之"字，據《敦煌本孝經類纂》補。
② 黃奭本鄭注爲"明堂者，天子布政之宮。上帝者，天之別名。岡田本爲"明堂，居國之南，明陽之地，古曰明堂。《南齊書》九。明堂之制，八窗四闥，上圓下方，在國之南。《玉海》九十五〈居處部〉有'明堂之制八窗四闥'八字。"
③ 龔道耕本據《正義》"在"作"居"。
④ 皮疏本鄭注無"也"字，據龔道耕本補。
⑤ 龔道耕本據《釋文》"避"作"辟"。
⑥ 嚴本經文無"助"字。臧庸本、龔道耕本、《敦煌本孝經類纂》均有"助"字。
⑦ 皮疏本鄭注、黃奭本、岡田本無"也"字，據《敦煌本孝經類纂》補。
⑧ 皮疏本鄭注僅輯"致其樂"三字，據《敦煌本孝經類纂》補。
⑨ 《敦煌本孝經類纂》本爲"順人情之事"。《釋文》有"致其樂親近於母"七字。
⑩ 《敦煌本孝經類纂》本爲"聖人因人情而教之，人皆樂之"。
⑪ 皮疏本、岡田本僅輯鄭注"本謂孝也"四字，據《敦煌本孝經類纂》補，"而"下闕。
⑫ 皮疏本僅輯鄭注"性常也"三字，據《敦煌本孝經類纂》補下句。

親，但義合耳。三諫不從，待反而去。① **父母生之，續莫大焉。** 注父母生之②，骨肉相連屬。復何加焉？《治要》。**君親臨之，厚莫重焉。** 注君親擇賢，顯之以爵，寵之以禄，厚之至也。《治要》。**故不愛其親，而愛他人者，謂之悖德。** 注人不能愛其親，而愛他人親者，謂之悖德。《治要》。**不敬其親，而敬他人者，謂之悖禮。** 注不能敬其親而敬他人之親者，謂之悖禮也。《治要》。**以順則逆，** 注以悖爲順，則逆亂之道也。《治要》。**民無則焉。** 注則，法。《治要》。民無法則，即逆亂之道③ **不在於善，而皆在於凶德。** 注惡人不能以禮爲善，乃化爲惡。若桀紂是也。④《治要》。**雖得之，君子所不貴。**⑤ 注不以其道得之，故君子不貴也。《治要》。⑥ **君子則不然，言思可道，** 注君子則⑦不爲逆亂之道，言中《詩》《書》，故可傳道也。《治要》。**行思可樂，** 注動中規矩，故可樂也。《治要》。**德義可尊，** 注可尊法也⑧。《治要》。**作事可法，** 注可法則也。《治要》。**容止可觀，** 注威儀中禮，故可觀也。⑨《治要》。**進退可度，** 注難進而盡忠，易退而補過。《治要》。**以臨其民，是以其民畏而愛之，** 注畏其刑罰，愛其德義。《治要》。**則而象之。故能成其德教，** 注效其漸也。《釋文》。⑩ **而行其政令。** 注上不教而罰謂之虐，不教而煞謂之暴。是以德成而教尊也。

---

① 皮疏本、黃奭本、岡田本僅輯鄭注"君臣非有天性，但義合耳也。"據《敦煌本孝經類纂》補修訂。

② 黃奭本鄭注"父母生子"。

③ 皮疏本鄭注無"民無法則，即逆亂之道。"據《敦煌本孝經類纂》補。

④ 《敦煌本孝經類纂》"惡人不能化善，乃皆爲惡。若桀紂是也。"龔道耕本爲"惡人不能以禮爲善，乃化爲惡。悖若桀紂是也。"

⑤ 明皇本經文"所不貴"作"不貴也"。

⑥ 皮疏本鄭注爲"不以其道，故君子不貴"，據《敦煌本孝經類纂》修訂。

⑦ 皮疏本鄭注無"則"字，據《敦煌本孝經類纂》補。

⑧ 《敦煌本孝經類纂》爲"可尊敬也"

⑨ 皮疏本鄭注無"也"字，據《敦煌本孝經類纂》補。

⑩ 皮疏本僅輯鄭注"效漸也"三字，引自《釋文》，上下闕，據《孝經類纂》補"效其漸也"。

節用而愛人，使人以時，是以政令而行也。①

《詩》云：'淑人君子，其儀不忒。'"注淑，善也。忒，差也。善人君子威儀不差，可法則也。②《治要》。

紀孝行章第十

子曰："孝子之事親也③，注紀孝行也。④ 居則致其敬，注盡其禮也。《釋文》。⑤ 養則致其樂，注樂竭歡心，以事其親。⑥《治要》。病則致其憂，注色不滿容，行不正履。喪則致其哀，注擗踴哭泣，盡其哀情。《北堂書鈔》原本九十三《居喪》。祭則致其嚴。注齊必變食，居必遷坐，敬忌蹴踖，若親存也。《北堂書鈔》原本八十八《祭祀總》。⑦ 五者備矣，然後能事親。注謂上五者，孝道備矣。然後乃能事其親也。⑧ 事親者，居上不驕，注雖尊爲君，而不驕也。《治要》。爲下不亂，注爲人臣下，不敢爲亂也。⑨ 在醜不爭。注同志爲友，齊年爲醜。醜，類也。以爲善惡，不忿爭也。⑩ 居上而驕則亡，注富貴不以其道得之，是以取亡也。⑪《治要》。爲下而亂則刑，注爲人臣下好作亂，則刑罰及其身也。⑫

---

① 皮疏本僅輯鄭注"不令而伐謂之暴"七字，據《敦煌本孝經類纂》補修。

② 敦煌本《孝經類纂》"淑，善也。忒，差也。善人君子威儀不差失，故可法也。"據日本寬政本"淑，善也。忒，差也。善人君子，威儀不差。"

③ 《治要》經文無"也"字，據明皇本加。

④ 皮疏本無此鄭注，據《敦煌本孝經類纂》補。

⑤ 皮疏本輯鄭注爲"也盡禮也"。黃奭本"盡其敬禮也。"據《敦煌本孝經類纂》補正。

⑥ 《敦煌本孝經類纂》爲"以事其上"。

⑦ 《敦煌本孝經類纂》"也"爲"焉"。陳本書鈔引鄭注。黃奭本鄭注"齊必變食，敬忌蹴踖，齋戒沐浴，明發不寐。《北堂書鈔》八十八。"

⑧ 皮疏本無此鄭注，據《敦煌本孝經類纂》補"謂上五者，孝道備矣。然後乃能事其親也。"

⑨ 《敦煌本孝經類纂》爲"爲臣則忠，不敢爲亂也。"

⑩ 皮疏本鄭注、黃奭本、岡田本爲"忿爭，爲醜。醜，類也。以爲善，不忿爭。"據《敦煌本孝經類纂》改正。《敦煌本孝經類纂》爲"爲臣下好作亂，刑罰及其身。"《治要》無"也"字，據《釋文》加。

⑪ 皮疏本鄭注爲"富貴不以其道，是以取亡也。"據《敦煌本孝經類纂》改正。

⑫ 《治要》無"也"字，據《釋文》加。

《治要》。**在醜而爭則兵。**注朋友中好爲忿爭者，惟兵刃之道。① 《治要》。**三者不除，雖日用三牲之養，猶爲不孝也。"** 注夫愛親者，不敢惡於人之親②。今反驕亂忿爭，雖日致三牲之養，豈得爲孝乎？《治要》。

五刑章第十一

子曰："**五刑之屬三千，**注正刑有五。③ 五刑者，謂墨、劓、臏、宮割、大辟也。《治要》。科條三千，《釋文》。謂劓、墨、宮割、大辟。穿窬盜竊者，劓。劫賊傷人者，墨。男女不以禮交者，宮割。壞人垣墻、開人關鬮者，臏。手殺人者，大辟。各以其所犯罪科之條有三千者，謂以事同罪之屬也。④ **而罪莫大於不孝。**注囗囗之罪莫大于不孝。聖人所以惡之，故不書在三千條中。⑤ **要君者無上。**注事君，先事而後食祿。今反要君，此無尊上之道。《治要》。⑥ **非聖人者無法，**注非侮聖人者，不可法。《治要》。**非孝者無親。**注己不自孝，又非他人爲孝，不可親。⑦ 《治要》。**此大亂之道也。"** 注事君不忠，侮聖人言，非孝者，大亂之道也。⑧ 《治要》。

廣要道章第十二

子曰："**教民親愛，莫善於孝。**注孝者，德之本，又何加焉？⑨ **教民禮順，莫善於悌。**注先孝後悌，⑩ 人行之次也。《釋文》。**移風易俗，莫善於樂。**注夫樂者，感人情者也。樂正則心正，樂淫則心淫也。《治要》。

---

① 《敦煌本孝經類纂》爲"則推刃之道也。"

② 《敦煌本孝經類纂》無"之親"兩字。

③ 皮疏本鄭注無此注，據《敦煌本孝經類纂》補"正刑有五，科條三千"。

④ 皮疏本鄭注無此注，據《敦煌本孝經類纂》補"各以其所犯罪科之條有三千者，謂以事同罪之屬也。"

⑤ 皮疏本鄭注無此注，據《敦煌本孝經類纂》補"囗囗之罪莫大于不孝。聖人所以惡之，故不書在三千條中。""之"字上闕。龔道耕本鄭玄注爲"不孝之最，聖人惡之，去在三千條外。"

⑥ 《敦煌本孝經類纂》爲"今反要君，是無上也。"

⑦ 《敦煌本孝經類纂》爲"既不自孝，又非他人爲孝，不可親也。"

⑧ 《敦煌本孝經類纂》爲"事君不忠，非侮聖人，非孝行者。此則大亂之道。"

⑨ 皮疏本鄭注無此注，據《敦煌本孝經類纂》補"孝者，德之本，又何加焉？"

⑩ 皮疏本鄭注無此注，據《敦煌本孝經類纂》補。龔道耕本鄭注"又"作"有"。日本寬政本"敬禮之本，有何加焉？"

安上治民，莫善於禮。[注]上好禮，則民易使也。《治要》《釋文》。禮者，敬而已矣。[注]敬者，禮之本，又①何加焉？《治要》。故敬其父則子悦，[注]義可知也。② 敬其兄則弟悦，敬其君則臣悦。[注]盡禮以事□。③《釋文》。故皆喜悦。④ 敬一人而千萬人悦。[注]一人，謂父、兄、君。千萬人，謂子、弟、臣也。《正義》。⑤ 所敬者寡而悦者衆。[注]所敬一人，是其少。千萬人悦，是其衆。《治要》。此之謂要道也。"[注]孝弟以教之，禮樂以化之，此之謂要道也。《治要》。

廣至德章第十三

子曰："君子之教以孝也，非家至而日見之也。[注]言教非門到戶至，⑥ 而日見而語之也，《文選·庾亮讓中書令表注》《任昉齊景陵王行狀注》。但行孝於内，流化於外也。《治要》。⑦ 教以孝，所以敬天下之爲人父者也。[注]天子無父，事三老，所以教天下孝也。《治要》。⑧ 教以悌，所以敬天下之爲人兄者也。[注]天子無兄，事五更，所以教天下悌也。⑨《治要》。教以臣，所以敬天下之爲人君者也。[注]天子郊，則君事天。廟，則君事尸。所以教天下臣。《治要》。

《詩》云：'愷悌君子，民之父母'。[注]以上三者，教於天下，真是

---

① 皮疏本、龔道耕本鄭注"又"作"有"。
② 皮疏本鄭注無此注，據《敦煌本孝經類纂》補"義可知也"。明皇本爲"説"。
③ 皮疏本鄭注無"□"，據龔道耕本補。
④ 皮疏本鄭注無此注，據《敦煌本孝經類纂》補"故皆喜悦"。
⑤ 皮疏本鄭注無此注，據龔道耕本補"一人，謂父、兄、君。千萬人，謂子、弟、臣也。"
⑥ 《敦煌本孝經類纂》無"言教"二字。黄奭本輯爲"言教不必家到戶至"
⑦ 據日本寬政尾張本"但行孝於内，流化於外也。"龔道耕本"但行孝於内，其化自流於外也。"
⑧ 皮疏本鄭注無"無"字。《敦煌本孝經類纂》"天子無父，事三老。所以敬，教天下孝也。"據日本寬政尾張本"天子無父，事三老。所以敬天下老也。"龔道耕本爲"天子父事三老，所以教天下孝也。"今參互訂正。黄奭本爲"天子無父，事三老。所以敬天下孝也。"今互參訂正。
⑨ 皮疏本鄭注無"無"字，據《敦煌本孝經類纂》補。龔道耕本"天子兄事五更，所以叫天下弟也。"

民之父母。①《治要》。**非至德，其孰能順民如此其大者乎？"** 注 至德之君，能行此三者，教於天下也。《治要》。非至德則不能如此。②

廣揚名章第十四

子曰："君子之事親孝，故忠可移於君。 注 以孝事君則忠。欲求忠臣，必出孝子之門。故言可移於君也。③《治要》。**事兄悌，故順可移於長。** 注 以敬事兄則順，故可移於長也。④《治要》。**居家理治，可移於官。**⑤ 注 君子所居則化，所在則治⑥，故可移於官也。《治要》。**是以行成於內，而名立於後世矣。"** 注 孝於親者可移於君，弟於兄者可移於長，治於家者可移於官。⑦ 三德並備於內，而名立於後代矣。⑧ 若聖人制法於古，後人奉而行之也。⑨

諫諍章第十五

曾子曰："若夫慈愛恭敬，安親揚名，則聞命矣。敢問子從父之令，可謂孝乎？" 注 曾子專心於孝，以爲臣子當委曲君父之令，故問之也。⑩

子曰："是何言與？是何言與？ 注 孔子欲見諫爭⑪之端。《釋文》。以開曾

---

① 皮疏本、黃奭本鄭注無"是"字。
② 皮疏本無此鄭注，據《敦煌本孝經類纂》補。
③ 皮疏本鄭注無"必""言"二字，龔道耕本無"言"字，據《敦煌本孝經類纂》補。《敦煌本孝經類纂》無"以孝事君則忠"六字。
④ 皮疏本鄭注爲"以敬事兄則順"。龔道耕本、《敦煌本孝經類纂》均爲"以敬事長則順。"
⑤ 皮疏本、明皇本經文爲"居家理，故治可移於官"。《正義》云'先儒以爲'居家理'下闕一'故'字，御注加之。"唐注以前本無'故'字"。龔道耕本、《敦煌本孝經類纂》經文皆爲"居家理治，可移於官"。
⑥ 《敦煌本孝經類纂》本爲"君子所居則化，所在則理。"
⑦ 皮疏本無此鄭注，據《敦煌本孝經類纂》補"孝於親者可移於君，弟於兄者可移於長，治於家者可移於官。"
⑧ 皮疏本鄭注爲"世"作"代"。袁鈞輯本，"代"爲"世"。龔道耕本、《敦煌本孝經類纂》皆爲"世"字。原爲避諱改，今改復。對於此經文，皮疏本、黃奭本、龔道耕本輯鄭注僅有"脩上三德於內，名自傳於後世。"十二字。
⑨ 皮疏本無此鄭注，據《敦煌本孝經類纂》補"聖人制法於古，後人奉而行之也。"
⑩ 皮疏本無此鄭注，據《敦煌本孝經類纂》補"曾子專心於孝，以爲臣子當委曲君父之令，故問之也。"
⑪ 黃奭本、洪頤煊本"爭"爲"諍"，下同。

子心，故發此言也。① **昔者，天子有爭臣七人，雖無道，不失其天下。**② 注 七人者，謂太師、太保、太傅、左輔、右弼、前疑、後丞，維持王者，使不危殆。③《治要》。不陷於不義，故能長久，不失其天下也。④ **諸侯有爭臣五人，雖無道，不失其國。大夫有爭臣三人，雖無道，不失其身家。** 注 尊卑輔善，未聞其官。《治要》。**士有爭友，則身不離於令名。** 注 令，善也。士卑無臣，故以賢友助之。《治要》。⑤ **父有爭子，則身不陷於不義。** 注 君臣有諫諍之義，嫌父子至親不當諫諍。若父有不義子當諫之。⑥ 父失則諫，故免陷於不義。**故當不義，則子不可以不爭於父，臣不可以不爭於君。** 注 君父有不義之事，臣子當諫諍之。⑦ 臣子不諫諍，則亡國破家之道也。**故當不義則爭之，從父之令，又焉得爲孝乎？** 注 委曲從父之令，善亦爲善，惡亦爲惡，而心有隱，《治要》。又焉得爲忠臣孝子乎？⑧

感應章第十六

子曰："昔者明王，事父孝，故事天明， 注 盡孝於父，則事天明⑨。

---

① 皮疏本無此鄭注，據《敦煌本孝經類纂》補"以開曾子心，故發此言也。"

② 石臺本、《釋文》本經文無"其"字。龔道耕案：《漢書·霍光傳》引此經亦無"其"字。

③ 《敦煌本孝經類纂》爲"七人謂三公。左輔右弼前疑後丞。維持王者，使不歷危殆。"據日本寬政本"七人者，謂太師、太保、太傅、左輔、右弼、前疑、後丞。維持王者，使不危殆。"據袁鈞輯本"鄭注引文王世子以解七人之義。"按鄭注引《礼記·文王世子》以解七人之義。《禮記·文王世子記》曰："虞、夏、商、周，有師保，有疑丞。設四輔及三公，不必备，惟其人。"

④ 皮疏本無此鄭注，據《敦煌本孝經類纂》補"不陷於不義，故能長久，不失其天下也。"

⑤ 皮疏本、黃奭本輯鄭注爲"故以賢友助己"，據《敦煌本孝經類纂》"令，善也。士卑無臣，故以友諫之。"

⑥ 皮疏本無此鄭注，據《敦煌本孝經類纂》補"君臣有諫諍之義，嫌父子至親不當諫諍。若父有不義子當諫之。"

⑦ 皮疏本鄭注爲"君父有不義"，據《敦煌本孝經類纂》補"君父有不義之事，臣子當諫諍之。"

⑧ 皮疏本輯鄭注爲"委曲從父母，善亦從善，惡亦從惡，而心有隱，豈德爲子乎？"黃奭本、岡田本均爲"委曲從父命，善亦從善，惡亦從惡，而心有隱，豈得爲孝乎？"龔道耕本鄭注爲"委曲從君父之令，善亦從善，惡亦從惡，而心有隱，又焉得爲忠臣孝子乎？"《敦煌本孝經類纂》爲"委曲從父之令，善亦爲善，惡亦爲惡，又焉得爲忠臣孝子乎？"據此補修。

⑨ 《敦煌本孝經類纂》本爲"盡孝於父者故事天明"。

二 《孝經》鄭注校　　29

《治要》。**事母孝，故事地察**。注盡孝於母，能事地，察其高下，視其分理也。① **長幼順，故上下治**。注卑事於尊，幼事於長，故上下治。②《治要》。**天地明察，神明彰矣**。注事天能明，事地能察。德合天地，可謂彰矣。《治要》。**故雖天子，必有尊也，言有父也**。注謂養老也。《禮記·祭義》正義。雖貴爲天子，必有所尊，事之若父者，即三老是也。③《治要》《禮記·祭義》正義、《北堂書鈔》。**必有先也，言有兄也**。注必有所先，事之若兄者，即④五更是也。《治要》。**宗廟致敬，不忘親也**。注設宗廟，四時齋戒以祭之，不忘其親也。《治要》。**修身慎行，恐辱先也**。注修身者不敢毀傷，慎行者不歷危殆。常恐毀辱先人也。⑤《治要》。**宗廟致敬，鬼神著矣**。注事生者易，事死者難。聖人慎之，故重其文也。《治要》。**孝悌之至，通於神明，光於四海，無所不通**。注孝至於天，則風雨時節⑥。孝至於地，則萬物熟⑦成。孝至於人，則重譯來貢。故⑧無所不通也。《治要》。

《詩》云：'自西自東，自南自北，無思不服。'"注孝道流行，莫敢不服。《治要》。順而從之。⑨

----

① 《敦煌本孝經類纂》本爲"盡孝於母者，能察地之高下，視其分理也。"《治要》"理"作"察"。《釋文》作"理"。

② 《敦煌本孝經類纂》爲"卑順於尊，幼順於長，故上下治。"

③ 皮疏本鄭注無"即"字，據《敦煌本孝經類纂》補。黄奭輯本"謂養老也。父謂君老也。治其國上老故雖天子必有尊也。"

④ 皮疏本鄭注無"即"字，據《敦煌本孝經類纂》補。

⑤ 皮疏本鄭注爲"常恐其辱先也。"黄奭本、岡田本"常恐辱己先也。"《敦煌本孝經類纂》爲"常恐毀辱先人。"

⑥ 皮疏本鄭注無"節"字，據《敦煌本孝經類纂》補。

⑦ 皮疏本鄭注無"熟"字，據《敦煌本孝經類纂》補。

⑧ 《敦煌本孝經類纂》"故"作"是以"。

⑨ 皮疏本鄭注"義取孝道流行，莫不被義化也。"岡田本爲"孝道流行，莫敢不服。"《敦煌本孝經類纂》爲"孝道流行，莫敢不服，順而從之。"據袁鈞輯"服"爲"被"。"莫不被"三字今作"莫不服"。唐明皇御注"義取孝道流行，莫不服義從化也"，《正義》云"此依《鄭注》也。互參校正。

事君章第十七

子曰："君子之事上也，[注]上陳諫諍之義畢，未□□就之理。① 欲見《釋文》。進退之道，故發此章。② **進思盡忠**，[注]死君之難爲盡忠。《釋文》《文選·曹子建三良詩》注。**退思補過**。[注]待放三年服思其過，故□之。③ **將順其美**，[注]善則稱君。《臣軌·公正》。**匡救其惡**。[注]過則稱己也。《臣軌·公正》。**故上下能相親也**。[注]君臣同心，故能相親。④《治要》。

《詩》云：'心乎愛矣，遐不謂矣。[注]心乎愛君矣，而不謂遠矣。念君之無已。⑤ **中心藏**⑥**之，何日忘之**？'"[注]忠心藏善道，何能一日而忘君□雖在□心恆左右。⑦

喪親章第十八

子曰："孝子之喪親也。[注]上陳孝道，⑧ 生事已畢，死事未見，故發此章。⑨《正義》。**哭不偯**，[注]氣竭而息，聲不委曲。《正義》。**禮無容，言不文**，[注]父母之喪，不爲趨、翔，唯而不對也。⑩《北堂書鈔》九十三《居

---

① 皮疏本無此鄭注，據《敦煌本孝經類纂》補"未□□就之理"，"未"之下闕。
② 皮疏本無此鄭注，據《敦煌本孝經類纂》補"進退之道，故發此章"。
③ 皮疏本無此鄭注，據《敦煌本孝經類纂》補"待放三年服思其過，故□之。""故"下闕。龔道耕本、臧庸本鄭注爲"退居私室，則思補其身過。
④ 據日本寬政尾張本"下以忠事上，上以義接下。君臣同德，故能相親。"
⑤ 皮疏本無此鄭注，據《敦煌本孝經類纂》補"心乎愛君矣，而不謂遠矣。念君之無已。"
⑥ 皮疏本經文"藏"作"臧"。臧庸本經文爲"藏"作"藏"。《詩經》原文爲"中心藏之"。
⑦ 皮疏本無此鄭注，據《敦煌本孝經類纂》補"忠心藏善道，何能一日而忘君□雖在□心恆左右。"
⑧ 皮疏本無此鄭注，據《敦煌本孝經類纂》補"上陳孝道"。
⑨ 俗本"章"作"事"。
⑩ 敦煌本《孝經類纂》順序不同，爲"不爲趨翔，父母之喪，唯而不對也。"據袁鈞輯"禮無容，觸地無容。言不文，不爲紋飾。四句是誤引唐注作鄭者。"陳禹謨本《書鈔》九十三作"禮無容，觸地無容。言不文，不爲紋飾。"

喪》。**服美不安，**注去紋繡，衣衰服也。① 《釋文》。**聞樂不樂，**注悲哀在心，② 故不樂也。《正義》。**食旨不甘。**不嘗鹹酸而食粥。③ 《釋文》。**此哀戚之情也。三日而食，教民無以死傷生，**注三日不食恐傷及生人，故孝子不爲也。④ **毁不滅性。**注毁瘠羸瘦，孝子有之。《文選·宋貴妃誄》注。**此聖人之政也。喪不過三年，示民有終也。**注三年之喪，天下達禮。《正義》。不肖者企而及之，賢者俯而就之。《釋文》。所以再期，共得三年也。⑤ **爲之棺椁、衣衾而舉之；**注周尸爲棺，周棺爲椁。《正義》。衣，謂身衣。衾，謂單被。⑥ 可以亢尸而起也。《釋文》。**陳其簠簋而哀慼之；**注簠簋，祭器之名，受一斗二升。方曰簠，圓曰簋，盛黍、稷、稻、粱器。祭不見親，故哀慼也。⑦ 陳本《北堂書鈔》八十九引《孝經鄭注》。**擗踊哭泣，哀以送之；**注啼號竭盡⑧也。《釋文》。⑨ **卜其宅兆而安厝⑩之；**注宅，葬地也。⑪ 兆，吉兆也。得吉地乃葬之。⑫ 故云⑬葬事大，故卜之，慎之至也。《北堂

---

① 《敦煌本孝經類纂》爲"去紋繡之衣，以衰麻服之"。

② 《敦煌本孝經類纂》爲"所在悲哀"。

③ 《敦煌本孝經類纂》本爲"不嘗酸鹹而食粥"。

④ 皮疏本無此鄭注，據《敦煌本孝經類纂》本補"三日不食恐傷及生人，故孝子不爲也"。

⑤ 皮疏本鄭注、黃奭本僅有"再期"兩字，據《敦煌本孝經類纂》補"所以再期，共得三年也"。

⑥ 皮疏本、黃奭本僅輯有"衾謂單"。據《敦煌本孝經類纂》補"衣，謂身衣。衾，謂單被"。

⑦ 皮疏本"簠簋，祭器，受一門二升。方曰簠，圓曰簋，盛黍、稷、稻、粱器。陳奠素器而不見親，故哀之也。"黃奭本"簠簋，祭器，受一門二升。方曰簠，圓曰簋，盛黍、稷、稻、粱器。陳奠素器而不見親，故哀慼也。"龔道耕本"簠簋，祭器，受一門二升。內圓外方，祭不見親，故哀戚也。"《敦煌本孝經類纂》爲"簠簋，祭器之名，受斗二升。內方外圓。祭不見親，故哀慼也。"互參校改。

⑧ 黃奭本、龔道耕本"盡"作"情"。

⑨ 《敦煌本孝經類纂》爲"啼號竭情"。"男踴女擗，祖載送之。"

⑩ 今本經文"厝"作"措"。

⑪ 皮疏本鄭注無"也"字，據《敦煌本孝經類纂》補。

⑫ 皮疏本無此鄭注，據《敦煌本孝經類纂》補"得吉地乃葬之"。據袁鈞輯"此前有宅，墓穴也。兆，塋域也。八字亦是誤引唐注作鄭。"黃奭本輯爲"宅，墓穴也。兆，塋域也。葬事大，故卜之。兆，龜兆。"

⑬ 皮疏本鄭注無"故云"二字，據《敦煌本孝經類纂》補。

書鈔》原本九十二《葬》。**爲之宗廟，以鬼享之；**[注]宗，尊也。廟，貌也。言祭宗廟，見先祖之尊貌也。葬事已畢，乃爲神室。祭則致其嚴，故鬼享之也。① **春秋祭祀，以時思之；**[注]寒暑變移，益用增感以時祭祀展其孝思也。《北堂書鈔》。② 四時變易，物有成孰，將欲食之，故先薦先祖，念之若生存，不忘親也。③《北堂書鈔》原本八十八《祭祀》《御覽》五百二十五。**生事愛敬，死事哀慼，**[注]人情畢矣。④ **生民之本盡矣，**[注]終始備矣。⑤ **死生之義備矣，**[注]無遺纖也。尋繹天經地義，究竟人情也。《釋文》。⑥ **孝子之事親終矣。'"**[注]行乃畢矣。孝乃成矣。羅列十八章各成其情矣。⑦

---

① 皮疏本無此鄭注。嚴可均引《正義》曰"蓋亦鄭注"。龔道耕本亦引《正義》爲"宗，尊也。廟，貌也。言祭宗廟，見先祖之尊貌也。"黃奭本爲"宗，尊也。廟，貌也。親雖亡殁，事之若生，爲立宮室，四時祭之，若見鬼神之容貌。"《敦煌本孝經類纂》補"葬事已畢，乃爲神室。祭則致其嚴，故鬼享之也。"互參校補。

② 皮疏本無此鄭注，黃奭本輯有"寒暑變移，益用增感，以時祭祀展其孝思也。"據補。

③ 皮疏本鄭注爲"四時變易，物有成孰，將欲食之，故薦先祖，念之若生，不忘親也"。《敦煌本孝經類纂》爲"四時變易，物有成孰，將欲食之，即先薦先祖，念之若生存，不忘親也。"

④ 皮疏本無此鄭注，據《敦煌本孝經類纂》補。

⑤ 皮疏本無此鄭注，據《敦煌本孝經類纂》補。

⑥ 《敦煌本孝經類纂》爲"無遺介。尋繹天經地義，允竟人情也。"

⑦ 皮疏本鄭注僅即"行畢，孝成。"據《敦煌本孝經類纂》補"行乃畢矣。孝乃成矣。羅列十八章各成其情矣。"

三 附録

1. 皮錫瑞《孝經鄭注疏》

開宗明義章第一

邢疏云：劉向校經籍，以十八章爲定，而不列名。又有荀昶集其録及諸家疏，竝無章名。而《援神契》自天子至庶人五章，唯皇侃標其目而冠於章首。今鄭注見章名，豈先有改除，近人追遠而爲之也？嚴可均曰："按：《釋文》用鄭注本有章名，《群書治要》無章名。據天子章注云'《書》録王事，故證天子之章'，是鄭注見章名也。"錫瑞案：本章鄭注云"方始發章，以正爲始"，尤足爲鄭注見章名之證。

仲尼凥，[注]仲尼，孔子字。《治要》。凥，凥講堂也。《釋文》。**曾子侍。**[注]曾子，孔子弟子也。《治要》。錫瑞案：陳鱣輯鄭注本有"卑在尊者之側曰侍"，云見《釋文》《正義》。孜《釋文》《正義》，皆無明文以爲鄭注。嚴可均輯本無之，今徙嚴本。

疏曰：鄭注云"仲尼，孔子字"者，明皇注同。邢疏曰："云'仲尼，孔子字'者，案：《家語》云：孔子父叔梁紇娶顏氏之女徵在，徵在既往廟見，以夫年長，懼不時有男，而私禱尼丘山以祈焉。孔子故名丘，字仲尼。夫伯仲者，長幼之次也。仲尼有兄，字伯，故曰仲。其名，則案桓六年《左傳》申繻曰名有五，其三曰'以類命爲象'，杜注云：'若孔子首象尼丘。'蓋以孔子生而圩頂，象尼丘山，故名丘，字仲尼。而劉瓛述張禹之義，以爲'仲者，中也。尼者，和也。言孔子有中和之德，故曰仲尼。'殷仲文又云'夫子深敬孝道，故稱表德之字。'及梁武帝，又以丘爲聚，以尼爲和。今竝不取。"錫瑞案：《史記·孔子世家》曰："叔梁紇與顏氏之女禱於尼丘，得孔子。魯襄公二十二年而孔子生。生而首上圩頂，故因名曰丘，字仲尼。"《白虎通·聖人篇》曰：孔子反宇，是爲尼甫。是聖人之字，本以反宇、圩頂，故名、字皆以類命爲象。《爾雅·釋丘》曰：水潦所止，泥丘。《釋文》曰："'依'字，又作'㲻'。郭云：頂上洿下者。"《說文丘部》"㲻，反頂受水丘也。"據此，則"㲻"是正字，"泥"是古通用字，"尼"是假借字。水潦所止，是爲泥淖。《儀禮注》曰："淖者，和也。"張禹說"尼者，和也。"蓋徙"泥淖"傅會爲義。漢碑或作"仲泥"，亦屬古字通用。《顏氏家訓》曰：至於"仲尼居"三字之中，兩字非體。《三蒼》"尼"旁益"丘，"《說文》"尸"下施"几"。如此之類，何由可從？顏氏不知"居"字本當作"凥"，鄭君亦同許義，"䛹"字乃孔子命名取字本義，何不可從有？邢氏不取張、劉、梁武傅會之說，甚是。但不應舍《史記》引《家語》耳。丁晏謂："仲尼之字，當如張禹之說。《家語》謂禱於尼山而生，偽撰不足信。"丁氏不知《家語》雖偽，而禱尼山及孔子命名之義明見《史記》，固可信也。

注云"凥，凥講堂也"者，《御覽》百七十六《居處部》四引《郡國誌》曰：王屋縣有孔子學堂，西南七里有石室，臨大河，水勢湍急。五里之間，寂無水聲，如似聽義。又曰：齊桓公宮城西門外有講堂，齊宣王立此學也，故稱爲稷下。《春秋》"莒人如齊，盟於稷門"，此也。又引《齊地記》曰：臨淄城西門外有古講堂，基柱猶存，齊宣王修文學處也。又引《益州記》曰：文翁學堂在城南。《華陽國志》曰：文翁立講堂，作石室，一曰玉堂，在城南。錫瑞案：據《郡國誌》《齊地記》，則古有"講堂"之名。據《益州記》《華陽國志》，則講堂即學堂。是孔子講堂亦即孔子學堂，而此所凥講堂，又非王屋臨河之講堂，蓋即曲阜之孔子宅。後世成爲夫子廟堂者，即當日之講堂矣。邢疏引劉炫《述義》，其略曰："炫謂孔子自作《孝經》，本非曾參請業而對也。若依鄭說實居講堂，則廣延生徒，侍坐非一，夫子豈凌人侮衆，獨與參言邪？且'汝知之乎'，何必直汝曾子而參先避席乎？必其徧告諸生又有對者，當參不讓儕輩而獨答乎？假使獨與參言，言畢參自集錄，豈宜稱師字者乎？由斯言之，經教發極，夫子所撰也。而《漢書·藝文志》云'《孝經》者，孔子爲曾子陳孝道也'，謂其爲曾子特說此經。然則聖人之有述作，豈爲一人而已？斯皆誤本其文，致茲乖謬也。所以先儒注解，多所未行。唯鄭玄之《六藝論》曰'孔子以六藝題目不同，指意殊別，恐道離散，後世莫知根源，故作《孝經》以總會之。'其言雖則不然，其意頗近之矣。"案：劉氏信鄭《六藝論》，不信此注，所見殊滯。不知此注云"凥講堂"與《六藝論》並非矛盾。《鉤命決》引"孔子曰：吾志在《春秋》，行在《孝經》。是《孝經》本夫子自作，而必假曾子爲言者，以其偏得孝名，故以《孝經》屬之。"《鉤命決》又引"孔子曰：《春秋》屬商，《孝經》屬參"是也。一貫呼參，門人皆在，則與曾子論孝，何不可在廣延生徒之時？劉氏疑爲凌人侮衆，何其迂乎！子思著書闡揚祖德，篇首發端可稱祖字，乃疑曾子不可稱師字，又非其理也。《禮記·孔子閒居》鄭注云：退燕避人曰閒居。此注以"凥"爲"凥講堂"，正以經無"閒"字，故其解異。《說文·几部》"凥，處也。《孝經》曰'仲尼凥。'凥，謂閒凥如此。"許君古文《孝經》作"凥"，與鄭本同。古文說解"凥"爲"閒凥"，與鄭解異。王肅好與鄭異，徒古文說解爲"閒居"，偽撰古文乃於經文竄入"閒"字，不顧與許君古文違異。劉氏傅偽古文之本，遂詆鄭君"凥講堂"爲非，膠柱之見，苟異先儒，邢氏不從劉說，而以鄭氏所說爲得，其見卓矣。

注云"曾子，孔子弟子"者，明皇注同。邢疏云："案《史記·仲尼弟子傳》稱

'曾參，南武城人，字子輿，少孔子四十六歲。孔子以爲能通孝道，故授之業，作《孝經》。死於魯。'故知是仲尼弟子也。"

子曰："先王有至德要道，[注]子者，孔子。《治要》。禹，三王冣先者。《釋文》。嚴可均曰："按：《釋文》此下有'案：五帝官天下，三王禹始傳於子，①於殷配天，故爲孝教之始。王，謂文王也'二十八字，蓋皆鄭注。唯因有'案'字與鄭注各經不類，故疑爲陸德明申説之詞，退坿於注末。"至德，孝悌也。要道，禮樂也。《釋文》。**以順天下，民用和睦，上下無怨。**[注]以，用也。睦，親也。至德以教之，要道以化之，是以民用和睦，上下無怨也。《治要》。**女知之乎？"**

疏曰：鄭注云"禹，三王冣先"者，據周制而言也。《繁露三代改制質文》篇曰："王者之後必正號，絀王謂之帝，封其後以小國，使奉祀之。下存二王之後以大國，使服其服，行其禮樂，稱客而朝。故同時稱帝者五，稱王者三，所以昭五端，通三統也。是故周人之王，尚推神農爲九皇，而改號軒轅，謂之黃帝，因存帝顓頊、帝嚳、帝堯之帝號，絀虞，而號舜曰帝舜，録五帝以小國。下存禹之後於杞，存湯之後於宋，以方百里，爵稱公。皆使服其服，行其禮樂，稱先王客而朝。"據此，足知後世稱舜以上爲五帝，禹以下爲三王，皆承周制言之。孔子周人，其稱先王，當以禹爲三王冣先者矣。盧文弨校《釋文》，改"始傳於殷"之"殷"爲"子"，謂"於殷配天"之文亦有脱誤，當謂"殷亦世及，故殷禮陞配天，多歷年所。"嚴可均謂《釋文》二十八字蓋皆鄭注。錫瑞案：鄭以先王專指禹，陸氏推鄭之意，以爲五帝官天下，禹始傳子，傳子者尤重孝，故爲孝教之始，正申説"三王冣先"之旨。"王，謂文王也"，乃陸氏自以意解經之"先王"專屬周言，不兼前代，別爲一義，與鄭不同。若並以爲鄭注，與鄭專舉禹之意不合，非特有"案"字與各經注不類，嚴氏之説恐未塙也。

注以"至德"爲孝悌，"要道"爲禮樂者，《周禮·鄉大夫》攷其德行、道藝。疏云：德行，謂六德六行。道藝，謂六藝。是德與行爲一類，道與藝爲一類。六行以孝友爲首，六藝以禮類爲首，故鄭君分別"至德"爲孝悌，"要道"爲禮樂，據周禮爲説也。《廣要道章》首舉孝悌、禮樂，鄭義與經文合。

"以順天下"，鄭無注，據下《三才章》"以順天下"，鄭注云"順治天下"，則此"順"字，鄭亦當以"順治"解之。明皇注云："能順天下人心。"與鄭義近。近解謂"順"當通作"訓"，非鄭義也。陸賈《新語》"孔子曰：先王有至德要道，以順天下"，引此經文。

注云"以，用也"者，《易象下傳》"文王以之"虞注，《詩谷風》"不我屑以"、

---

① 本作者按：《釋文》本作"傳於殷"。

《大東》""不以服箱"箋、《載芟》"侯疆侯以"傳,《周禮鄉大夫》"退而以鄉射之禮五物詢衆庶"注,《儀禮·士昏禮》"以涪醬"注,《禮記·曾子問》"有庶子祭者以此"注,《左氏》成八年傳"霸主將德是以"、昭四年傳"死生以之"注,《國語·周語》"魯人以莒人先濟"、《吳語》"請問戰奚以而可"注,《中候》"黑烏以雄"注,《廣雅·釋詁》四,《小爾雅廣詁》,皆云:"以,用也。"

云"睦,親也"者,《易夬》"莧陸夬夬",《釋文》引蜀才注,《書·堯典》"九族既睦"鄭注,《國語·周語》"和協輯睦",《晉語》"能内睦而後圖外"注,皆云:"睦,親也。"鄭云"至德以教之,要道以化之",則其解"以順天下",亦兼含訓字之義矣。《漢書·禮樂志》曰:於是教化浹洽,民用和睦",引此經。

曾子避席曰:"參不敏,何足以知之?" 注 參,名也。《治要》。敏,猶達也。《儀禮·鄉射記疏》。參不達。《治要》。**子曰:"夫孝,德之本也。"** 注 人之行莫大於孝,故曰德之本也。《治要》。案:明皇注云"故爲德本"。《正義》曰"此依鄭注引其聖治章文也。"**教之所由生也。** 注 教人親愛,莫善於孝,故言"教之所由生"。《治要》。

疏曰:鄭注云"敏,猶達也"者,左氏成九年傳"尊君敏也",襄十四年傳"有臣不敏"注,《國語·晉語》"且晉公子敏而有文",又"寡知不敏",又"知羊舌職之聰敏肅給也"注,《孟子·離婁》"殷士膚敏"注,皆云:"敏,達也。""避席"句,鄭無注。案:鄭注文王世子"終則負牆",云"却就後席相辟",又注孔子閒居"負牆而立",云"起負牆者,所問竟,辟後來者",然則曾子避席,正以同在講堂,獨承聖教,故辭不敢當而引避他人也。云"人之行莫大於孝"者,《聖治章》文。《中庸》"立天下之大本",鄭注"大本,《孝經》也。"以此經注證之,其義郅塙。《說苑·建本篇》引孔子曰"立體有義矣,而孝爲本。"延篤《仁孝論》曰:"夫仁人之有孝,猶四體之有心腹,枝葉之有根本也。"云"教人親愛,莫善於孝"者,《廣要道章》文。邢疏引《祭義》稱曾子云"衆之本教曰孝。"案:《曾子·大孝篇》亦有是語,盧注引《孝經》曰:"夫孝,德之本也,教之所由生也。"《祭義》:"子曰'立愛自親始,教民睦也。'"疏云:"'立愛自親始'者,言人君欲立愛於天下,從親爲始,言先愛親也。'教民睦也'者,已先愛親,人亦愛親,是教民睦也。"此即"教親愛,莫善於孝"之旨也。

復坐,吾語女。身體髮膚,受之父母,不敢毁傷,孝之始也。 注 父母全而生之,已當全而歸之。明皇注。《正義》云:"此依鄭注引《祭義》樂正子春之言也。"**立身行道,揚名於後世,以顯父母,孝之終也。** 注 父母得其顯譽也者。《釋文》。語未竟,或當作"者也",轉寫倒。

疏曰:鄭注云"父母全而生之,已當全而歸之"者,《祭義》樂正子春曰:"吾聞諸曾子，曾子聞諸夫子曰：'天之所生，地之所養，無人爲大。父母全而生之，子全而歸之，可謂孝矣。不虧其體，不辱其身，可謂全矣。'"曾子聞諸夫子，當即《孝經》之文，故鄭君引之以注經也。邢疏云："身，謂躬也。體，謂四支也。髮，謂毛髮。膚，謂皮膚。毀，謂辱。傷，謂損傷。鄭注《周禮》'禁殺戮'，云'見血爲傷'是也。"注以"顯父母"爲"父母得其顯譽也"者，《説文》："譽，稱也。"《詩·振鷺》"以永終譽"，箋雲："譽，聲美也。"是"得顯譽"即揚名也。邢疏引"《祭義》曰：'孝也者，國人稱願，然曰：幸哉！有子如此。'"又引"哀公問稱孔子對曰：'君子也者，人之成名也。百姓歸之名，謂之君子之子，是使其親爲君子也。'此則揚名榮親也。"案：《内則》"父母難没，將爲善，思貽父母令名，必果"，亦揚名顯父母之義。《論衡·四諱篇》引"孔子曰：身體髮膚"至"不敢毁傷"。《風俗通》"太原周黨"下引"《孝經》曰：身體髮膚"至"孝之始也"。

夫孝，始於事親，中於事君，終於立身。 注 父母生之，是事親爲始，卌彊《正義》作"四十强"，依《釋文》改。而仕，是事君爲中。七十行步不逮，縣車以上六字依《釋文》加。致仕，按：《釋文》有挍語，云自"父母"至"致仕"今本無，篷宋人不知《釋文》用鄭注本也。後昔皆放此。是立身爲終也。《正義》。

疏曰：鄭注云"父母生之，是事親爲始。卌彊而仕，是事君爲中。七十行步不逮，縣車致仕，是立身爲終也"者，《曲禮》曰："四十曰彊而仕。"又曰："大夫七十而致仕。"《内則》曰："四十始仕，七十致仕。"鄭君據此爲説。致仕必縣車者，《白虎通·致仕篇》曰："臣年七十縣車致仕者，臣以執事趨走хоч職，七十陽道極，耳目不聰明，跂跂之屬，是以退老去，避賢者路，所以長廉遠恥。縣車，示不用也。"《公羊疏》引《春秋緯》云："日在懸輿，一日之暮。人年七十，亦一世①之暮，而致其政事於君，故曰懸輿致仕。"《淮南子·天文訓》："至於悲泉，爰止其女，爰息其馬，是謂懸輿。"二説以人年七十與日在懸輿同，故云"懸輿致仕"，與《白虎通》"懸車，示不用"異。鄭義當同《白虎通》也。劉炫駁云："若以始爲在家，終爲致仕，則兆庶皆能有始，人君所以無終。若以年七十始爲孝終，不致仕者皆爲不立，則中壽之輩盡曰不終，顏子之徒亦無所立矣。"錫瑞案：劉氏刻舟之見，疑非所疑，必若所云，天子之尊無二上，無君可事，豈但無終？又有遁世者流，不事王侯，豈皆不孝？不惟鄭注可駁，聖經亦可疑矣。經言常理，非爲一人而言。鄭注亦言其常，何得以顏夭爲難哉！

《史記·自序》云："且夫孝，始於事親，忠於事君，終於立身。揚名於後世，以顯父母，此孝之大也。"約舉此經。

---

① "世"原作"時"，據《春秋公羊傳注疏》改。

《大雅》云：'無念尒按：《釋文》作爾，有挍語云"本今作'爾'"，知原本是"尒"字，今改復。**祖，聿修厥德。'"** 注 《大雅》者，《詩》之篇名。《治要》。雅者，正也。方始發章，以正爲始。《正義》。無念，無忘也。聿，述也。修，治也。爲孝之道，無敢忘尒先祖，當修治其德矣。《治要》。

　　疏曰：鄭注云"《大雅》者，《詩》之篇名。雅者，正也"者，鄭《詩譜》曰："《小雅》《大雅》者，周室居西都豐、鎬之時詩也。《大雅》之初，起自文王，至于文王有聲。據盛隆而推原天命，上述祖考之美。"《詩序》曰："雅者，正也。言王政之所由廢興也。政有小大，故有《小雅》焉，有《大雅》焉。"疏曰："雅者訓爲正也。由天子以政教齊正天下，故民述天子之政，還以齊正爲名。王之齊正天下得其道，則述其美，《雅》之正經及宣王之美詩是也。若王之齊正天下失其理，則刺其惡，幽、厲《小雅》是也。"

　　云"方始發章，以正爲始"者，鄭君宗毛，用《毛詩序》訓"雅"爲"正"。《孝經》引《詩》，但稱"《詩》云"不舉篇名，此經獨云《大雅》，故鄭解之，以爲此是開宗明義，方始發章，意在以正爲始，當取"雅"之正名，故不渾稱"《詩》云"，而必別舉其篇名矣。

　　云"無念，無忘也"者，《詩》毛傳曰："無念，念也。"箋云："當念女祖爲之法。"鄭箋《詩》從毛義，此以"無念"爲"無忘"，亦同毛義。"無忘"即是"念"，"無忘"之"無"是實字，與"無念"之"無"爲語辭者義不同也。

　　云"聿，述也。修，治也"者，毛傳曰："聿，述也。"本《爾雅·釋詁》文。箋云"述修祖德"，從毛義。此亦從毛義也。《易象下傳》"修井也"虞注，《禮記·中庸》"修道之謂教"注，《論語·顏淵》"敢問崇德修慝辨惑"《集解》引孔注，又皇疏，《國語·晉語》"飾其閉修"注，《廣雅·釋詁》，皆云："修，治也。"

　　云"爲孝之道，無敢忘尒先祖，當修治其德矣"者，鄭從毛訓"聿"爲"述"，則"修治其德"亦當如箋《詩》義，以爲"述修祖德"，其德屬祖德，非己德，己之德不可言述也。邢疏云："述修先祖之德而行之"，與鄭義合。《漢書·匡衡傳》衡上疏曰："大雅曰'無念爾祖，聿修厥德。'孔子著之《孝經》首章，蓋至德之本也。"案：朱子作《孝經刊誤》，刪去"子曰"及引《詩》《書》之文，謂非原本所有。攷《御覽》引《鉤命決》曰："首仲尼以立情性，言子曰以開號，列曾子示撰，輔《書》《詩》以合謀。"緯書之傳寂古，其説如此。匡衡之疏，尤足證引《詩》爲聖經之舊，非後人所增竄。《孝經》每章必引《詩》《書》，正與《大學》《中庸》《坊記》《表記》《緇衣》諸篇文法一例。朱子於《大學》《中庸》所引《詩》《書》皆極尊信，未嘗致疑，獨疑《孝經》，何也？

　　天子章第二

　　子曰："愛親者，不敢惡於人， 注 愛其親者，不敢惡於他人之親。

《治要》。**敬親者，不敢慢於人。**注己慢人之親，人亦慢己之親，故君子不爲也。《治要》。

疏曰：經言"人"，鄭注以爲"人之親"，又云"己慢人之親，人亦慢己之親，故君子不爲也"者，所以補明經義也。明皇注云："博愛也。廣敬也。"邢疏曰："此依魏注也。言君愛親，又施德教於人，使人皆愛其親，不敢有惡其父母者，是博愛也。言君敬親，又施德教於人，使人皆敬其親，不敢有慢其父母者，是廣敬也。"案：明皇用魏注，探下文"德教爲説"。詳鄭君之注，意似不然。經文二語本屬泛言，自"愛敬盡於事親"以下，始言天子之孝。故鄭注亦泛言其理，不探下意爲解。孟子曰："愛人者，人恆愛之。敬人者，人恆敬之。"又曰："殺人之父，人亦殺其父。殺人之兄，人亦殺其兄。"然則愛敬其親者，不敢惡慢他人之親。鄭注得其旨矣。

愛敬盡於事親，注盡愛於母，盡敬於父。《治要》。**而德教加於百姓，**注敬以直内，義以方外，故德教加於百姓也。《治要》。**形於四海，**注形，見也。德教流行，見四海也。《治要》。按：文當有"於"字。**蓋天子之孝也。**注蓋者，謙辭。《正義》。

疏曰：鄭注云"盡愛於母，盡敬於父"者，士章曰："資於事父以事母，而愛同。資於事父以事君，而敬同。故母取其愛，而君取其敬，兼之者父也。"據經義，是"愛"當屬母，敬當屬父，故鄭據以爲説。《表記》曰："今父之親子也，親賢而下無能。母之親子也，賢則親之，無能則憐之。母親而不尊，父尊而不親。"然則尊、親、敬、愛，固當有别矣。

注以"敬以直内，義以方外"解"德教加於百姓"者，《易》乾爲敬，坤爲義，乾爲父，坤爲母。鄭於上文注以"敬"、"愛"分屬父母言，其引《易》或亦以乾父、坤母爲説。《易》曰"敬義立，而德不孤"，與此經言德教有合。鄭君《易注》殘闕，《坤六二》一條不傳，未知然否。

云"形，見也。德教流行，見四海也"者，《國語·越語》"天地形之"，又"天地未形而先爲之征"注，《荀子·儒效》"忠信愛利形乎下"，又《彊國》"愛利則形"，又《堯問》"形於四海"注，《吕覽·精通》"夫月形乎天"注，《淮南》《原道》"好憎成形"，又"減而無形"，又《俶真》"形物之性也"注，《廣雅·釋詁》三，皆云："形，見也。"明皇注本作"刑"，而《序》仍用鄭本作"形"，云："雖無德教加於百姓，庶幾廣愛形於四海。"邢疏曰："形，猶'見'也。義得兩通。"臧庸曰："此經'形於四海'，猶感應章'光於四海'，當從鄭作'形'。唐本作'刑'，非。"案：鄭注感應章引《詩》，云"義取孝道流行，莫不被義從化"，與此注"德教流行"正合。《援神契》曰："天子行孝曰就。言德被天下，澤及萬物，始終成就，榮其祖考也。"

云"蓋者，謙辭"者，《禮運》"蓋歎魯也"，《深衣》"蓋有制度"，疏皆云"蓋者，謙，爲疑辭"，與注義合。劉炫駁云："若以制作須謙，則庶人亦當謙矣。苟以名位須謙，夫子曾爲大夫，於士何謙而亦云蓋也？斯則卿士以上之言蓋者，並非謙辭，可知也。"案：劉炫傳古文孔傳云："蓋者，辜較之辭。"又釋之曰："辜較，猶梗概也。"義與鄭注不符，故曲説駁鄭，未可信據。

《甫刑》云： 注 《甫刑》，《尚書》篇名。《治要》。**'一人有慶，** 注 引譬連類，《文選·孫子荆爲石仲容與孫皓書》注。《釋文》作"引辟"，云或作"譬"，同。引類得象。《書》録王事，故證天子之章。《正義》。一人，謂天子。《治要》。**兆民賴之。'** 注 億萬曰兆。天子曰兆民。諸侯曰萬民。《五經算術》上。嚴可均曰："按：甄鸞引此注，但云從《孝經注》釋之。今知鄭注者，《隋經籍志》云周、齊唯傳鄭氏。"天子爲善，天下皆賴之。《治要》。

疏曰：鄭注云"《甫刑》，《尚書》篇名"者，今文《尚書》作《甫刑》，古文《尚書》作《呂刑》。《孝經》之外，如《禮記·緇衣》《史記·周本紀》《鹽鐵論·詔聖》篇、《漢書·刑法志》《論衡·非韓》篇、鄭君引《書説》、趙岐注《孟子》，皆從今文作《甫刑》，惟墨子從古文作《呂刑》爲異。《孝經》本今文，鄭注《孝經》亦從今文也。《緇衣》疏引鄭君《孝經序》曰："春秋有呂國，而無甫侯。"鄭義蓋以甫侯之國其先稱甫，至春秋後始稱呂國。《左氏傳》曰："子重請取於申、呂，以爲賞田。"是春秋後稱呂之證。《詩·揚之水》曰"不與我戍甫"，崧高曰"生甫及申"，毛傳曰"於周則有甫、有申"，鄭箋云"周之甫也、申也"，"維申及甫"，鄭箋云："申，申伯也。甫，甫侯也。"是其先稱甫之證。《國語·周語》曰"賜姓，曰姜氏，曰有呂"，是呂，其氏也。甫，其國也。《鄭語》曰"申、呂雖衰，齊、許猶在"。以呂爲國，與《左傳》言申、呂同。春秋時，或以氏稱其國，或其國改稱呂，皆未可知，要在周初其國當稱甫，不當稱呂。今文《尚書》作《甫刑》，爲得其實。刑疏引孔安國云"後爲甫侯，故稱《甫刑》"，然則春秋有呂國，無甫侯，豈其先國名呂而改稱甫，後又由甫改稱呂乎？知不然矣。

云"引譬連類，引類得象。《書》録王事，故證天子之章"者，鄭意經引《詩》《書》以爲譬況，皆以其類，由類得象，此章言天子之孝。故以《書》之録王事者證之。

云"一人，謂天子"者，邢疏引"舊説：天子自稱則言'予一人'。予，我也。言我雖身處上位，猶是人中之一也，與人不異，是謙也。若臣人言之，則惟言'一人'，言四海之内惟一人，乃爲尊稱也。天子者，帝王之爵，猶公侯伯子男五等之稱。"錫瑞案：舊説本於《孝經緯》。《白虎通·爵》篇曰："天子者，爵稱也。爵所以稱天子何？王者父天母地，爲天之子也。故《援神契》曰：'天覆地載，謂之天子，上法斗極。'"又《號》篇曰："或稱一人。王者自謂一人者，謙也，欲言己材能當一人耳。故《論語》曰：'百姓有過，在予一人。'臣下謂之一人何？亦所以尊王者也。以天下之大，四海之內，所共尊者一人耳。故《尚書》曰'不施予一人。'"《白虎通》亦本於《孝經》古義也。又《義禮·覲禮》曰"余一人嘉之"，《禮記·曲禮》曰"朝諸侯、分職、授政、任功，曰'予一人'"，《後漢書·陳蕃傳》引《禹》曰"萬方有罪，在予一人"，《國語·周語》《吕氏春秋》引《湯》曰"万夫有罪，在予一人"，《墨子·兼愛》及《説苑》《韓詩外傳》引武王曰"萬有罪，維予一人"，是"一人"爲古天子謙辭之通稱也。

云"億萬曰兆。天子曰兆民，諸侯曰萬民"者，《禮記·內則》"降德於衆兆民"，鄭注："萬億曰兆。天子曰兆民，諸侯曰萬民。"與此注同。鄭注蓋以"億萬"即"萬億"也。"天子曰兆民"二語，用《左氏》閔二年傳文。甄鸞曰："按注云'億萬曰兆'者，理或未盡。何者？按：黄帝爲法，數有十等，及其用也，乃有三焉。十等者，謂億、兆、京、垓、秭、壤、溝、澗、正、載也。三等者，謂上、中、下也。其下數者，十十變之，若言十萬曰億，十億曰兆，十兆曰京也。中數者，萬萬變之，若言萬萬曰億，萬萬億曰兆，萬萬兆曰京也。上數者，數窮則變，若言萬萬曰億，億億曰兆，兆兆曰京也。若以下數言之，則十億曰兆。若以中數言之，則萬萬億曰兆。若以上數言之，則億億兆京。注乃云'億萬曰兆'，正是萬億也。若從中數，則須有十萬億、次百萬億、次千萬億、次萬萬曰兆。三數並違，有所未詳。《尚書》無此注，故從《孝經注》釋之。"錫瑞案：甄氏亦以爲鄭云億萬即是萬億。鄭義與甄氏所推三數皆不合，鄭君善算，其取據算書，蓋與甄氏所據不同，故《內則》注亦云"萬億曰兆"也。

云"天子爲善，天下皆賴之"者，鄭訓"慶"爲"善"。《詩·韓奕》"慶既令居"箋，《禮記·祭統》"率作慶士"注，《左氏》昭三十年傳"大國之惠亦慶其家"注，《廣雅·釋詁》一，皆曰："慶，善也。"明皇注亦作"慶，善也。"邢疏曰："言天子人有善，則天下兆庶皆倚賴之也。善則愛敬是也。'一人有慶'，結'愛敬盡於事親'已上也。'兆民賴之'，結'而德教加於百姓'已下也。"

諸侯章第三

在上不驕，高而不危。注諸侯在民上，故言在上。敬上愛下，謂之不驕。故居高位而不危殆。《治要》。**制節謹度，滿而不溢。**注費用儉約，謂之制節。奉行天子法度，謂之謹度。故能守法而不驕逸也。《治要》。奢泰爲溢。《釋文》。

疏曰：鄭注云"諸侯在民上，故言在上"者，天子、諸侯、卿大夫、士皆在民上，此章言諸侯之孝，故鄭專舉諸候言之。

云"敬上愛下，謂之不驕"者，諸侯上有天子，當敬上，下有卿大人夫、士、庶，當愛下。二者皆不驕之道也。邢疏解明皇注"無禮爲驕"曰："無禮，謂陵上慢下也。"不敬上愛下，即陵上慢下矣。

　　云"居高位而不危殆"者，邢疏曰"言諸侯在一國臣人之上，其位高矣，高者危懼，若能不以貴自驕，則雖處高位，終不至於傾危"是也。

　　云"費用儉約，謂之制節"者，明皇注同，邢疏曰："謂費國之財以爲己用，每事儉約，不爲華侈，則《論語》'道千乘之國'云'節用而愛人'是也。"

　　云"奉行天子法度，謂之謹度"者，《援神契》曰："諸候行孝曰度。言奉天子之法度，得不危懼，是榮其先祖也。"

　　云"故能守法而不驕逸"者，《荀子·不苟》篇曰"以驕溢人"，注："溢，滿也。""驕逸"即"驕溢"。"不驕逸"，即"不溢"矣。

　　云"奢泰爲溢"者，《廣雅·釋詁》二："溢，盛也。"《莊子·人間世》"夫兩喜必多溢美之言"注，《文選·東京賦》"規摹踰溢"薛注，皆曰"溢，過也。""奢泰"即過盛，故"奢泰爲溢也。漢建武二年封功臣策曰"在上不驕，高而不危。制節謹度，滿而不溢"，引此經。

高而不危，所以長守貴也。注 居高位而不驕，所以長守貴也。《治要》。**滿而不溢，所以長守富也。**注 雖有一國之財而不能奢泰，故能長守富。《治要》

　　疏曰：鄭注云"居高位而不驕"者，順經文爲說也。

　　云"雖有一國之財而不奢泰"者，《禮記·曲禮》曰："問國君之富，數地以對，山澤之所出。"是諸侯有一國之財也。"奢泰爲溢"，不奢泰即不溢。漢《堯廟碑》云"高如不危，滿如不溢"，引此經。古"而""如"通用。

富貴不離其身，注 富能不奢，貴能不驕，故能不離其身。《治要》。

　　疏曰：鄭注承上而言。臧庸曰："《釋文》'離，音力智反'，則'不'字後人所加。唐注云'富貴常在其身'，《正義》謂此依王肅注，則王肅本亦無'不'字。何也？蓋常在其身者，謂常麗著其身也。《易象傳》'離，麗也。'《象傳》'離王公也。'鄭作'麗'，梁武'力智反'。此經云'富貴離其身'，猶諫爭章云'則身離於令名'。《釋文》。於彼亦音'力智反'，標經無'不'字，可前後互證。"阮福謂："此不然也。臧謂'力智反'當爲'離著'之義，其實古人仄聲，亦可訓'分離'。此經文明明有'不'字，且'不'字與'不危''不溢'相應，'不離'與'長守'相應，安可以《釋文》'力智反'，即拘泥爲無'不'字乎？又況《呂覽》引此明明有'不'字乎？若以明皇注'常在'爲'麗著'之證，則石臺《孝經》皆有'不'字，'不麗著'更不成詞矣。"錫瑞案：阮說是也。據鄭注，則鄭本亦有"不"字。臧氏輯鄭注未見《治要》，故有此疑。

然後能保其社稷，注 上能長守富貴，然後乃能安其社稷。《治要》。

社，謂后土也。句龍爲后土。《周禮封人》疏、《禮記·郊特牲》正義。嚴可均曰："按：注不言稷，猶未竟。"

疏曰：鄭注云"上能長守富貴"，承上文言。

云"社，謂后土也。句龍爲后土"者，侯康曰："《周禮·封人疏》引鄭《孝經注》云'社，謂后土'，而申其義曰'舉配食者而言'。蓋鄭君意以'社爲五土總神，稷爲原隰之神。句龍以其有平水土之功，配社祀之。稷有播種之功，配稷祀之'，用《援神契》，與賈逵等謂'社即句龍，稷即后稷，皆人鬼，非地神'者不同。此云'社，謂后土'，后土正是句龍，似反用賈逵等，故疏解之云'舉配食者而言'。馬昭等又有一說：句龍爲后土之官，地神亦爲后土。左氏云'君履后土，爾戴皇天'，鄭云：'后土，謂地神，非謂句龍也。'二說雖殊，要鄭此注文同賈逵等，而意貫異可知。攷鄭義亦有所本。《駮五經異義》引今《孝經》說曰：'社者，土地之主。土地廣博，不可徧敬，封五土以爲社。'則此自今文《孝經》舊說，而鄭注遵用之也。"錫瑞案：侯說是也。《小雅》疏引《鄭志》鄭答田瓊曰："后土，土官之名也。死以爲社而祭之，故曰'后土，社。'句龍爲后土，後轉爲社。故世人謂社爲后土，無可怪也。"據此，則鄭意以社爲后土，句龍亦爲后土。王肅難鄭云："《月令》'命民社'，鄭注云：'社，后土也。'《孝經注》云：'社，后土也。句龍爲后土。'《鄭記》云：'社，后土，則句龍也。'是鄭自相違反。"不知鄭義並非違反。王肅所疑者，鄭答田瓊已自釋之。

此經鄭注"稷"義不傳，據《駮異義》之說補之，鄭君亦從今《孝經》《援神契》說。《御覽》引《援神契》曰："社者，五土之總神。稷者，原隰之神。五穀稷爲長，五穀不可徧敬，故立稷以表名也。"《白虎通·社稷》篇曰："人非土不生，非穀不食。土地廣博，不可徧敬也。五穀衆多，不可一一祭也。故封土爲社，示有土也。稷，五穀之長。故立稷而祭之也。"下引此經。《白虎通》亦本今《孝經》說也。《郊特牲》疏引《異義》云："今《孝經》說：稷者，五穀之長。穀衆多，不可徧敬，故立稷而祭之。古《左氏》說：列山氏之子曰柱，死後祀以爲稷。稷是田正，周棄亦爲稷，自商以來祀之。謹案：禮緣生及死，故社稷人事之。既祭稷穀，不得但以稷米祭稷，反自食。從《左氏》義。鄭駁之云：《宗伯》：'以血祭祭社稷、五祀、五岳。'若是句龍、柱、棄，不得先五岳而食。《詩·信南山》云'畇畇原隰'，又云'黍稷彧彧'，原隰生百穀，稷爲之長，則稷者原隰之神。若達此義，不得以稷米自祭爲難。"鄭說社稷皆本今《孝經》，說較之古《左氏》說，實遠勝之。後之祀社稷者，當宗今《孝經》說、鄭義爲定論。邢疏引"皇侃以爲：稷，五穀之長，亦爲土神。據此，稷亦社之類也。"又引《左傳》之文，言句龍、柱、棄配社稷而祭之，却句龍、柱、棄非社稷也，與鄭義合。應劭《風俗通》用《異義》之說，云："祭稷穀，不得稷米稷，反自食也。而邾文公用鄫子於次睢之社，司馬子魚諫曰：'古者六畜不相爲用，祭祀以爲人也。民人，神之主也。用人，其誰享之？'詩云：'吉日庚午，既伯既禱。'豈復殺馬以祭馬乎？《孝經》之説，於斯悖矣。米之神爲稷，故以癸未日祠稷于西南，水勝火，爲金相也。"應氏以稷爲米神，較以柱、棄爲稷者似近理，而引次雎之事，儗不於倫，反據以駁《孝經》之説，妄矣。《郊特牲》疏引爲鄭學者通王肅之難，《續漢書》《祭祀志注》列仲長統答鄧義之難，皆足以扶鄭義，文多不載。王肅難鄭明引鄭《孝經注》，劉知幾乃云注出鄭氏而肅無言，失之不考。

而和其民人，注 薄賦歛，省徭役，是以民人和也。《治要》。**蓋諸侯之孝也。**注 列土分疆，謂之諸侯。《周禮·大宗伯》疏。

疏曰：鄭注云"薄賦歛"者，賦與歛有別。《周禮·大宰》鄭注云："賦，謂口率出泉也。"又云："賦謂傭更之錢也。"大司馬注云："賦，給軍用者也。"大司徒注云："賦，謂九賦及軍賦。"小司徒注云："賦，謂出車徒給繇役也。"是鄭意以賦屬軍賦。此注下有徭役，不必兼徭役言，但據軍用所出言之可也。《説文》《廣雅》皆曰："歛，收也。"是歛屬土地所收斂，《孟子》所謂布縷之征、粟米之征是也。

云："省徭役"者，徭役卽《孟子》所謂力役之征是也。《孟子》曰："君子用其一，緩其二。"此薄省之義。古者稅用什一，用民之力，歲不過三日。鄭解此經爲敬上愛下，奉天子法度，不奢泰，故以薄賦歛、省徭役爲言。

云"列土封疆，謂之諸侯"者，《漢書·谷永傳》曰："方制海内，非爲天子；列土封疆，非爲諸侯者，皆以爲民也。"《白虎通·封公侯篇》曰："列土爲疆，非爲諸侯；張官設府，非爲卿、大夫，皆爲民也。"《潛夫論·三式篇》曰："封疆立國，不爲諸侯；張官設府，不爲卿、大夫。必有功於民，乃得保位。"蓋古有此語，漢人常依用之。《吕氏春秋·察微》篇引"《孝經》曰：高而不危"至"和其民人"，《白虎通》引"保其社稷而和其民人，蓋諸侯之孝也。"

《詩》云："戰戰兢兢，如臨深淵，如履薄冰。"注 戰戰，恐懼。兢兢，戒慎。如臨深淵，恐墜。如履薄冰，恐陷。《治要》。義取爲君恆須戒懼。明皇注"戰戰"至"戒懼"，《正義》云："此依鄭注也。"

疏曰：邢疏曰："《毛詩》傳云：'戰戰，恐也。兢兢，戒也。'此注'恐'下加'懼'，'戒'下加'慎'，足以圓文也。云'臨深，恐墜。履薄，恐陷'者，亦《毛詩》傳文也。恐墜，謂如入深淵，不可復出。恐陷，如没在冰下，不可拯濟也。云'義取爲君恆須戒懼'者，引《詩》大意如此。"案：《論語》曾子有疾，召門弟子，引此詩。曾子蓋終身守《孝經》之戒。朱注全用鄭注，但避宋諱，易"慎"爲"謹"耳。

卿大夫章第四

非先王之法服不敢服，注 法服，謂先王制五服。天子服日、月、星辰，諸侯服山、龍、華蟲，卿大夫服藻、火，士服粉米，皆謂文繡也。

《釋文》《周禮·小宗伯疏》《北堂書鈔》原本八十六《法則》一百二十八《法服》《文選·陸士龍大將軍讌會詩》注。嚴可均曰："按：鄭注《禮器》云'天子服日、月以至黼、黻，諸侯自山、龍以下'，今此不至黼黻，闕文也。《釋文》出'服藻火，服粉米'六字，'服粉'連文，是注作'卿大夫服藻、火，士服粉米'明甚。若馬融《書》説，則卿大夫服藻、火、粉米，士服藻、火。漢儒於五服、五章各自爲説，未可畫一也。"**田獵、戰伐、卜筮、冠皮弁，衣素積，百王同之，不改易也。**《詩·六月》《正義》《儀禮·士冠記》疏、《少牢饋食禮》疏。

疏曰：鄭注云"法服，謂先王制五服"云云者，據今《尚書》歐陽説也。《續漢書·輿服志》曰："孝明皇帝永平二年，初詔有司采《周官》《禮記》《尚書·皋陶篇》，乘輿從歐陽氏説，公卿以下從大、小夏侯氏説。"又曰："乘輿備文日、月、星辰十二章，三公、諸侯用山、龍九章，九卿以下用華蟲七章，皆備五采。"《後漢書·明帝紀》永平二年注引董巴《輿服志》略同。蓋歐陽説天子有日、月、星辰共十二章，夏侯説天子無日、月、星辰，亦止九章。王仲任習歐陽《尚書》，《論衡·量知》篇曰："黼、黻、華蟲、山龍、日、月。"《語增》篇曰："服五采之服，畫日、月、星辰。"此歐陽説天子服日、月、星辰之明證。鄭君兼采二説，分別其義，謂虞有日、月、星辰十二章，魯亦有十二章，用歐陽説。謂周止有九章，用夏侯説。故注《王制》曰："虞、夏之制，天子服有日、月、星辰。"又注"有虞氏皇而祭"曰："有虞氏十二章，周九章，夏、殷未聞。又注《郊特牲》"王被袞以象天"曰："謂有日、月、星辰之章。此魯禮也。"又注《周禮·司服》曰："此古天子冕服十二章。王者相變，至周而以日、月、星辰畫於旌旗，而冕服九章。"鄭意慾從歐陽、夏侯，兩不背其説，故分虞與周、魯以當之，猶明帝兼采歐陽、夏侯之意。此注與《禮器》注意不分析，概以爲天子服十二章，專用歐陽説也。嚴可均《後序》不知鄭説所出，乃謂鄭推《儀禮》九章，合用日、月、星辰十二章，又謂："試問天子服日、月、星辰，非鄭，誰爲此語者？"似並《論衡》《後漢書》《續漢志》皆未之見，疏失甚矣。

云"田獵、戰伐、卜筮、冠皮弁，衣素績，百王同之，不改易也"者，《詩疏》引《孝經援神契》曰："皮弁素幘，軍旅也。"《白虎通》《論衡·量知三軍篇》曰："王者征伐所以必皮弁素幘何？伐者凶事，素服，示有悽愴也。伐者質，故衣古服。《禮》曰：'三王共皮弁素幘。'服亦皮弁素幘。又招虞人亦皮弁，知伐亦皮弁。"據此，則今文家説以爲田獵、戰伐用皮弁素幘。招虞人即田獵之事。天子視朝、諸侯視朝皆皮弁，卜筮或亦用之。鄭學宏通，注《孝經》即用《援神契》説，故與他經之注以爲戎服用韎韋衣裳者不同。《援神契》《白虎通》皆作"素幘"，此注作"素積"者，《禮》作"素積"，鄭注云："積，猶辟也。以素爲裳，辟蹙其要中。"是不當爲"巾幘"之"幘"，故於此注別白之，曰"衣素積"，然則《援神契》《白虎通》蓋叚"幘"爲"積"也。《士冠記》曰："三王共皮弁素積。"鄭注云："質不變。"《郊特牲》曰："三王共皮弁素積。"鄭注云："所不易於先代。"此注"百王同之，不改易。"正與《禮注》義同。百王同之,專承皮弁素績而言。《説苑》云:"皮弁素積,百王不易。"嚴可均誤以爲並指服章,乃以此注與《禮器》注爲鄭初定之説,謂四代皆然。由於誤讀注文,乃並所推鄭意皆矢之矣。

非先王之法言不敢, 注 不合《詩》《書》不敢道。《治要》。**非先王之德行不敢行。** 注 禮以檢奢,《釋文》。嚴可均曰:按:此下當有"樂以"云云,闕。不合《禮》《樂》則不敢行。《治要》。**是故非法不言,** 注 非《詩》《書》則不可言。《治要》。**非道不行。** 注 非《禮》《樂》,則不行。《治要》。

疏曰:鄭注以不合《詩》《書》爲非先王法言,不合《禮》《樂》爲非先王德行者,《禮記文王世子》曰:"順先王《詩》《書》《禮》《樂》以造士。春秋教以《禮》《樂》,冬夏教以《詩》《書》。"是《詩》《書》《禮》《樂》皆先王所遺,法言、德行即在其內。《曲禮》曰:"毋勦説,毋雷同,必則古昔、稱先王。"古昔、先王之訓在於《詩》《書》,故"子所雅言,《詩》《書》執禮。"《孝經》諸章引《詩》《書》以明義,即是其證。《玉藻》曰:"趨以《采薺》,行以《肆夏》,周旋中規,折旋中矩。"是古人之行必合《禮》《樂》。澤宫選士,"其容體比於禮,其節比於樂"者,得與於祭。故鄭以《詩》《書》《禮》《樂》解法言、德行也。《繁露·爲人者天篇》引"非法不言,非道不行。"**口無擇言,身無擇行,言滿天下無口過,行滿天下無怨惡。三者備矣,** 注 法先王服,言先王道,行先王德,則爲備矣。《治要》。

疏曰:阮福《義疏》曰"二'擇'字,當讀爲'厭斁'之'斁'。'厭斁'即《詩》所云'在彼無惡,在此無斁,庶幾夙夜,以永終譽也。《詩思齊》:'古之人無斁,譽髦斯士。'鄭氏箋引《孝經》'口無擇言,身無擇行'以明之。《釋文》:'鄭作擇。'此乃鄭讀《孝經》之'擇'爲'斁',而漢時《毛詩》本有作'擇'者,故孔疏曰'箋不言字誤'也。"錫瑞案:鄭注不傳,明皇注以"擇"爲"選擇",失之。阮氏讀"擇"爲"厭斁"之"斁",亦未是也。"擇"當讀爲"斁敗"之"斁"。《洪範》"彝倫攸斁",鄭注訓"斁"爲"敗"。《説文》:"斁,敗也。"引《商書》曰"彝倫攸斁"。"斁"、"擇"古同音。《甫刑》:"敬忌,罔有擇言在身。"蔡邕《司空楊公碑》曰"用罔有擇言失行在於其躬","擇言"與"失行"並言,此"擇"訓"敗"之證。太玄《玄掜》曰:"言正則無擇,行正則無爽,水順則無敗。《法言吾子篇》曰:君子言也無擇,聽也無淫。擇則亂,淫擇辟。""擇"與"爽""敗""淫"之義近。據鄭君箋詩以"擇"爲"斁",引此經文,鄭必解此經二"擇"字爲"斁敗"之"斁"矣。

經但云言行,注以三者爲服、言、行者。皇侃云:"初陳教本,故舉三事。服在身外，可見，不假多戒。言行出於内府，難明，故須備言。最於後結，宜用總言。"謂人相見，先觀容飾，次交言辭，後謂德行。故言三者，以服爲先，德行爲後也。案：孟子曰："子服堯之服，誦堯之言，行堯之行，是堯而已矣。"鄭云"法先王服，言先王道，行先王德"，即孟子之意。《援神契》曰："卿大夫行孝曰譽。蓋以聲譽爲義，謂言行布滿天下，能無怨惡，遐邇稱譽，是榮親也。"

然後能守其宗廟。注宗，尊也。廟，貌也。親雖亡没，事之若生。爲作《正義》作"立"，今從《釋文》。宗廟，案：《釋文》作"宮室"。四時祭之，若見鬼神之容貌。《詩・清廟》《正義》。**蓋卿大夫之孝也。**注張官設府，謂之卿大夫。《禮記・曲禮上》《正義》。

疏曰：鄭注云"宗，尊也。廟，貌也"者，《書・舜典》"禋于六宗"、又"汝作秩宗"，又"江漢朝宗于海"傳，《詩・鳧鷖》"公尸來燕來宗"，又《雲漢》"靡神不宗"傳，又《公劉》"君之宗之"箋，《周禮目録》，又《大宗伯》"夏見曰宗"注，《儀禮・士昏禮記》"宗爾父母之言"注，《禮記・檀弓》"天下其孰能宗予"注，《釋名釋宮室》，皆曰："宗，尊也。"《説文》："宗，尊祖廟也。""廟，尊祖皃也。"《詩清朝序》箋："廟之言貌也。死者精神不可得而見，但以生時之居立宮室，象貌爲之耳。"《祭法》"王立七廟"注："廟之言貌也。宗廟，先祖之尊貌也。"《公羊・桓二年傳》注："廟之爲言貌也，思想儀貌而事之。"《釋名・釋宮室》："廟，貌也。先祖形貌所在也。"《廣雅・釋言》："廟，貌也。""宗""尊""廟""貌"，皆取聲同爲訓。

云"親雖亡没，事之若生，爲立宗廟"者，《白虎通・宗廟篇》曰："王者所以立宗廟何？曰生死殊路，故敬鬼神而遠至。緣生以事死，敬亡若事存，故欲立宗廟而祭之。此孝子之心所以追養繼孝也。宗者，尊。廟者，貌也。象先祖之尊貌也。所以有室何？所以象生之居也。"按：據此，《釋文》作"宫室"，不誤。《禦覽》引王嬰《古今通論》曰："周曰宗廟，尊其生存之貌，亦不死之也。"

云"四時祭之，若見鬼神之容貌"者，《詩・天保》："禴祠烝嘗。"《周禮・大宗伯》："以祠春享先王，以禴夏享先王，以嘗秋享先王，以烝冬享先王。"《王制》："春曰禴，夏曰禘，秋曰嘗，冬曰烝。"又："庶人春薦韭，夏薦麥，秋薦黍，冬薦稻。"案：諸經説祠、禴、禘不同。鄭君《禘祫志》曰："《王制》記先王之法度，春曰禴，夏曰禘。周公制禮，又改夏曰禴，禘又爲大祭。"《祭義》注云"周以禘爲殷祭，更名春曰祠"是也。據《王制》，天子至庶人皆有四時祭，則卿大夫有四時祭可知。《玉藻》曰："凡祭，容貌顔色如見所祭者。"《祭義》曰："齊三日，如見其所爲齊者。祭之日，入室，僾然必有見乎其位。周還出户，肅然必有聞乎其容聲。出户而聽，愾然必有聞乎其歎息之聲。"此若見鬼神容貌之義也。云"張官設府，謂之卿大夫"者，見前《諸侯章》疏。

《詩》云：夙夜匪懈，以事一人。注夙，早也。夜，莫也。《治要》。匪，非也。懈，惰也。《華嚴音義》二十。一人，天子也。卿大夫當早起夜臥，以事天子，勿懈惰。《治要》。

疏曰：鄭注云"夙，早也。夜，莫也"者，《詩·烝民》"夙夜匪解"箋同。《詩·行露》"豈不夙夜"、《小星》"夙夜在公"、《定之方中》"星言夙駕"、《陟岵》"夙夜無已"，《閔予小子》"夙夜敬止"、《有駜》"夙夜在公"箋，《儀禮·士冠禮》《士昏禮》《特牲饋食禮》"夙興"注，皆曰："夙，早也。"《陟岵》"夙夜無已"箋云"夜，莫也"，亦同。

云"匪，非也。懈，惰也"者，《詩·烝民》箋，及《氓》"匪來貿絲"、《出其東門》"匪我思存"、《株林》"匪適株林"、《杕杜》"匪載匪來"、《六月》"獫狁匪茹"、《小旻》"如匪行邁謀"、《江漢》"匪安匪遊"、《載芟》"匪且有且，匪今斯今"箋，皆云："匪，非也。"《淮南·修務訓》"爲民興利除害而不懈"，注："懈，惰也。"與此同。

云"一人，天子也"者，見前《天子章》疏。

云"卿大夫當早起夜臥"者，《國語·魯語》曰："卿大夫朝考其職，晝講其國政，夕序其業，夜庀其家事，而後即安。"

士章第五

資於事父以事母，而愛同。注資者，人之行也。《釋文》《公羊·定四年疏》。事父與母，愛同，敬不同也。《治要》。資於事父以事君，而敬同。注事父與君，敬同，愛不同。《治要》。

疏曰：鄭注云"資者，人之行也"者，《公羊·定四年傳》"事君猶事父也"，何氏《解詁》曰："《孝經》曰'資於事父以事君，而敬同。'本取事父之敬以事君。"疏云："鄭氏《孝經注》曰：'資者，人之行也。'注《四制》云：'資，猶操也。'然則言人之行者，謂人之操行也。"案：《喪服四制》疏曰："言操持事父之道以事於君，則敬君之禮與父同。"又曰："操持事父之道以事於母，而恩愛同。"與《公羊疏》義合。鄭注《考工記》《喪服傳》《明堂位》《表記》《書大傳》，皆云："資，取也。"此不同何氏訓"取"者，鄭意蓋以經之下文乃言"母取其愛，君取其敬"，此不當先以"取"言也。

云"事父與母，愛同，敬不同也"者，即《表記》"母親而不尊，父尊而不親"之義。云"事父與君，敬同，愛不同"者，《喪服傳》曰："父至尊也。"又曰："君至尊也。"是"敬同"之證。

《通典》引《異義》鄭玄①按："《孝經》'資於事父以事君'，言能爲人子，乃能

---

① 皮錫瑞疏本爲"鄭元"，避清帝諱，今改回"鄭玄"。

爲人臣也。"案：《喪服四制》已引此經二語，《禮記》出於七十子之後，則《孝經》又在其先矣。《漢書·韓延壽傳》引"資於事父以事君，而敬同。"《風俗通·封祈下》引"資於父母以事君。"

故母取其愛，君取其敬，兼之者父也。 注 "兼，并也。愛與母同，敬與君同，并此二者，事父之道也。《治要》。

疏曰：鄭注云"兼，并也"者，《儀禮·士冠禮》"兼執之"、《大射儀》"兼諸跗"注，《左氏》昭八年傳"欲兼我也"注，《説文》《廣雅釋言》《華嚴音義上》引《文字集略》，皆曰："兼，并也。"

云"愛與母同，敬與君同"者，劉瓛曰："父情天屬，尊無所屈，故愛敬雙極也。"

故以孝事君則忠， 注 移事父孝以事於君，則爲忠矣。《治要》。"矣"作"也"，依明皇注改。《正義》云："此依鄭注也。" **以敬事長則順。** 注 移事兄敬以事於長，則爲順矣。《治要》。

疏曰：鄭注云"移事父孝以事於君"者，邢疏曰："揚名章云'君子之事親孝故忠，可移於君'是也。舊説云：'入仕本欲安親，非貪榮貴也。若用安親之心，則爲忠也。若用貪榮之心，則非忠也。'嚴植之曰：'上云君父敬同，則忠孝不得有異。'言以至孝之心事君，必忠也。

云"移事兄敬以是於長"者，邢疏曰："下章云：'事兄悌故順，可移於長。'注不言'悌'而言'敬'者，順經文也。《左傳》曰：'兄愛、弟敬'，又曰'弟順而敬'，則知'悌'之與'敬'，其義同焉。《尚書》曰：'邦伯、師、長'，安國曰'衆長，公卿也'，則知大夫以上皆士之長。"

案：《曾子·立孝篇》曰："是故未有君而忠臣可知者，孝子之謂也。未有長而順下可知者，弟弟之謂也。"盧注引"《孝經》曰：以孝事君則忠，以敬事長則順。"《吕氏春秋·孝行覽》高誘注引"以孝事君則忠"。

忠順不失，以事其上， 注 事君能忠，事長能順，二者不失，可以事上也。《治要》。**然後能保其禄位，** 注 食稟爲禄。《釋文》。

疏曰：鄭注云"事君能忠，事長能順"者，承上文言。邢疏曰："事上之道，在於忠順。二者皆能不失，則可事上矣。上，謂君與長也。"

云"食稟爲禄"者，《孟子》曰："上士倍中士，中士倍下士，下士與庶人在官者同禄。禄足以代其耕也。"《王制》與《孟子》同。此士食禄之證。《周官·司禄》闕，不可攷。鄭注《孝經》用今文説，當據《孟子》《王制》解之。

而守其祭祀， 注 始爲日祭。《釋文》。嚴可均曰："案：《初學記》十三引

《五經異義》曰：'謹案：叔孫通宗廟有日祭之禮，知古而然也。'《藝文類聚》三十八同。**蓋士之孝也。**注別是非。《譯文》。語未竟。嚴可均曰："《白虎通·爵篇》引《傳》曰：'通古今，辨然不，謂之士'，'別是非'即'辨然不'也。"

疏曰：鄭注云"始爲日祭"者，《國語·周語》曰："甸服者祭，侯服者祀，賓服者享，要服者貢，荒服者王。日祭、月祀、時享、歲貢、終王。"《楚語》曰："先王日祭、月享、時類、歲祀，諸侯舍日，卿、大夫舍月，士、庶人舍時。"《漢書·韋元成傳》曰："日祭於寢，月祭於廟，時祭於便殿。寢，日四上食。"又曰："劉歆以爲：禮，去事有殺，故《春秋外傳》曰'日祭、月祀、時享、歲貢、終王。'祖、禰則日祭，曾、高則月祀，二祧則時享，壇、墠則歲貢，大禘則終王。"《御覽》引《異義》："古《春秋左氏》說：古者先王日祭於祖、考，月薦於曾、高，時享及二祧，歲禱於壇、墠，終禘及郊宗石室。許君謹案：叔孫通宗廟有日祭之禮，知古而然也。"韋昭注《周語》曰："日祭，祭於祖、考，謂上食也。近漢亦然。"《祭法》疏曰："此經祖、禰月祭，《楚語》云日祭祖、禰，非鄭義，故《異義》駁。"今鄭駁之文不可攷，竊意鄭君蓋謂《楚語》稱"古者先王"，乃夏、殷體，《祭法》鄭答趙商以爲周禮，故與夏殷之禮不同。然日祭之禮，古經傳皆無之，惟見於《國語》一書，《異義》引《左氏》說，亦即《國語》文也。《儀禮·既夕記》曰："燕養、饋、羞、湯沐之饌如他日。"鄭注"燕養，平時所用功養也。饋，朝夕食也。羞，四時之珍異。湯沐，所以洗去污垢。孝子不忍一日廢其事親之禮，於下室日設之，如生存也。"《檀弓》曰："虞而立尸，有几筵，卒哭而諱，生事畢而鬼事始已。"據此，則古禮惟新死有日祭，乃孝子不忍遽死其親之意，猶以人道事之，至以虞易奠，始以鬼神事之，而下室均無事。漢之寢日上食，乃以人道事神，不應禮制，故匡衡奏可亡修。朱子云："《國語》有'日祭'之文，是主復寢，猶日上食。"朱子以爲"日祭"即下室之饋食。饋食不得謂之祭，且此是喪禮，自天子達於庶人，亦與《國語》"諸侯舍日"之文不合。此章言士之孝，不當以天子之禮解之。《祭法》疏云《楚語》"日祭"非鄭義，鄭君何故復引以注孝經？《釋文》引鄭注云"始爲日祭"一作"始日爲祭"，皆不可通。嚴氏據善本作"日祭"，似可通矣，而下文闕，不知鄭意如何。玩"始爲"二字，或鄭所謂"日祭"，亦即指始死饋食而言，而非《國語》所謂"日祭"乎？

注云"別是非"，文不完，嚴氏所推近之。《繁露·服制篇》《説苑·修文篇》皆有"通古今，辨然否"之文。《曲禮》曰："夫禮者，所以定親疏，決嫌疑，別同異，明是非也。""別是非"即"別同異，明是非"。《援神契》曰："士行孝曰究。以明審爲義，當須明審資親、事君之道，是能榮親也。"士貴明審，故鄭云"別是非"。

《詩》云："夙興夜寐，無忝尒所生。"注忝，辱也。所生，謂父母。士爲孝，當早起夜卧，無辱其父母也。《治要》。

疏曰：鄭注云"忝，辱也"者，本《爾雅·釋言》。《詩·小宛》傳云："忝，辱也。"疏曰："故當早起夜卧行之，無辱汝所生之父母已。"云"所生，謂父母"者，邢疏曰"下章云'父母生之'是也。"云"士爲孝，當早起也卧"者，《國語·魯語》曰："士朝而受業，晝而講貫，夕而習復，夜而計過，無憾而後即安。"《曾子立孝》篇曰："夙興夜寐，無忝尒所生'，言不自舍也。"

庶人章第六

子曰："因《治要》。嚴可均曰："按：余蕭客所見影宋蜀大字本亦有'子曰'，亦作'因'。"**天之道，**注春生、夏長、秋收、冬藏，順四時以奉事天道。《治要》。**分地之利，**注分別五土，視其高下，若高田宜黍稷，下田宜稻麥，丘陵阪險宜種棗栗。《治要》《正義》《初學記》五、《御覽》三十六、《唐會要》七十七。嚴可均曰："按：《釋文》'宜棗棘'，云一本作'宜種棗棘'，蓋鄭注元是'棘'字。《小尒疋》'棘實謂之棗'，可以互證。諸引作'棗栗'，所據本異也。**此分地之利。**《治要》。

疏曰：鄭注云"春生、夏長、秋收、冬藏"者，《齊民要術·耕田篇》引魏文侯曰："民春以力耕，夏以鋤耘，秋以收斂。"朱彝尊《經義攷》謂是此經之傳，鄭蓋本魏文侯傳也。刑疏曰："《爾雅·釋天》云：'春爲發生，夏爲長毓，秋爲收歛，冬爲安寧。'安寧即閉藏之義也。"

云"順四時以奉事天道"者，邢疏曰："順四時之氣，春生則耕種，夏長則芸苗，秋收則穫割，冬藏則入廩也。"云"分別五土，視其高下，若高田宜黍稷，下田宜稻麥，丘陵阪險宜種棗栗"者，邢疏曰："《周禮·大司徒》云五土：'一曰山林，二曰川澤，三曰丘陵，四曰墳衍，五曰原隰。'謂庶人須能分別，視此五土之高下，隨所宜而播種之，則《職方氏》所謂青州'其穀宜稻麥'，雍州'其穀宜黍稷'是也。"錫瑞案：《援神契》曰："洿泉宜稻。"《漢書·溝洫志》曰："賈讓奏言：若有渠溉，則鹽鹵下濕，填淤加肥，故種禾麥，更爲秔稻。高田五倍，下田三倍。"《敘傳》曰："坤作墜勢，高下九則。"劉德曰："九則，九州土田上、中、下九等也。"《書·禹貢》疏引鄭注曰："田著高下之等，當爲水害備也。"此云"視其高下"，亦"當爲水害備"之義。《史記·貨殖列傳》曰："安邑千樹棗，燕秦千樹栗。"此宜棗栗之地也。"棗栗"一作"棗棘"者，棗、棘二物，同類異名，棘亦棗也。《詩》"園有棘"、《孟子》"養其樲棘"，皆棗之類。

謹身節用，以養父母，注行不爲非爲謹身，富不奢泰爲節用。度財爲費，《治要》。什一而出。《釋文》。父母不乏也。《治要》。**此庶人之孝也。**注無所復謙。《釋文》。

疏曰：鄭注云"行不爲非爲謹身"者，鄭注《士章》以"別是非"爲士。《孟子》曰："是非之心，人皆有之。殺一無罪，非仁也。非其有而取之，非義也。"庶人雖異於士，亦當知之而不爲矣。

云"富不奢泰爲節用"者，鄭注《諸侯章》云："雖有一國之財而不奢泰，故能長守富。"庶人雖不及諸侯之富，《曲禮》"問庶人之富，數畜以對"，是庶人亦有富者，亦當不奢泰矣。云"度財爲費，什一而出，父母不乏也"者，邢疏曰："謂常節省財用，公家賦稅充足，而私養父母不闕乏也。《孟子》稱：'周人百畝而徹，其實皆什一也。'劉熙注云：'家耕百畝，徹取十畝以爲賦也。'又云'公事畢，然後敢治私事'是也。"

云"無所復謙"者，鄭注《天子章》云："蓋者，謙辭。"則諸侯、卿大夫、士章言"蓋"者，均屬謙辭，《庶人章》言此不言"蓋"，故云"無所復謙"。《援神契》曰："庶人行孝曰畜。以畜養爲義，言能躬耕力農，以畜其德而養其親也。"

故自天子至於庶人，孝無終始，而患不及己者。嚴可均曰："明皇本無'己'字，蓋臆刪耳。據鄭注'患難不及其身'，'身'即'己'也。《正義》引劉瓛云'而患行孝不及己者'，又云'何患不及己者哉'，則經文元有'己'字。"**未之有也。**[注] 總說五孝，上從天子，下至庶人，皆當孝無終始。能行孝道，故患難不及其身也。《治要》無"也"字，依《釋文》加。《正義》引劉瓛云鄭、王"諸家皆以爲患及身"，又云"《蒼頡篇》謂'患'爲'禍'，孔、鄭、韋、王之學引以釋此經。未之有者，言未之有也。《治要》。嚴可均曰："按：《釋文》'言'字作'善，'一本作'難'。《正義》引謝萬云：'能行如此之善，曾子所以稱難，故鄭注云'善未有也。'今按：'難'、'善'二本皆誤。其致誤之由，以鄭注有'皆當孝無終始之語'，而下章復有此語，實則兩'無'字並宜作'有'。何以明之？經云'孝無終始'者，承上章'始於事親，終於立身'，故此言人之行孝，倘不能有始有終，未有禍患不及其身者也。晉時傳寫承誤，謝萬、劉瓛雖曲爲之說，於義未安。今擬改鄭注云'皆當孝有終始'，即經旨明白矣。末句尚有差誤，不敢臆定。"

疏曰：嚴氏之說是也。邢疏引諸家申鄭、難鄭往復之詞曰："鄭曰：諸家皆以爲患及身，今注以爲自患不及，將有說乎？答曰：經博稱'患'，皆是憂患之辭。故皇侃曰：'無始有終，謂改悟之善，惡禍何必及之？'則無始之言，已成空設也。《禮祭義》曾子說孝曰：'眾之本教曰孝，其行曰養。養可能也，敬爲難。敬可能也，安爲難。安可能也，卒爲難。父母既沒，慎行其身，不遺父母惡名，可謂能終矣。'夫以曾參行孝，親承聖人之意，至於能終孝道，尚以爲難，則寡能無識，固非所企也。今爲行孝不終，禍患必及。此人偏執，詎謂經通？鄭曰：《書》云：'天道福善禍淫。'又曰：'惠迪吉，從逆凶，惟影響。'斯則必有災禍，何得稱無也？答曰：來問指淫凶悖慝之倫，經言戒不終善美之輩。《論語》曰：'今之孝者，是謂能養。'曾子曰：

'參直養者也，安能爲孝乎？'又此章云：'以養父母，此庶人之孝也。'儻有能養而不能終，只可未爲具美，無宜即同淫慝也。古今凡庸誑識學道，但使能養，安知始終？若今皆及於災，便是比屋可貽禍矣。"錫瑞案：疏兩引"鄭曰"，非即鄭君之注，是後儒申鄭之説。阮福云："疏内兩'鄭曰'皆有誤，當云'主鄭者曰'，乃唐人問難之辭。"其説是也。此經明云"自天子至於庶人"，鄭注明云"總説五孝，上從天子，下至庶人"，難鄭者乃專指庶人爲言，顯與經、注相悖。云"寡能無識"，云"凡庸誑識學道"，專言庶人尚可，而此經包天子、諸侯、卿大夫、士在内，豈天子、諸侯、卿大夫、士亦得以"寡能"、"凡庸"自解乎？首章明云"孝之始也"、"孝之終也"，此章所謂"終始"，即指不敢毁傷、立身揚名而言。自天子至庶人，皆當勉此孝道。難鄭者乃謂有始不必有終，無終不必及禍，是不止背鄭，直背經矣。若專執庶人爲言，疑庶人不能揚名顯親，則與劉炫駁鄭"人君無終"之言同一拘泥。古書多通論，其理豈得如此泥看，妄生駁難哉！阮福《義疏》引曾子曰："君子患難除之。"又曰："禍之所由生，自孅孅也。是故君子夙絶之。"又曰："天子日旦思其四海之内，戰戰惟恐不能乂也。諸侯日旦思其四封之内，戰戰惟恐失損之也。大夫、士日旦思其官，戰戰惟恐不能勝也。庶人日旦思其事，戰戰惟恐刑罰之至也。是故臨事而栗者，鮮不濟矣。"云此皆是患禍及之之義，亦即是天子至庶人皆恐患禍及身之義，證據甚確。案：《曾子大孝》："故居處不莊，非孝也。事君不忠，非孝也。莅官不敬，非孝也。朋友不信，非孝也。戰陳無勇，非孝也。五者不遂，災及於身。敢不敬乎？""災及於身"即患"患及己"，亦可與此經相發明。注"言未之有也"，"言"字下蓋有脱文。

三才章第七

曾子曰："甚哉！" 注語喟然。《釋文》。**孝之大也！** 注 上從天子，下至庶人，皆當爲孝無終始，曾子乃知孝之爲大。《治要》。

疏曰：鄭注承上而言。邢疏云："夫子述上從天子、下至庶人五等之孝，後總以結之，語勢將畢，欲以更明孝道之大，無以發端，特假曾子歎孝之大，更以彌大之義告之也。"案：邢疏以"甚哉"爲歎辭，以"孝之大"爲承上文天子至庶人而言，與鄭意同。云"無以發端，特假曾子"，乃本劉炫"假曾子立問"之意，與鄭意異。鄭云"曾子乃知孝之爲大"，則不必謂假曾子之歎矣。"孝無終始"，當從嚴氏改爲"孝有終始"。

子曰："夫孝，天之經也。 注 春夏秋冬，物有死生，天之經也。《治要》。**地之義也，** 注 山川高下，水泉流通，地之義也。《治要》。**民之行也。** 注孝悌恭敬，民之行也。《治要》。

疏曰：鄭注以"春夏秋冬，物有死生"爲"天之經"者，鄭注《庶人章》云"春生、夏長、秋收、冬藏"，春生、夏長，物所以生。秋收、冬藏，物所以死。物有死生，承四時而言也。以"山川高下，水泉流通"爲"地之義"者，鄭注《庶人章》

云"分别五土，视其高下"，凡地近山者多高，近川者多下也。云"川"又云"水泉"者，《攷工記》："匠人爲溝洫，廣尺，深尺謂之畖。廣二尺，深二尺，謂之遂。廣四尺，深四尺，謂之溝。廣八尺，深八尺，謂之洫。廣二尋，深二仞，謂之澮，專達於川。凡天下之地執，兩山之間必有川焉，大川之上必有涂焉。"是"川"爲大川，"水泉流通"即畖、遂、溝、洫、澮之水行於兩山大川之間者也。

云"孝悌恭敬，民之行也"者，鄭解此經天經、地義皆泛説，不屬孝言。故以孝悌恭敬爲民之行，亦不專言孝。蓋以下文"天地之經，而民是則之"當屬泛説，此經與下緊相承接，亦當泛説。若必屬孝，則與下文窒礙難通。此鄭君解經之精也。

天地之經，而民是則之。注天有四時，地有高下，民居其間，當是而則之。《治要》。**則天之明，**注則，視也。視天四時，無失其早晚也。《治要》。**因地之利，**注因地高下所宜何等。《治要》。

疏曰：鄭云"天有四時，地有高下"，緊承上文之注，故知上文必用泛説，乃與此文相承也。云"民居其間，當是而則之"者，《爾雅釋言》："是，則也。"據《雅》義，"是"與"則"義同，不當重出。《釋名釋言語》："是，嗜也。人嗜樂之也。"鄭分"是"與"則"爲二義，亦當以"是"爲"嗜樂"之意矣。《左氏傳》作"而民實則之"。鄭箋《詩》云："趙、魏之東，'寔'、'實'同聲。""是"即古"寔"字，見《秦誓》疏及《詛楚文》，然則"是"、"實"可通。《左傳疏》解爲"人民實法則之"，鄭分"是"、"則"爲二，不當如孔疏所云也。鄭以"則天明"爲"視天四時"，"因地利"爲"因地高下"，皆與《庶人章》同。蓋鄭以此章所云民，即上章所云庶人也。

此經文與《左氏傳》子大叔論禮略同，宋儒以爲作《孝經》者襲《左傳》文。案：《繁露·五行對篇》："河間獻王謂温城董君曰：《孝經》曰：'夫孝，天之經，地之義。'何謂也？董子治《公羊》，非治《左氏傳》者。獻王得《左氏傳》，爲立博士，乃引《孝經》爲問，不引《左氏》，非《孝經》襲《左氏》可知。

延篤《仁孝論》引"夫孝，天之經也"三句。《漢書·藝文志》曰："夫孝，天之經也，地之義也，民之行也。舉大者言，故曰《孝經》。"

以順天下，是以其教不肅而成。注以，用也。用天時、地利，順治天下，下民皆樂之，是以其教不肅而成也。《治要》。**其政不嚴而治。**注政不煩苛，故不嚴而治也。《治要》。

疏曰：鄭注"以，用也"，見首章。"用天四時、地利，順治天下"，承上文言。"下民皆樂之"乃"不肅而成"之由，"政不煩苛"乃"不嚴而治"之由。教易行則政不煩，故下文專言教。

先王見教之可以化民也，注見因天地教化民之易也。《治要》。**是故**

先之以博愛，而民莫遺其親。注先修人事，流化於民也。《治要》。陳之以德義，而民興行；注上好義，則民莫敢不服也。《治要》。先之以敬讓，而民不爭。注若文王敬讓於朝，虞、芮推畔於野。《釋文》作"田"。上行之，則下效法之。《治要》。道之以禮樂，而民和睦。注上好禮，則民莫敢不敬。《治要》。示之以好惡，而民知禁。注善者賞之，惡者罰之，民知禁，莫敢爲非也。《治要》。

疏曰：鄭注云"見因天地教化民之易"者，明皇注同，避諱改"民"爲"人"。邢疏曰："言先王見天明地利，有益於人，因之以施化，行之甚易也。"案：經云"教"，即承上文"其教"而言，鄭意亦承上文。《繁露·爲人者天篇》引"先王見教之可以化民"。《白虎通·三教篇》曰："教者何謂也？教者，效也。上爲之，下效之。民有質樸，不教不成。故《孝經》曰：'先王見教之可以化民。'皆引此經。宋儒改"教"爲"孝"，非也。

云"先修人事，流化於民也"者，明皇用王肅注云："君愛其親，則人化之，無有遺其親者。"邢疏云："即《天子章》之'愛敬盡於事親，而德教加於百姓'是也。"義與鄭合。

云"上好義，則民莫之敢不服"者，用《論語》文。

云"若文王敬讓於朝，虞、芮推畔於野。上行之，則下效法之"者，《詩緜》"虞、芮質厥成"，《傳》曰："虞、芮之君相與爭田，久而不平，乃相謂曰：'西伯，仁人也。盍往質焉？'乃相與朝周。入其竟，則耕者讓畔，行者讓路。入其邑，男女異路，斑白不提挈。入其朝，士讓爲大夫，大夫讓爲卿。二國之君感而相謂曰：'我等小人，不可以履君子之庭。'乃相讓，以其所爭田爲閒田而退。天下聞之而歸者四十餘國。"《尚書大傳》《史記·周本紀》《説苑·君道篇》，皆載其事。《大傳》曰："文王受命一年，斷虞、芮之訟。"鄭注《尚書》云："紂聞文王斷虞、芮之訟"，據《書傳》爲説也。

云"上好禮，則民莫敢不敬"者，亦《論語》文。

云"善者賞之，惡者罰之，民知禁，莫敢爲非也"者，邢疏曰："案：《樂記》云：'先王之制禮樂也，將以教民平好惡而反人道之正也。'故示有好，必賞之令以引喻之，使其慕而歸善也。示有惡，必罰之禁以懲止之，使其懼而不爲也。"義與鄭合。

《繁露·爲人者天篇》引"先之以博愛"，《潛夫論·斷訟篇》引"陳之以德義，而民興行；示之以好惡，而民知禁"，《漢書·禮樂志》引"導之以禮樂，而民和睦"，李翕《西狹頌》引"先之以博愛，陳之以德義，示之以好惡，不肅而成，不嚴而治。"

《詩》云：'赫赫師尹，民具尒瞻。'"注師尹，若家宰之屬也。女當視民。《釋文》。語未竟。

疏曰：鄭注云"師尹，若宰之屬也"者，《詩》傳曰："師，太師，周之三公也。尹，尹氏，爲太師。具，俱。瞻，視。"箋云："此言尹氏，女居三公之位，天下之民俱視女之所爲。"疏曰："《尚書·周官》云：'太師、太傅、太保，茲惟三公。'故知太師，周之三公也。下云'尹氏太師'，是尹氏爲太師也。《孝經注》以爲冢宰之屬者，以此刺其專恣，是三公用事者，明兼冢宰以統羣職。"案：鄭箋《詩》云"民俱視女"，此云"女當視民"者，蓋鄭意以爲民俱視女所爲，則女亦當視民，以觀民心之向背也。

孝治章第八

子曰："昔者明王之以孝治天下也，不敢遺小國之臣。 注昔，古也。《公羊序》疏。古者諸侯歲遣大夫聘問天子無恙，此二字依《釋文》加。天子待之以禮，此不遺小國之臣者也。《治要》。

疏曰：鄭注云"昔，古也"者，《詩那》"自古在昔"，《魯語》"古曰在昔"，是"昔"與"古"同義。《堯典序》"昔在帝堯"，《釋文》："昔，古也。"

云"古者諸侯歲遣大夫聘問天子無恙"者，《公羊》桓元年傳"諸侯時朝乎天子"，何氏《解詁》曰："時朝者，順四時而朝也，緣臣子之心，莫不欲朝朝暮夕。王者與諸侯別治，勢不得自專朝政。故即位比年使大夫小聘，三年使上卿大聘，四年又使大夫小聘，五年一朝。王者亦貴得天下之歡心，以事其先王，因助祭以述其職。故分四方諸侯爲五部，部有四輩，輩主一時。《孝經》曰：'四海之內，各以其職來助祭。'《尚書》曰：'羣后四朝。'"疏曰："注'故即位'至'小聘'，此《孝經說》文。《聘義》亦云：'天子制諸侯，比年小聘，三年大聘，相厲以禮也。'是與此合。"案：何君明引《孝經》，徐疏以《解詁》所云爲《孝經說》，是何所引《孝經》古說與鄭說同。

《王制》曰："諸侯之於天子也，比年一小聘，三年一大聘，五年一朝。"鄭注："比年，每歲也。小聘使大夫，大聘使卿，朝則君自行。然此大聘與朝，晉文霸時所制也。虞、夏之制，諸侯歲朝。周之制，侯、甸、男、采、衞、要服六者，各以服數來朝。"疏引鄭《駁異義》云："公羊說比年一小聘，三年一大聘，五年一朝，以爲文、襄之制，錄《王制》者記文、襄之制耳，非虞、夏及殷法也。"疏又云："按《孝經注》：'諸侯五年一朝天子，天子亦五年一巡守。'《孝經》之注多與鄭義乖違，儒者疑非鄭注，今所不取。錫瑞案：鄭君先治今文，後治古文。注《孝經》在先，用今文說，與《公羊》《王制》相合，自可信據。注《禮》在後，惑於古文異說，見《左氏》昭三年傳子太叔言文、襄之霸，令諸侯三歲而聘，五歲而朝，與《公羊》《王制》說同。故疑其是文、襄之制。又見古《尚書》說虞、夏之制，諸侯歲朝。古《周禮》說周之制，侯、甸、男、采、衞、要服六者，各以服數來朝，遂據古文而疑今文。不知古《周禮》、古《尚書》説未可偏據，亦並未言大、小聘之歲數。鄭云《王制》作於赧王之後，其時《左氏》未出，不得以《左氏》駁《王制》。且公羊家何必用《左氏》義？既用《左氏》，又何至誤以文、襄之制爲古制乎？《公羊》《王制》言諸侯事天子之法，《左氏》言諸侯事霸主之法，本不合。即如左氏之説，又安知文、襄拂霸，非據諸侯事天子之法爲事霸主法乎？鄭義當以《孝經注》爲定論，不必從《禮記注》。鄭注《禮》箋《詩》，前後違異甚多。孔疏執《禮注》疑《孝經注》，真一孔之見矣。"《白虎通·朝聘篇》曰："所以制朝聘之禮何？以尊君父，重孝道也。夫臣之事君，猶子之事父。欲全臣子之恩，一統尊君，故必朝聘也。聘者，問也。緣臣子欲知其君父無恙，又當奉土地所生珍物以助祭，是以皆得行聘問之禮也。諸侯相朝聘何？爲相尊敬也。故諸侯朝聘天子無恙，法度得無變更，所以考禮、正刑、壹德，以尊天子也。"以聘爲問天子無恙，與鄭説同。

云"天子待之以禮，此不遺小國之臣也"者，《周禮·大行人》曰："凡大國之孤，執皮帛以繼小國之君，出入三積。不問，壹勞，朝位當車前，不交擯，廟中無相，以酒禮之。其他皆眂小國之君。"鄭注："此以君命來聘者也。"又曰："凡諸侯之卿其禮各下其君二等以下，及其大夫、士皆如之。"鄭注："此亦以君命來聘者也。"《掌客》："凡諸侯之卿大夫、士爲國客，則如其介之禮以待之。"鄭注："言其聘問，待之禮，如其爲介時也。"此鄭言天子待聘臣之禮也。《公羊》莊二十五年"陳侯使女叔來聘"，《解詁》曰："稱字者，敬老也。禮，七十雖庶人，主孝而禮之。《孝經》曰'昔者明王之所以孝治天下也，不敢遺小國之臣'是也。"

而況於公、侯、伯、子、男乎？ 注古者諸侯五年一朝天子，天子使世子郊迎，芻、禾百車，以客禮待之。《治要》。晝坐正殿，夜設庭燎，思與相見，問其勞苦也。《御覽》一百四十五。當爲王者。《釋文》。嚴可均曰：按：此上下闕，疑申説前所云世子也。又按：《釋文》：當爲，與僞反。下皆同。今此下注"爲"字未見，是闕者尚多，又當有"公者，通也。"闕。侯者，候伺。伯者，長。《釋文》。嚴可均曰："下當有'子者，字也'，闕。"男者，任也。《釋文》。德不倍者，不異其爵；功不倍者，不異其土。故轉相半，別優劣。《禮記·王制正義》。

疏曰：鄭注云"諸侯五年一朝天子，天子使世子郊迎"者，《公羊傳》《王制》《尚書大傳》《白虎通·朝聘篇》皆云五年一朝。《朝聘篇》曰："朝禮奈何？諸侯將至京師，使人通命於天子。天子遣大夫迎之百里之郊，遣世子迎之五十里之郊矣。"《覲禮》經曰："至於郊，王使人皮弁用璧勞。"《尚書·大傳》曰："天子太子年十八曰孟侯，於四方諸侯來朝，迎于郊。"《御覽》引《大傳》曰："于郊者，問其所不知也，問之人民之所好惡、地土所生美珍怪異、山川之所有無。父在時，皆知之。"鄭注："孟，迎也。十八嚮大學，爲成人，博問庶事。"是鄭注《大傳》與注《孝經》

義同。賈公彥《儀禮疏》引《書大傳》太子出迎之文，以爲異代之制，又引《孝經》鄭注"天子使世子郊迎"，"皆異代法，非周制也"。案：《康誥》"王若曰孟侯"，依伏生、鄭君之義，以"孟侯"爲呼成王，則周初猶沿用世子迎侯之制，或周公制禮始改之耳。

云"芻、禾百車，以客禮待之"者，《周禮·掌客》："凡上公之禮，車禾眂死牢，牢十車，車三秅，芻薪倍禾。侯、伯禾四十車，芻薪倍禾。子、男禾三十車，芻薪倍禾。"據《周禮》、五等之爵，禮待不同，侯伯以上，芻禾合計不止百車。此注舉成數而言耳。

云"晝夜正殿，夜設庭燎"者，《說文》："堂，殿也。"《釋名·釋宮室》："殿，典也，有殿鄂也。"是殿以有殿鄂得名。今之殿，即古之堂。《初學記》謂殿之名起於《始皇紀》，作"前殿"。業大慶《攷古質疑》引《說苑》諸書，以證古有殿名，而所引皆漢人之書。案：《燕禮》鄭注云"人君爲殿屋"，疏云："漢時殿屋四向流水。"鄭注《禮》據漢制言之，此注蓋亦據漢制言之。《詩·庭燎》箋云："於庭設大燭。"《周禮·司烜》"凡邦之大事，共墳燭庭燎"，鄭注："門內曰庭燎。"《禮·郊特牲》"庭燎之百，由齊恒公始也"，鄭注："僭天子也。庭燎之差，公蓋五十，侯、伯、子、男皆三十。"此夜設庭燎之制也。

云"思與相見，問起勞苦也"者，《周禮·大行人》："上公之禮，三問三勞。諸侯、諸伯之禮，再問再勞。諸子、諸男之禮，壹問壹勞。"鄭注："問，問不恙也。勞，謂苦倦之也。皆有禮，以幣致之。"此問勞苦之禮也。

云"侯者，候伺。伯者，長。男者，任也"者，《周禮·職方氏》注："侯，爲王者斥候也。男，任也。"《小祝》注："侯之言候也。"《藝文類聚》引《援神契》曰："侯者，候也，所以守蕃也。"《公羊疏》引《元命苞》曰："侯之言候，候逆順，兼伺候王命。"《禮疏》引《元命苞》曰："男者任功立業。"《白虎通·爵篇》曰："侯者，候也，候逆順也。男者，任也。"《風俗通·皇霸篇》曰："伯者，長也，白也。言其咸建五長，功實明白。"《獨斷》曰："男者，任也。"古"男"與"任"通，《禹貢》"二百里男邦"，《史記》作"任國"是也。注此上當有"公者，通也"，與《白虎通爵篇》同，嚴說是也。《白虎通》又曰："子者，孳也，孳孳無已也。"《獨斷》曰："子，滋也。"《禮疏》引《元命苞》曰："子者，孳恩宣德。"《大戴禮·本命》《釋名·釋親屬》《廣雅·釋言》《史記注》引張君相《老子注》，皆云："子，孳也。"此注下當有"子者，孳也"一句。嚴云："子者，字也"，與疏引舊解同。舊解云："公者，正也，言正行其事。侯者，候也，言斥候而服事。伯者，長也，爲一國之長也。子者，字也，言字愛於小人也。男者，任也，言任王之職事也。"疏引舊解，不皆鄭注。嚴氏補"公者，通也"，不從舊解，則"子者，孳也"亦不必從舊解矣。

云"德不倍者，不異其爵；功不倍者，不異其土。故轉相半，別優劣"者，《王制》疏引《援神契》云："'王者之後稱公，大國稱侯，皆千乘，象雷震百里。'是取法於雷也。其七十里者倍減於百里，五十里者倍減於七十里。故《孝經》云云。"蓋《孝經說》如此，鄭引《孝經說》爲注也。以《王制》開方之法計之，方百里者爲方十里者百，是爲千里。方七十里者七七四百九十里，方五十里者五五二百五十里，是方七十里者半於方百里，方五十里者半於方七十里，所謂"轉相半，别優劣"也。

《王制》疏引《元命苞》云："'周爵五等，法五精。《春秋》三等，象三光。'説者因此以爲文家爵五等，質家爵三等。若然，夏家文，應五等；虞家質，應三等。按：《虞書》'輯五瑞'，'修五禮、五玉，'豈復三等乎？又《禮緯含文嘉》云：'殷爵三等。殷正尚白，白者兼正中，故三等。夏尚黑，亦從三等。'按：《孝經》夏制，而云公、侯、伯、子、男，是不爲三等也。《含文嘉》之文，又不可用也。"錫瑞案：孔疏以《孝經》爲夏制者，疏於上文申鄭義曰："云'此地，殷所因夏爵三等之制也'者，以夏會諸侯於塗山，執玉帛者萬國。若不百里、七十里、五十里，則不得爲萬國也。故知夏爵三等之制，如此經文不直舉夏時，而云殷所因者，若經指夏時，則下當云萬國，不得云凡九州千七百七十三國，故以爲殷所因夏爵三等之制也。"孔疏以萬國是夏制，《孝經》言萬國，故謂《孝經》夏制。考鄭注《王制》引《孝經說》曰"周千八百諸侯"，疏云："此《孝經緯》文。云'千八百'者，舉成數，其實亦千七百七十三諸侯也。"又鄭《駁異義》曰："萬國者，謂唐、虞之制也。武王伐紂，三分有二，八百諸侯，則殷末諸侯千八百也。至周公禮之後，準《王制》千七百七十三國而言。周千八百者，舉其成數。"孔疏云"舉成數"，用《駁異議》之文。《穀梁》隱八年傳注云"周有千八百諸侯"，疏云"見《孝經說》"。《漢書·地理志》云："周爵五等，而土三等。蓋千八百國。"衛宏《漢官儀》云："古者諸侯治民，周以上千八百諸侯是也。"皆與《孝經說》同。蓋《孝經》古說以爲周有千八百諸侯，無萬國。《孝經》言萬國者，乃唐、虞、夏之制，以《堯典》言"協和萬國"，《左傳》言"禹合諸侯於塗山，執玉帛者萬國"，有明文可據也。鄭注《禮》《駁異義》皆用其說，孔疏亦本鄭旨。然公、侯、伯、子、男五等之爵，則夏時已有之。孔疏引"五瑞、五玉"，據《白虎通》，是圭、璧、琮、璜、璋，五禮亦可以吉、凶、軍、賓、嘉解之，皆非五等塙證。其可證者，惟《禹貢》有男邦與諸侯。《尚書大傳·夏傳》云："五嶽視三公，四瀆視諸侯，其餘山川視伯，小者視子、男。"據此，則夏時實有五等之爵。蓋所謂質家爵三等者，即《春秋》合伯、子、男爲一之義，爵雖五而實三。若文家，則判然爲五。其實公、侯、伯、子、男五等，自古皆然，不得疑夏制無公、侯、伯、子、男也。

故得萬國之歡心，以事其先王。注諸侯五年一朝天子，各以其職來助祭宗廟。《治要》。天子亦五年一巡狩。《王制》《正義》。勞來。《釋文》。上下闋。是得萬國之歡心。嚴可均曰："下當有'以'字。"事其先王也。《治要》。

疏曰：鄭注"萬國"之義不傳，推鄭意，不以爲周制，説見上。

云"諸侯五年一朝天子，各以其職來助祭宗廟"者，與何君《公羊解詁》同。又《白虎通·朝聘篇》曰："謂之朝何？朝者，見也。五年一朝，備文德而明禮義也。朝用何月？皆以夏之孟四月，因留助祭。"説亦相合。

云"天子亦五年一巡狩"者，《堯典》"五載一巡守"，《王制》"天子五年一巡守"，鄭注："天子以海内爲家，時一巡省之。五年者，虞、夏之制也。《白虎通巡守篇》曰："所以不歲巡守何？爲太煩也。過五年，爲太疏也。因天道時有所生，歲有所成。三歲一閏，天道小備；五歲再閏，天道大備。故五年一巡守，三年二伯出述職黜陟。"《公羊·隱八年傳》《解詁》曰："王者所以必巡守者，天下雖平，自不親見，猶恐遠方獨有不得其所。故三年一使三公黜陟，五年親見自巡守。《禦覽》引逸《禮》曰："所以五年一巡守何？五歲再閏，天道大備是也。"錫瑞案：《白虎通》諸説皆不云五年巡守爲虞、夏制，蓋今文説此爲古制皆然。鄭注《禮》，見《周禮》有"十有二歲，王巡守殷國"之文，乃分別五年巡守爲虞、夏制。鄭注《孝經》用今文説，故不分別，其辭當亦以五年爲通制矣。

云"勞來"者，鄭義不完，蓋以爲禮尚往來，諸侯五年一廟，天子亦五年一巡守，答其禮而勞來之，故得萬國之歡心也。

治國者不敢侮於鰥寡，而況於士民乎？ 注 治國者，諸侯也。《治要》。丈夫六十無妻曰鰥，婦人五十無夫曰寡也。《詩·桃夭》《正義》《文選·潘安仁關中詩》注。故得百姓之歡心，以事其先君。

疏曰：鄭注云"治國者，諸侯也"者，明皇依魏注，亦云"理國，謂諸侯"。邢疏曰："按：《周禮》云'體國經野'，《詩》曰'生此王國'，是其天子亦言國也。《易》曰'先王以建萬國，親諸侯'，是諸侯之國。上言'明王理天下'，此言'理國'，故知諸侯之國也。"

云"丈夫六十無妻曰鰥，婦人五十無夫曰寡也"者，《詩桃夭》疏引此注云："知如此爲限者，以《内則》云'妾雖老，年未滿五十，必與五日之御'，則婦人五十不復御，明不復嫁，故知稱寡以此斷也。《士昏禮》注云'姆，婦人年五十，出而無子者'，亦出於此也。本三十男、二十女爲昏，婦人五十不嫁，男子六十不復娶，爲鰥寡之限也。《巷伯》傳曰'吾聞男女不六十，不閒居'，謂婦人也。《内則》曰'唯及七十，同藏無閒'謂男子也。此其差也。"

治家者不敢失於臣妾之心。 注 治家，謂卿大夫。明皇注。《正義》云"此依鄭注也。"男子賤稱。《釋文》。嚴可均曰："按：此注上當有'臣'字，下當有'妾，女子賤稱。'" **而況於妻子乎？故得人之歡心，以事其親。** 注 小大盡節。《釋文》。

疏曰：鄭注云"治家，謂卿大夫"者，邢疏曰："案：下章云'大夫有爭臣三人，雖無道，不失其家',《禮記》《王制》曰'上大夫卿'，則知治家謂卿大夫。"

云"男子賤稱"，當從嚴說，上加"臣"字，下加"妾，女子賤稱"句。《周禮·冢宰》"八曰臣妾，聚斂疏材"，鄭注："臣妾，男女貧賤之稱。晉惠公卜懷公之生，曰：'將生一男一女，男爲人臣，女爲人妾。'生而名其男曰圉，女曰妾。及懷公質於秦，妾爲宦女焉。"

云"小大盡節"者，邢疏曰："小謂臣妾，大謂妻子也。"

夫然，故生則親安之。 注 養則致其樂，故親安之也。《治要》。**祭則鬼饗之。** 注 祭則致其嚴，故鬼饗之。《治要》。

疏曰：鄭注云"養則致其樂，祭則致其嚴"者，用下《紀孝行章》文。《祭義》曰："養可能也，敬爲難。敬可能也，安爲難。"又曰："君子生則敬養，死則敬享。"《祭統》曰："祭者，所以追養繼孝也。"《潛夫論·正列篇》引此經云："由此觀之，德義無違，神乃享；鬼神受享，福祚乃隆。"

是以天下和平， 注 上下無怨，故和平。《治要》。**災害不生，** 注 風雨順時，百穀成孰。《治要》。**禍亂不作。** 注 君惠、臣忠、父慈、子孝，是以禍亂無緣得起也。《治要》。**故明王之以孝治天下也如此。** 注 故上明王所以災害不生、禍亂不作，以其孝治天下，故致於此。《治要》。

疏曰：鄭注云"上下無怨，故和平"者，《左氏》昭二十年傳曰："若有德之君，外内不廢，上下無怨。"疏曰："此猶如《孝經》'上下無怨也'，言人臣及民，上下無相怨耳。服虔云：'上下，謂人神無怨。'"案：鄭義當如服虔説，與下"災害不生"意合。

云"風雨順時，百穀成孰"者，《洪範》曰肅，時雨若。曰聖，時風若。歲月日時無易，百穀用成"，是其義也。

云"君惠、臣忠、父慈、子孝，是以禍亂無緣得起也"者，《禮運》曰："父慈、子孝、兄良、弟弟、夫義、婦聽、長惠、幼順、君仁、臣忠，十者謂之人義。講信修睦，謂之人利。爭奪相殺，謂之人患。"《禮》言十義，則無爭奪相殺之患也。《左氏》隱四年傳："君義、臣行、父慈、子孝、兄愛、弟敬，所謂六順也。去順效逆，所以速禍也。"《傳》言六順，則無去順效逆之禍也。鄭言禍亂無緣得起，歸本於君惠、臣忠、父慈、子孝，即《記》與《傳》之意，但言君臣父子，舉其尤要者耳。

《漢書·禮樂志》曰"於是教化浹洽，民用和睦，災害不生，禍亂不作"，引此經文。

《詩》云：'有覺德行，四國順之。'" 注 覺，大也。有大德行，四方之國順而行之也。《治要》。

疏曰：鄭注云"覺，大也"者，《廣雅·釋詁》一："覺，大也。"《詩·斯干》"有覺其楹"，傳："有覺，言高大也。"鄭箋云："有大德行，則天下順從其化。與此合。

孝經鄭注疏卷下

聖治章第九

曾子曰："敢問圣人之德，無以加於孝乎?"子曰："天地之性人爲貴，注貴其異於萬物也。《治要》。**人之行莫大於孝。**注孝者，德之本，又何加焉？《治要》。

疏曰：鄭注云"貴其異於萬物也"者，明皇注同。邢疏曰："夫稱貴者，是殊異可重之名。按：《禮運》曰：'人者，五行之秀氣也。'《尚書》曰'惟天地，萬物父母。惟人，萬物之靈。'是異於萬物也。"錫瑞案：《祭義》曰："天之所生，地之所養，無人爲大。"即"天地之性人爲貴"之義。《曾子大孝》文同。盧注引《孝經》曰："天地之性人爲貴，人之行莫大於孝也。"

云"孝者，德之本"者，用《開宗明義章》文。

孝莫大於嚴父。注莫大於尊嚴其父。《治要》。**嚴父莫大於配天。**注尊嚴其父，莫大於配天，生事敬愛，死爲神主也。《治要》。**則周公其人也。**注尊嚴其父，配食天者，周公爲之。《治要》。

疏曰：鄭注以"嚴"爲"尊嚴"者，《孟子》"無嚴諸侯"注、《吕覽·審應》"使人戰者嚴駔也"注，皆曰："嚴，尊也。"《禮·大傳》"收族，故宗廟嚴"注："嚴，猶尊也。"《漢書·平當傳》注："嚴，謂尊嚴。"是"尊"、"嚴"同義也。

云"生事敬愛，死爲神主"者，《續漢志》注引《鉤命決》曰："自外至者，無主不止；自内出者，無匹不行。"《公羊》宣三年傳："自内出者，無匹不行；自外至者，無主不止。"何氏《解詁》曰："必得主人乃止者，天道闇昧，故推人道以接之。"《喪服小記》鄭注引"自外至者，無主不止"，疏云："外至者，天神也。主者，人祖也。故祭以人祖配天神也。"《白虎通·郊祀篇》曰："王者所以祭天何？緣事父以事天也。祭天必以祖配何？緣事父以事天也。祭天必以祖配何？以自内出，無匹不行；自外至者，無主不止。貴推其始祖，配以賓主，順天意也。"《禮運》曰："禮行於郊，而百神受職焉。"然則郊配天神，即爲百神之主。明堂配帝，亦同此義。或以祖配，或以父配，皆死爲神主矣。

云"尊嚴其父，配食天者，周公爲之"者，邢疏曰："《禮記》有虞氏尚德，不郊其祖，夏、殷始尊祖於郊，無父配天之禮也，周公大聖而首行之。"案：邢説原本鄭義。《祭法》："有虞氏禘黄帝而郊嚳，祖顓頊而宗堯。夏后氏亦禘黄帝而郊鯀，祖顓頊而宗禹。殷人禘嚳而郊冥，祖契而宗湯。周人禘嚳而郊稷，祖文王而宗武王。"鄭注："禘、郊、祖、宗，謂祭祀以配食也。有虞氏以上尚德，禘、郊、祖、宗配用有德者而已。自夏已下，稍用其姓代之。"據此，則有虞以前配天但用有德，不必同姓，夏以後雖皆一姓，不必其父。夏之宗禹，殷之宗湯，不知其禮定於何時。《左氏》哀元年傳曰"祀夏配天"。《書多士》《君奭》皆言殷有配天之禮。《詩·文王》云"克配上帝"，而其禮不可攷。武王未受命，周禮定於周公，故經專舉周公而言，注亦云"周公爲之"也。

《漢書·平當傳》引經"天地之性"至"周公其人也"，曰："夫孝子善述人之志。周公既成文、武之業，制作禮樂，修嚴父配天之事，知文王不欲以子臨父，故推而序之，上及於後稷而以配天。此聖人之德亡以加於孝也。"《白虎通》引"則周公其人也"。《南齊書》何佟之議："《孝經》是周公居攝時禮，《祭法》是成王反位後所行。故《孝經》以文王爲宗，《祭法》以文王爲祖。又'孝莫大於嚴父配天，則同公其人也'，尋此旨，寧施成王乎？若《孝經》所說審是成王所行，則爲嚴祖，何德云嚴父邪？"

昔者周公郊祀後稷，以配天。 注 郊者，祭天之名。《治要》《宋書·禮志二》。后稷者，周公始祖。《治要》。東方青帝靈威仰，周爲木德，威仰木帝，《正義》。嚴可均曰："按：此注上下闕。《正義》云：'鄭以《祭法》有周人禘嚳之文，變郊爲祀感生之帝，謂東方青帝'云云。詳鄭意，蓋以爲配天者，配東方天帝，非配昊天上帝也。周人禘嚳而郊稷，禘祀昊天上帝嚳配，祀感生帝以后稷配。以后稷配蒼龍精也。錫瑞案：《儀禮經傳通解續》引鄭注"周爲木德"下多此八字。嚴本遺之，今據補。

疏曰：鄭注云"郊者，祭天之名。后稷，者周公始祖"者，《郊特牲》曰："郊之祭也，迎長日之至也。大報天而主日也。兆於南郊，就陽位也。於郊，故謂之郊。"據此，則郊主爲祭天。以祭於郊，而即以郊名之，故曰"郊者，祭天之名"。經言周公，故曰"后稷，周公始祖也。"

云"東方青帝靈威仰，周爲木德，威仰木帝，以后稷配蒼龍精也"者，《大傳》"王者禘其祖之所自出，以其祖配之。"鄭注："大祭其先祖所由生，謂郊祀天也。王者之先祖，皆感太微五帝之精以生，蒼則靈威仰，赤則赤熛怒，黃則含樞紐，白則白招拒，黑則汁光紀，旨用正崴之正月郊祭之，蓋特尊焉。《孝經》曰'郊祀后稷以配天'，配靈威仰也。'宗祀文主於明堂，以配上帝'，汎配五帝也。"疏曰："'王者之先祖皆感太微五帝之精以生'者，案：師説引《河圖》云：'慶都感亦龍而生堯。'又示：'堯，赤精。舜，黃。禹，白。湯，黑。文王，蒼。'又《元命苞》云：'夏，白帝之子。殷，黑帝之子。周，蒼帝之子。'是其王者旨感太微五帝之精而生。云'蒼則靈威仰至汁光紀'者，《春秋緯文耀鉤》文。云'皆用正崴之正月郊祭之'者，案：《易緯乾鑿度》云：'三王之郊，一用夏正。'云'蓋特尊焉'者，就五帝之中特祭所感生之帝，是特尊焉。注引《孝經》云'郊祀后稷，以配天'者，證禘其祖之所自出，以其祖配之。又引'宗祀文王於明堂，以配上帝'者，證文王不特配感生帝，而汎配五帝矣。"據《禮記·注疏》，鄭君明引《孝經》解禮，與此注義正同。又《喪服小記》注云："始祖感天神靈而生，祭天則以祖配之。"疏云："王者夏正禘祭其先祖所從出之天，若周之先祖出自靈威仰也。"《禮器》"魯人將有事於上帝"，注云："上帝，周所郊祀之帝，謂蒼帝靈威仰也。"《月令》"祈穀於上帝"，注云："上帝，太微之帝也。"疏云："《春秋緯文》。太微爲天庭，中有五帝座。郊天，各保其所感帝。殷祭汁光紀，周祭靈威仰也。"《祭法》"燔柴於泰壇，祭天也"。疏云："此祭感生之帝於南郊。"《周禮·典瑞》"四圭有邸，以祀天、旅上帝"，注云："玄謂：祀天，夏正郊天也。上帝，五帝，所explanations亦猶五帝。殊言天者，尊異之也。"疏云："王者各郊所感帝，若周之靈威仰之等即是五帝，而殊言天，是尊異之，以其祖感之而生故也。"此皆鄭君之義。然則經言"配天"，鄭義亦當以爲"殊言天者，尊異之"，天即感生之帝，而非昊天上帝矣。《公羊》宣三年傳："郊則曷爲必祭稷？王者必以其祖配。"何氏《解詁》曰："祖，謂后稷。周之始祖，姜嫄履大人迹所生。配，配食也。"《孝經》曰："'郊祀后稷，以配天；宗祀文王於明堂，以配上帝。'五帝在太微之中，迭生子孫，更王天下。"何君解《孝經》用感生帝説，與鄭君同。《詩疏》引《異義》："《詩》齊魯韓、《春秋公羊》説聖人皆無父感天而生。許君謹案：讖云堯五廟，知不感天而生。而《説文》曰：'姓，人所生也。古之神聖母感天而生子，故稱天子。'"是許君亦用感生帝説矣。鄭言后稷感生之義，見於詩箋。《生民》"履帝武敏歆，攸介攸止"，箋云："帝，上帝也。敏，拇也。祀郊禖之時，則有大神之迹，姜嫄履之，足不能滿。履其拇指之處，心體歆歆然。其左右所止住，如有人道感已者也。"閟宮"赫赫姜嫄，其德不回，上帝是依"，箋云："依，依其身也。赫赫乎顯著姜嫄也。其德貞正不回邪，天用是憑依而降精氣。"疏引："《河圖》曰：'姜嫄履大人迹，生后稷。'《中候稷起》云：'蒼耀稷生感迹昌。'《苗興》云：'稷之迹乳。'《史記·周本紀》云：'姜嫄出野，見巨人迹，心忻然悦，欲踐之。踐之而身動，如孕者，及朞而生棄。'"是鄭義有本也。明皇注用王肅説，邢疏引其駁鄭義曰："案：《爾雅》曰：'祭天曰燔柴，祭地曰瘞薶。'又曰：'禘，大祭也。'謂五年一大祭之名。又《祭法》祖有功，宗有德，皆在宗廟，本非郊配。若依鄭説，以帝嚳配祭圜丘，是天主冣尊也。周之尊帝嚳，不若后稷。今配青帝，乃非冣尊，寶乖嚴父之義也。且徧窺經籍，並無以帝嚳配天之文。若帝嚳配天，則經應云'禘嚳於圜丘，以配天'，不應云'郊祀後稷'也。天一而己，故以所在。祭在郊，則謂爲圜丘，言於郊爲壇，以象圜天。圜丘即郊也，郊即圜丘也。其時中郎馬昭抗章固執，當時勅博士張融質之。融稱漢世英儒自董仲舒、劉向、馬融之倫，皆斥周人之祀昊天於郊以后稷配，無如玄説配蒼帝也。然則《周禮》圜丘，則《孝經》之郊。聖人因尊事天，因卑事地，安能能復得祀帝嚳於圜丘、配後稷於蒼帝之禮乎？且在《周頌》'思文后稷，克配彼天'，又《昊天有成命》'郊祀天地也'，則郊非蒼帝，通儒同辭，肅説爲長。"錫瑞案：王肅所駁，《郊特牲》孔疏已解之曰：'王肅以郊、丘是一，而鄭氏以爲二者，案：《大宗伯》云'蒼璧禮天'，《典瑞》又云'四圭有邸，以祀天'，是玉不同。《宗伯》又云'牲、幣各放其器之色，'則牲用蒼也。《祭法》又云：'燔柴於泰壇，用騂犢'，是牲不同也。又《大司樂》云：'凡樂，圜鐘爲宮，黃鐘爲角，大簇爲徵，姑洗爲羽。冬日至，於地上之圜丘奏之。若樂六樂，則天神皆降。'上文云：'乃奏黃種，歌大呂，舞雲門，以祀天神。'是樂不同也。故鄭以蒼璧、蒼犢、圜鍾之等爲祭圜丘所用，以四圭有邸、騂犢及奏黃鐘之等以爲祭五帝及郊天所用。王肅以《郊特牲》'周之始郊日以至，'與圜丘同配以后稷。鄭必以爲異，圜丘又以帝嚳配者，鄭以周郊日以至自是魯禮，故注《郊特牲》云：'周衰禮廢，儒者見周禮盡在魯，因推魯禮以言周事。'鄭必知是魯禮，非周郊者，以宣三年正月'郊牛之口傷'，是魯郊用日至之月。案：周郊祭天，大裘而冕。《郊特牲》云：'王被袞，戴冕璪十有二旒。故知是魯禮，非周郊也。又知圜丘配以帝嚳者，案：《祭法》云：'周人禘嚳在郊稷之上，稷卑於嚳，以明禘大於郊。又《爾雅》云'禘，大祭也。'大祭莫過於圜丘，故以圜丘爲禘。圜丘比郊，則圜丘爲大，《祭法》云'禘嚳'是也。若以郊對五時之迎氣，則郊爲大，故《大傳》云'王者禘其祖之所自出'，故郊亦稱禘。其宗廟五年一祭，比每歲常祭爲大，故亦稱禘也。以《爾雅》唯云禘爲大祭，是文各有所對也。"孔疏推衍鄭意詳明，或即馬昭申鄭之説。學者審此，可無疑於鄭義矣。鄭《箋膏肓》曰："《孝經》云'郊祀后稷，以配天'，言配天不言祈穀者，主説周公孝以配天之義，本不爲郊祀之禮出，是以其言不備。"

宗祀文王於明堂，以配上帝。注文王，周公之父。明堂，天子布政之宮。《治要》。名堂之制，八窗四闥，《御覽》八十六。上圓下方，《白孔六帖》十。在國之南。《玉海》九十五。南是明陽之地，故曰明堂。《正義》。上帝者，天之別名也。《治要》《史記·對禪書集解》《宋書·禮志》三。又《南齊書》九作"上帝，亦天別名。"嚴可均曰："按：鄭以'上帝'爲'天之別名也'者，謂五方天帝別名上帝，非即昊天上帝也。《周官·典瑞》'以祀天，旅上帝'，明上帝與天有差等。故注鄭《禮記》《大傳》引《孝經》云'郊祀后稷，以配天'，配靈威仰也。'宗祀文王於明堂，以配上帝'，汎配五帝也，又注《月令》《孟春》云：'上帝，太微之帝也。'《月令》《正義》引《春秋緯》：紫徽宮爲大帝，太徽宮爲天庭，中有五帝座。五帝，五精之帝，合五帝與天爲六天。自從王肅難鄭，謂'天一而已，何得有六'，後儒依違不定。然明皇注此'配上帝'云'五方上帝'，猶承用鄭義，不能改易也。"神無二主，故異其處，避后稷也。《史記·封禪書集解》《續漢》《祭祀志》注補。又《宋書》《禮志三》作"明堂異處，以避后稷。"

疏曰：嚴説是也。《文選·東京賦》注引《鉤命決》曰："宗祀文王於明堂，以配上帝五精之神。"《通典》引《鉤命決》曰："郊祀后稷，以配天地。祭天南郊，就陽位。祭地北郊，就陰位。后稷爲天帝主，文帝爲五帝宗。"是《孝經緯》説以上帝爲五帝，鄭義本《孝經緯鈎命決》也。鄭君以北極大帝爲皇天，太微五帝爲上帝，合稱六天，故五帝亦可稱天。鄭不以五帝解"上帝"而必云"天之別名"者，欲上應嚴父配天之經文，其意實指五帝，與《祭法》注引此經以證祖宗之祭同意。天與上帝之異，猶《周禮·典瑞》注云"上帝，五帝，所郊亦猶五帝。殊言天者，尊異之也"，上帝兼舉五帝，故云"天之別名"。

云"明堂，天子布政之宮"云云者，本《孝經緯援神契》文。《禮記疏》引《異義》講學大夫淳于登說："明堂在國之陽，丙巳之地，三里之外，七里之內，而祀之就陽位，上圓下方，八窗四闥，布政之宮。周公祀文王於明堂，以配上帝。上帝，五精之神，太微之庭，中有五帝座星。"鄭君云："淳于登之言，取義於《援神契》。《援神契》說：宗祀文王於明堂，以配上帝。曰明堂者，上圓下方，八窗四闥，布政之宮，在國之陽。帝者，諦也，象上可承五精之神。五精之神實在太微，於長爲巳，是以登云然。今漢立明堂於丙巳，由此爲也。"據此，則鄭君此注皆本《援神契》古義矣。《大戴禮·盛德篇》曰："一室而有四戶、八牖。上圓下方。"桓譚《新論》曰："上圓，法天。下方，法地。八窗，法八風。四達，法四時。"《白虎通》曰："明堂上圓下方，八窗四闥，布政之宮，在國之陽。"《三輔黃圖》曰："明堂所以正四時，出教化，天子布政之宮也。上圓，象天。下方，法地。八窗，即八牖也。四闥者，象四時、四方也。"皆與鄭合。《隋書·禮儀志》梁武帝制曰："鄭玄①據《援神契》，亦云上圓下方，又云八窗四闥。"武帝以爲鄭說據《援神契》，最塙。錫瑞案：鄭云八窗四闥，與《盛德記》似同實異。《盛德記》曰："凡九室，一室而有四戶、八牖，三十六戶，七十二牖。"鄭駁之云："《戴禮》所說雖出《盛德記》，其下顯與本章異。九室、三十六戶、七十二牖，似呂不韋所益，非古制也。"鄭據《玫工》五室之文，不信《盛德》九室之說，則一室雖有八窗、四闥，合計之不得有三十六戶、七十二牖矣。明堂祀五精帝，當以鄭君五室之義爲長。漢人說明堂者，多與鄭異。《異義》："古《周禮》《孝經》說：明堂，文王之廟。夏后氏世室，殷人重屋，周人明堂。東西九筵，筵九尺，南北七筵，堂崇一筵，五室，凡室二筵。"案：許君嘗受魯國三老古文《孝經》。其說別無所見，此所引皆《玫工記》文，故與古《周禮》同。五室之說，鄭所遵用。云"明堂，文王之廟"，則與鄭義不合。鄭志："趙商問曰：'說者謂天子廟制如明堂，是爲明堂卽文廟耶？'答曰：'明堂主祭上帝，以文王配耳，猶如郊天以后稷配也。'"據此，則鄭不以明堂爲文廟也。孔牢等以爲：明堂、辟雍、太學，其實一也。馬宮、王肅亦以爲同一處。盧植又兼太廟言之。蔡邕以爲清廟、太廟、太室、明堂、太學、辟雍異明同事。穎容又兼靈臺言之。案：《玉藻》"聽朔於南門之外"，鄭注："天子廟及路寢皆如明堂制。明堂在國之陽，每月就其時之堂而聽朔焉。卒事，反宿路寢，亦如之。"鄭君此注分別寅晰。廟及路寢如明堂制，

---

① 原爲"元"，爲避"玄"。今改回"玄"字。

則不得與明堂合爲一矣。明堂聽朔，反宿路寢，明堂非路寢更可知。惟太學、辟雍，古説以爲與明堂同處。魏文侯《孝經傳》曰："大學者，中學明堂之位也。"此《孝經》説之冣古者。《禮記·昭穆篇》曰："大學，明堂之東序也。"《盛德篇》曰："明堂其外水環之，曰辟雍。"《封禪書》曰："天子曰明堂辟雍，諸侯曰泮宫。"《白虎通》曰："禮三老於明堂，以教諸侯孝也。禮五更於大學，以教諸侯弟也。"《韓詩》説："辟雍者，天子之學。圓如璧，雍之以水，示圓。言辟，取辟有德，所以教天下。春射、秋饗、尊事三老、五更。在南方七里之内，立明堂於中。"鄭《駁異義》云："《王制》：'小學在公宫南之左，大學在郊。'天子曰辟雍，諸侯曰泮宫，然則大學即辟雍也。《大雅·靈臺》一篇之詩，有靈臺，有靈囿，有靈沼，有辟廱。其如是也，則辟雍及三靈皆同處，在郊矣。"鄭謂辟雍、大學、三靈同處，在郊。其説至塙。而又云"大學在西郊，王者相變之宜"，則與明堂在南郊不同。鄭必以爲在西郊者，由泥於《王制》之文。鄭以《王制》上庠、下庠之類一是大學，一是小學，故謂三代相變，周大學當在國。案：大學在郊，三代所同。上庠、下庠之類，即天子四學之異名，皆在明堂四門之塾，不當分大學、小學在郊在國。鄭《駁異義》已云大學在郊，與《王制》注不同，是《王制》注非定論，《駁異義》云西郊，亦未盡是。大學、明堂，據魏文侯傳，當同一處。《韓詩》説在南方七里之内，正與鄭用《援神契》説明堂在南方七里之内符同。可據《孝經傳》與《孝經緯》，以補鄭義所未及也。明皇注："明堂，天子布政之宫也。周公因祀五方上帝於明堂，乃尊文王以配之也。"邢疏曰："云'明堂，天子布政之宫也'者，按《禮記·明堂位》：'昔者周公朝諸侯於明堂之位，天子負斧依，南鄉而立。明堂也者，明諸侯之尊卑也。制禮作樂，頒度量而天下大服。'知明堂是布政之宫也。云'周公因祀五方上帝於明堂，乃尊文王以配之也'者，五方上帝即是上帝也，謂以文王配五方上帝之神，侑坐而食也。按：鄭注《論語》云：'皇皇后帝，並謂太微五帝。在天爲上帝，分王五方爲五帝。'舊説明堂在國之南，去王城七里，以近爲媟。南郊去王城五十里，以遠爲嚴。五帝卑於昊天，所以於郊祀昊天，於明堂祀上帝也。五帝，謂東方青帝靈威仰，南方赤帝赤熛怒，西方白帝白招拒，北方黑帝汁光紀，中央黃帝含樞紐。鄭玄①云：'明堂居國之南，南是明陽之地，故曰明堂。'按《史記》云'黃帝接萬靈於明庭'，明庭即明堂也。鄭玄②據《援神契》云'明堂上圜下方，八牖四闥。'上圜，象天。下方，法地。八牖者，即八節也。四闥者，象四方也。此言'宗祀與明堂'，謂九月大亨靈威仰等五帝，以文王配之，即《月令》云'季秋大享帝'，注云'徧祭五帝'。以其上言'舉五穀之要藏，帝藉之收於神倉'，九月西方成事，終而報功也。"錫瑞按：明皇注於上文"效祀"用王肅説，故與鄭異，此注遵用鄭義，邢疏申注亦明。鄭注《祭法》云：

---

① 原爲"元"，爲避"玄"。今改回"玄"字。
② 原爲"元"，爲避"玄"。今改回"玄"字。

"祭上帝於南郊,曰郊。祭五帝、五神於明堂,曰祖、宗。祖、宗,通言爾。《孝經》曰:'宗祀文王於明堂,以配上帝。'郊祭一帝,而明堂祭五帝。小德配寡,大德配衆,亦禮之殺也"。疏引《雜問志》云:"'春曰其帝大皞,其神句芒。祭蒼帝靈威仰,大皞食焉。句芒祭之於庭。祭五帝於明堂,五德之帝亦食焉,又以文、武配之。'《祭法》'祖文王而宗武王',此謂合祭於明堂。漢以正禮散亡,《禮》戴文殘缺,不審周以何月也,于《月令》,以季秋"。《詩·我將》序:"我將,祀文王於明堂也。"疏云:"此言祀文王于明堂,即《孝經》所謂'宗祀文王于明堂,以配上帝'是也。文王之配明堂,其祀非一。此言祀文王於明堂,謂大享五帝於明堂也。《曲禮》曰:'大饗不問卜'。注云"'大饗五帝於明堂,莫適卜。'《月令》《季秋》:'是月也,大享帝。'注云:'言大享者,徧祀祭五帝。'《曲禮》曰'大饗不問卜'謂此也。是于明堂有總計五帝之禮,鄭以《月令》爲秦世之書,秦法是自季秋,周法事不必矣。故《雜問志》云'不審周以何月,於《月令》,則季秋'。"據此,則鄭君不堅持秋季爲宗祀明堂之月,邢疏申鄭尚未審也。

注云"神無二主,故異其處,避后稷也"者,神主即上文注云"死爲神主",義見上。鄭以文王功德本應配天南郊,因周已有后稷配天神,不容有二主,又不可同一處,文王,周受命祖,祭之宗廟,以鬼神享之,不足以昭嚴敬,故周公舉行宗祀明堂之禮,而宗文王以配上帝,於是嚴父配天之道得盡。異事異處,於尊后稷兩不相妨。鄭注《明堂位》"昔者周公朝諸侯於明堂之位"云:"不予宗廟,辟王也。"朝諸侯本應在宗廟,不於宗廟而於明堂者,所以避王。文王本應配天南郊,不於南郊而於明堂者,所以避后稷。其義一也。鄭注《周易》"殷薦之上帝,以配祖考"曰:"上帝,天帝也。'以配祖考'者,使與天同饗其功也。故《孝經》云'郊祀后稷,以配天。宗祀文王於明堂,以配上帝'是也。"《漢書·郊祀志》元始五年王莽奏言:"王者父事天,故爵稱天子。孔子曰:'人之行莫大於孝,孝莫大於嚴父,嚴父莫大於配天。'王者尊其考,於以配天,緣考之意欲尊祖,推而上之,遂及始祖。是以周公郊祀後稷,以配天。宗祀文王於明堂,以配上帝。"據此,則尊祖正由尊父之義推之,與平當云"知文王不欲以子臨父,故推而序之"意同,皆得經旨。不然,經言嚴父配天,但言宗祀文王,不必言郊祀后稷矣。

是以四海之内,各以其職來助祭。舊脱"助"字,依《禮器》《正義》加。

注 周公有行孝於朝,越裳重譯來貢,是得萬國之歡心也。《治要》。脱"於"字,依《釋文》加。

疏曰:經云"助祭",乘"宗祀文王"言。《詩·清廟》序:"清廟,祀文王也。周公既成洛邑,朝諸侯,率以祀文王焉。"疏云:"既成洛邑在居攝五年,其朝諸侯則在六年。明堂位所云'周公踐天子之位,以治天下,六年,朝諸侯於明堂',即此時也。"言率之以祀文王,則朝者悉皆助祭。《詩》曰"肅雍顯相",箋云:"諸侯有光明著見之德者來助祭。"《尚書大傳·洛誥傳》曰:"於卜洛邑,營成周,改正朔,立宗廟，序祭祀，易犧牲，制禮樂，一統天下，合和四海，而致諸侯，皆莫不紳端冕以奉祭祀者。天下諸侯之悉來，進受命于周而退見文、武之尸者，千七百七十三諸侯，皆莫不磬折玉音，金聲玉色，然後周公與升歌而弦文、武。諸侯在廟中者，伋然淵其志，和其情，愀然若復見文、武之身，然後曰：'嗟，子乎！此蓋吾先君文、武之風也夫！'故周人追祖文王而宗武王也。"伏《傳》所言，即此經四海之內助祭之事。云"千七百七十三諸侯"，正與《王制》鄭注引《孝經説》"周千八百諸侯，舉成數"者相符。《漢書・王莽傳》云："周公居攝，郊祀后稷，以配天。宗祀文王於明堂，以配上帝。是以四海以內，各以其職來助祭，蓋諸侯千八百矣。"云千八百諸侯，與鄭説合。經云"宗祀文王"，伏《傳》言"祖文、宗武"，不同者，韋昭《國語注》云："周公初時，祖后稷而宗文王。至武王，雖承文王之業，有伐紂定天下之功，其廟不可以毀。故先推后稷以配天，而後更祖文王而宗武王。"然則此經據周公初定之禮而言，亦以上言嚴父配天，故專舉文王也。

鄭注云"周公行孝於朝，越裳重譯來貢，是得萬國之歡心也"者，《尚書》大傳曰："文王交阯之南，有越裳國。周公居攝六年，制禮作樂，天下和平。越裳以三象重譯而獻白雉，曰：'道路悠遠，山川阻深，音使不通，故重譯而朝。'成王以歸周公，公曰：'德不加焉，則君子不饗其質；政不施焉，則君子不臣其人。吾何以獲此賜也？'其使請曰：'吾受命吾國之黃耇曰：久矣，天之無別風淮雨，意者中國有聖人乎？有，則盍往朝之？'周公乃歸之於王，稱先王之神致，以薦於宗廟。"即其事也。鄭必以越裳來貢證的萬國者歡心者，以經言"萬國"，又言"四海之內"，據《孝經》，説周九州内惟有千八百諸侯，不足萬國之數，越裳在九州外，不在千八百諸侯之中，乃可舉爲得萬國之歡心之證，亦與"四海之內，各以其職助祭"相合。《周禮・大行人》九州之外謂之藩國，各以其所貴寶爲贄，即越裳白雉之類。越裳之來雖非助祭，然公既以薦宗廟，即與助祭有合。且事在居攝六年，正周公朝諸侯於明堂之時。鄭義似泛，而實切也。

《漢書・郊祀志》引"郊祀后稷"至"各以其職來助祭"。《后漢書・班彪傳》注、《公羊・僖十五年》疏引皆有"助"字。

夫聖人之德，又何以加與孝乎？ 注 孝弟之至，通於神明，豈聖人所能加？《治要》。疏曰：《白虎通・聖人篇》引此經，爲周公聖人之證。

鄭注云"孝弟之至，通於神明"者，用《感應章》文。《鉤命決》曰："孝悌之至，通於神明，則鳳皇巢。"《論衡・程材篇》引"孔子曰：孝悌之至，通於神明"。《漢武梁祠畫象贊》曰："曾子質孝，以通神明"，亦據《感應章》也。《孟子》曰"堯、舜之道，孝弟而已矣"，故曰"豈聖人所能加"。

故親生之膝下，以養父母日嚴。 注 致其樂。《釋文》。嚴可均曰："按：上當有'養以'二字，下闕。" **聖人因嚴以教敬，因親以教愛。** 注 因人尊嚴其父，教之爲敬，因親近於其母，教之爲愛，順人情也。《治要》。**聖人之教不肅而成，**注聖人因人情而教民，民皆樂之，故不肅而成也。《治要》。**其政不嚴而治，**注其身正，不令而行，故不嚴而治也。《治要》。**其所因者本也。**注本，謂孝也。《治要》。

疏曰：《漢書·藝文志》曰："'故親生之膝下'，諸家說不安處，古文字讀皆異。"是此經本不易解，鄭注殘缺，未審其義云何。明皇注云："親愛之心生於孩幼，比及年長，漸識義方，則日加尊嚴。"其說亦不安，恐非鄭義也。

鄭注云"因人尊嚴其父，教之爲敬，因親近於其母，教之爲愛，順人情也"者，以敬屬父，以愛屬母，義本《士章》"資於事父以事母，而愛同。資於事父以事君，而敬同。故知"愛""敬"當分屬父母。鄭注《天子章》"愛敬盡於事親"，亦云"盡愛於母，盡敬於父"也。《孟子》言良知良能，孩提知愛，長知敬，是人情本具有愛敬之理，聖人因而教之，乃順人情也。

云"聖人因人情而教民，民皆樂之"者，承上文言。云"其身正，不令而行"者，用《論語》文。此經與《三才章》文同義異。《三才章》承上"則天明，因地利"而言，此經承上"因嚴教敬，因親教愛"而言，皆有所因，故政教易行。鄭注並云"民皆樂之"，具得經旨。

云"本，謂孝也"者，《開宗明義章》曰"夫孝，德之本也。"鄭以"人之行莫大於孝"解之。此章上文曰"人之行莫大於孝"，故云"本，謂孝"矣。

父子之道，天性也。注性，常也。《治要》。**君臣之義也。**注君臣非有天性，但義合耳。《治要》。

疏曰：鄭注云"性，常也"者，《白虎通·性情篇》曰："五性者何？謂仁義禮智信也。"是五性即五常。故"性"可云"常"也。

云"君臣非有天性，但義合也"者，《莊子·人間世》引仲尼曰："天下有大戒二：其一命也，其一義也。子之愛親，命也，不可解於心。臣之事君，義也，無適而非君也。無所逃於天地之間，是之謂大戒。"鄭分父子、君臣爲二，實本此義，且與下文"父母生之"、"君親臨之"正合。明皇注云"父子之道，天性之常，加以尊嚴，又有君臣之義"，併爲一讀，與下文不合矣。

父母生之，續莫大焉。注父母生之，骨肉相連屬，復何加焉？《治要》。**君親臨之，厚莫重焉。**注君親擇賢，顯之以爵，寵之以祿，厚之至也。《治要》。

疏曰：鄭注云"父母生之，骨肉相連屬"者，《詩·小弁》"不屬于毛，不離于裏"，傳云："毛在外，陽，以言父。裏在內，陰，以言母。"疏云："屬者，父子天性相連屬。離者，謂所離歷，言稟父之氣，歷母而生也。"

云"君親擇賢，顯之以爵，寵之以禄"者，《王制》"凡官民材，必先論之，論辨然後使之，任事然後爵之，位定然後禄之"，鄭注："論，謂考其德行、道藝。辨，謂考問得其定也。爵，謂正其秩次，與之以常食。"擇賢即考德行、道藝。爵禄，即秩次、常食也。

《風俗通》"汝南封祈"下引"君親臨之"二句。

故不愛其親而愛他人者，謂之悖德。注 人不愛其親而愛他人之親者，"之"字依下注加。謂之悖德。《治要》。**不敬其親而敬他人者，謂之悖禮。**注 不能敬其親而敬他人之親者，謂之悖禮也。《治要》。**以順則逆，**注 以悖爲順，則逆亂之道也。《治要》。**民無則焉。**注 則，法。《治要》。**不在於善，而皆在於凶德。**注 惡人不能以禮爲善，乃化爲惡，若桀、紂是也。《治要》。**雖得之，君子所不貴。**明皇本無"所"字，"貴"下有"也"字。注 不以其道，故君子不貴。《治要》。

疏曰：經文但云"愛他人"、"敬他人"，鄭以爲"愛他人之親"、"敬他人之親"者，猶《天子章》云"愛親者不敢惡於人，敬親者不敢慢於人"，鄭注亦以"人"爲"人之親"，皆以補明經旨，説甚諦當。鄭解上文"因嚴教敬，因親教愛"，以"敬""愛"分屬父母言，則此云"愛他人之親"，亦當分屬母，"敬他人之親"亦當分屬父矣。明皇注用孔傳，邢疏申之，曰"君自不行愛敬，而使天下人行"，説與經文不合。如其説，當改經文爲"不愛其親而使他人愛，不敬其親而使他人敬，"其義乃可通也。

云"則，法"者，《釋詁》文。

云"惡人不能以禮爲善，乃化爲惡，若桀、紂是也"者，經上文云"悖德"、"悖禮"，此言凶德，不言禮，故云"不能以禮爲善"，以補明經義。必舉桀、紂者，鄭注《曲禮》"敖不可長"四句，亦云"桀、紂所以自過"，以桀、紂不善，人所共知，舉之使人易曉也。

注"雖得之，君子所不貴"爲"不以其道"者，用《論語》文。刑疏云："言人君如此，是雖得志居臣人之上，倖免篡弒之過，亦聖人君子之所不貴，言賤惡之也。"

君子則不然，言思可道。注 君子不爲逆亂之道，言中《詩》《書》，故可傳道也。《治要》。**行思可樂，**注 動中規矩，故可樂也。《治要》。**德義可尊，**注 可尊法也。《治要》。**作事可法，**注 可法則也。《治要》。**容止可觀，**注 威儀中禮，故可觀。《治要》。**進退可度。**注 難進而盡忠，易退而補過。《治要》。**以臨其民，是以其民畏而愛之，**注 畏其刑罰，愛其德義。

《治要》。**則而象之。**注傚。《釋文》。上、下闕。**故能成其德教，**注漸也。《釋文》。上闕。**而行其政令。**注不令而伐謂之暴。《釋文》。上、下闕。

疏曰：鄭注云"君子不爲逆亂之道"者，承上"以悖爲順，逆亂之道"而言。

云"言中《詩》《書》，故可傳道也"者，《論語》"子所雅言，《詩》《書》"，《孝經》一引《書》，餘皆引《詩》，即"言中《詩》《書》也。"

云"動中規矩，故可樂也"者，《玉藻》曰"周還中規，折還中矩"，鄭注"反行也宜圜，曲行也宜方"，是"動中規矩"也。

云"威儀中禮"者，明皇注亦云："容止，威儀也。"邢疏曰："容止，謂禮容所止也，《漢書·儒林傳》云'魯徐生善爲容，以容爲禮官大夫'是也。威儀，即儀禮也。《中庸》云'威儀三千'是也。《春秋左氏傳》曰：'有威而可畏謂之威，有儀而可象謂之儀。'"

云"難進而盡忠，易退而補過"者，難進、易退用《表記》"子曰：事君難進而易退，則位有序"之文。盡忠、補過用《事君章》文。鄭蓋以此章"君子"不專屬人君言，如卿大夫亦可言臨民也。

云"畏其刑罰，愛其德義"者，《三才章》曰"陳之以德義，而民興行。示之以好惡，而民知禁"，鄭注："善者賞之，惡者罰之，民知禁，莫敢爲非也。"是賞罰與德義並重，聖人教民未嘗不用刑罰，故下有《五刑章》，所以使民畏也。

鄭注"德教"、"政令"二句殘闕，其意似以德教當以漸致，政令不宜暴施，君子知其如此，故能成其德教而行其政令也。

《繁露·五行對篇》引"行思可樂，容止可觀"。《漢書·匡衡傳》引"孔子曰：德義可尊，容止可觀"至"則而象之"。

《詩》云：'淑人君子，其義不忒。'"注淑，善也。忒，差也。善人君子威儀不差，可法則也。《治要》。

疏曰：鄭注云"淑，善也"者，《釋詁》文。鄭君箋《詩》，亦云"淑，善"。箋《詩》云"執義不疑"，順毛傳"忒，疑也"之義。此詁"忒"爲"差"，與箋《詩》異者，《易·觀》"天之神道，而四時不忒"，虞注"豫而四時不忒。"《釋文》引鄭注、《左氏》文二年傳"享祀不忒"注、《禮祀·大學》"其儀不忒"疏、《呂覽·先已》"其儀不忒"注、《廣雅·釋詁》四，皆云："忒，差也。"

紀孝行章第十

子曰："孝子之事親也。"《治要》無"也"字，依明皇本加。**居則致其敬，**注也盡。《釋文》。嚴可均曰："按：明皇注云'平居必盡其敬'，則'也'當作'必'字。"禮也。《釋文》。嚴可均曰："按：'禮'上當有'其敬'。《釋文》云：一本作'盡其敬也'，又一本作'盡其敬禮也'。"**養則至其樂，**注樂竭歡心以事其親。《治要》。**病則致其憂，**注色不滿容，行不正履。明皇注。《正義》曰："此依鄭義也。"**喪則致其哀，**注擗踊哭泣，盡其哀情。《北堂書鈔》原本九十三《居喪》。"哀"字依明皇注加。《正義》曰："此依鄭注也。"**祭則致其嚴。**注齊必變食，居必遷坐，敬忌跋踖，若親存也。《北堂書鈔》原本八十八《祭祀總》。陳本《書鈔》引鄭注"齊戒沐浴，明發不寐"，與明皇注同。

疏曰：鄭注"盡禮"非全文，蓋以禮解"敬"字。邢疏引《禮記·內則》云"子事父母，雞初鳴，咸盥漱，至於父母之所，敬進甘脆而後退"，又《祭義》曰"養可能也，敬爲難"，是也。

云"樂竭歡心，以事其親"者，《檀弓》曰"啜菽飲水盡其歡，斯之謂孝"，《內則》曰"下氣怡聲，問所欲而敬進之，柔色以溫之"，鄭注"溫，藉也。承尊者，必和顏色"，是也。

云"色不滿容，行不正履"者，邢疏曰："《禮記·文王世子》云：'王季有不安節，則內豎以告文王。文王色憂，行不能正履。'又下文記古之世子亦朝夕問於內豎，'其有不安節，世子色憂不滿容'。此注減'憂'、'能'二字者，以此章通於貴賤，雖儗人非其倫，亦舉重以明經之義也。"案：《玉藻》云"親瘠，色容不盛"，亦"色不滿容"之謂。

云"擗踊哭泣，盡其哀情"者，邢疏曰："並約《喪親章》文，其義具於彼。"云"齊必變食，居必遷坐，敬忌跋踖，若親存也"者，"齊必變食"二句見《論語·鄉黨》，孔注："改常饌，易常處。"《鄉黨》又云"跋踖如也"，馬注"跋踖，恭敬之貌。"《論語·八佾》曰"祭如在"，孔注"祭死如事生"。《祭義》曰："文王之祭也，事死者如事生。"《中庸》曰："事死如事生，事亡如事存，孝之至也。"此"若親存"之義也。

五者備矣，然後能事親。事親者，居上不驕。注雖尊爲君，而不驕也。《治要》。**爲不下亂，**注爲人臣下，不敢爲亂也。《治要》。**在醜不爭。**注忿爭爲醜。醜，類也。以爲善，不忍爭也。嚴可均曰："《治要》有按語，云'忿爭爲醜'疑有差誤。今按：'以爲善'亦有脫誤。據下文'在醜而爭'注'朋友中好爲忿爭'，此當云'朋友爲醜'。《曲禮》'在醜夷不爭'，注'醜，衆也。夷，猶儕也'，義亦不殊。據《諫爭章》'士有爭友'注'以賢友助己'，此當云'助己爲善'。'己'、'已'形近，'以'即'已'，脫一'助'字，存疑，俟定。"**居上而驕則亡。**注富貴不以其道，是以取亡也。《治要》。**爲下而亂則刑，**注爲人臣下好爲亂，則刑罰及其身也。《治要》無"也"字，依《釋文》加。**在醜而爭則兵。**注朋友中好爲忿爭者，惟兵刃之道。《治要》。**三者不除，雖**

日用三牲之養，猶爲不孝也。" 注 夫愛親者不敢惡於人之親，今反驕亂忿爭，雖日致三牲之養，豈得爲孝乎？《治要》。

　　疏曰："居上不驕"與《諸侯章》文同，故鄭注以"尊爲君"解"居上"。

　　注云"爲人臣下，不敢爲亂"者，《論語》曰："其爲人也孝弟，而好犯上者，鮮矣。不好犯上而好作亂者，未之有也。"《表記》曰："事君，可貴可賤，可富可貧，可生可殺，而不可使爲亂。"

　　云"忿爭爲醜"有誤，嚴説是。云"醜，類也"者，《易·離》"獲匪其醜"虞注，《禮·哀公問》"節醜其衣"服注，《國語·周語》"況爾小醜"、《楚語》"官有十醜，爲億醜"注，《孟子·公孫醜》"地醜德齊"注，《爾雅·釋草》"蘩之醜"注，《廣雅·釋詁》三，皆曰："醜，類也。""以爲善"，嚴説近是。

　　云"富貴不以其道，是以取亡也"，《諸侯章》"高而不危，所以長瘦貴也。滿而不溢，所以長守富也"，此言不以守富、守貴之道，則富貴不能長守矣。

　　云"爲人臣下好爲亂，則刑罰及其身也"者，鄭言五刑之目，見下《五刑章》，其他如《王制》之"四誅"、《士師》之"八成"，皆臣下好亂刑罰及身者矣。

　　云"朋友中好爲忿爭，惟兵刃之道"者，邢疏云："言處儕衆之中，而每事好爭競，或有以刃相讎害也。"

　　云"愛親者不敢惡于人之親"者，見《天子章》。邢疏云："三牲，牛、羊、豕也。言奉養雖優，不除驕亂及爭競之事，使親常憂，故非孝也。"

五刑章第十一

　　子曰："五刑之屬三千。 注 五刑者，謂墨、劓、臏、宮、割、大辟也。《治要》。科條三千，《釋文》。謂劓、嚴可均曰："按：'劓'當作'墨'，當云'墨之屬千'。"墨、嚴可均曰："按：當作'劓'，當云'劓之屬千'，下當有'臏之屬五百'。"宮割、嚴可均曰："按：當云'宮割之屬三百'。"大辟。嚴可均曰："按：當云'大辟之屬二百也'。穿窬盜竊者，劓。《釋文》云義與《周禮》注不同。嚴可均曰："按：'劓'當作'墨'。"劫賊傷人者，墨。《釋文》云義與《周禮》注不同。嚴可均曰："按：'墨'當作'劓'。"男女不以禮交者，宮割。壞人垣牆，開人關鑰者，臏。《釋文》云與《周禮注》並同，微異。嚴可均曰："按：'男女'至'宮割'九字，當在'臏'字之下。《周禮·司刑》二千五百罪，以墨、劓、宮、刖、殺爲次第。《吕刑》以墨、劓、剕、宮、大辟爲次第。刖、剕即臏也。此經言'五刑之屬三千'，明依《吕刑》。《治要》載鄭注次第不誤，《釋文》改就周禮，非。手殺人者，大辟。《釋文》云與《周禮注》不同。嚴可均曰："按：《周禮注》者，《司刑》注引《書傳》也。《書傳》是伏生今文説。鄭受古文，與伏生説不同。《司刑》注云'其刑書則亡',明所説目略,衰周去家追定,周初未必有之。鄭據法家爲説,名有所本,不必强同,而鄭意又有可推得者。唐、虞象刑,《吕刑》用罰爲刑。法家之説雖無害於經,究未足以説經,故注《吕刑》無此目略。陸爲先陸所誤,抉擇異同,實爲隔硋。或難曰:《書》鄭本亡,何以知《吕刑》注無此目略?答曰:陸稱與《周禮注》不同,不稱與《書注》不同,足以明之。"

疏曰:鄭注云"墨、劓、臏、宫割、大辟也"者,《白虎通・五刑篇》曰:"墨者,墨其額也。劓者,劓其鼻也。臏者,脱其臏也。宫者,女子淫,執置宫中,不得出也。割者,丈夫淫,割去其勢也。大辟者,謂死也。"錫瑞案:鄭君此注引今文《尚書・甫刑篇》文。穿窬盜竊罪輕,劫賊傷人罪重。刑法墨輕劓重。嚴氏謂"劓"當作"墨","墨"當作"劓",是也。古文《尚書》"劓、刖、椓、黥","刖",俗譌"跀",從王引之説改正。《説文》引《周書》作"刖、劓、斀、黥"。夏侯等《書》作"臏、宫割、劓",俗譌"臏、宫、劓、割",從王引之説改正。頭庶剠"。是古文作"刖",今文作"臏"之明證。《漢書・刑法志》《白虎通・五刑篇》皆從今文作"臏"。鄭注《周禮・司刑》云"臏、辞",不云"刖、辟",亦從今文《尚書》也。《孝經》本今文説,引《甫刑》不作《吕刑》,是其證。緯書多同今文。鄭注《孝經》如社稷、明堂大典禮,皆從《孝經緯》文,是鄭君用今文説作注。此注云"臏、宫割",與夏侯等《書》作"臏、宫割"正合,則此注乃用今《尚書・甫刑篇》無疑。鄭注古《周禮》,猶引用伏生《大傳》,豈有注今《孝經》反用古文《尚書》者哉?鄭用今文《尚書》,而此注與伏生《大傳》不盡同者,蓋鄭別有所本,疑即本《漢律》文。漢興,高祖入關,約法三章,曰"殺人者死",傷人及盜抵罪。"鄭云"手殺人者大辟",即"殺人者死"也。"劫賊傷人"與"穿窬盜竊",即"傷人及盜"也。"劫賊傷人者,劓",與伏《傳》"姦軌、盜攘、傷人者,其刑劓"合,但少"觸易君命、革輿服制度"二語。"男女不以禮交者,宫割",與伏《傳》同。"壞人垣牆,開人關鬮者,臏",亦與伏《傳》"决關梁、踰城郭而略盜者,其刑臏"相近。惟伏《傳》云"非事而事之,出入不以道義而誦不詳之辭者,其刑墨。降畔、寇賊、劫略、奪攘、撟虔者,其刑死",此注不盡用其義耳,並未嘗截然不合也。伏《傳》五刑之目,或處古法家言。蕭何據秦法作律九章,不必盡與之合,故鄭君此注與《周禮注》又有異同。鄭注《禮》、箋《詩》前後不同者甚多,不當以比致疑。陸氏疑其與《周禮注》不同,固屬一孔之見。嚴氏不攷今、古文異同之義,乃云鄭用古文,亦未免强作解事。鄭注《周禮》云:"此二千五百罪之目略也,其刑書則亡。"謂刑書亡,而二千五百之條所以用刑者不可盡知,故僅存此二千五百之目略,非謂並此五刑之目略亦不可之知,故鄭君不敢以此注《尚書》也。嚴説殊誤。《周禮疏》引《孝經緯》云:"上罪墨蒙、赭衣、雜屨、中罪赭衣、雜屨、下罪雜屨而已。"此緯說解《五刑篇》之文，與伏生《大傳》"上刑赭衣不純，中刑雜屨，下刑墨蒙"略同，是《孝經緯》用今文說之證也。

而罪莫大於不孝。要君者無上。注事君，先事而後食祿。今反要之，此無尊上之道。《治要》。非聖人者無法。注非侮聖人者不可法。《治要》。**非孝者無親，**注己不自孝，又非他人爲孝，嚴可均曰："《釋文》作'人行者'，一本作'非孝行'，合二本訂之，或此當云'又非他人行孝者'。"不可親。《治要》。**此大亂之道也。"**注事君不忠，侮聖人言，非孝者，大亂之道也。《治要》。

疏曰："罪莫大於不孝"，鄭無明文，據《周禮·掌戮》"凡殺其親者，焚之"，鄭注："焚，燒也。《易》曰：'焚如，死如，棄如。'"疏引鄭《易注》曰："震爲長子，爻失正，不知其所如。不孝之罪，五刑莫大焉，得用議貴之辟刑之，若如所犯之罪。焚如，殺其親之刑。死如，殺人之刑也。棄如，流宥之刑也。"又《周禮·大司徒》"以鄉八刑糾萬民，一曰不孝之刑"，疏："云'一曰不孝之刑'者，有不孝於父母者則刑之。《孝經》不孝不在三千者，深塞逆源，此乃禮之通教。"賈公彥以爲不孝在三千條外，當據鄭注《孝經》文，五刑三千，極重者不過大辟。鄭云"死如，殺人之刑"，與此注云"手殺人者大辟"正合。若焚如之刑，更重於大辟，當在三千條外，是殺其親者不在五刑三千中矣。邢疏云："舊注說及謝安、袁宏、王獻之、殷仲文等，皆以不孝之罪，聖人惡之，云在三千條外。此失經之意也。案上章云'三者不除，雖日用三牲之養，猶爲不孝'，此承上'不孝'之後，而云三千之罪莫大於不孝，是因其事而不便言之，本無在外之意。案《檀弓》云：'子弑父，凡在宮者，殺無赦。殺其人，壞其室，洿其宮而豬焉。'既云'學斷斯獄'，則明有條可斷也。"邢引舊說未知即鄭義否，而據鄭義，不當如邢氏所云也。

注云"事君，先事而後食祿。今反要之，此無尊上之道"者，《表記》："子曰：'事君三違而不出竟，則利祿也。人雖曰不要，吾弗信也。'"鄭注："違，猶去也。利祿，言爲貪祿留也。臣以道去君，至於三而不遂去，是貪祿，必以其強與君要也。"注義與《禮注》略同。

云"非侮聖人者不可法"者，《論語》"侮聖人之言"，注："不可小知，故侮之。"疏："'侮聖人之言'者，侮謂輕慢，聖人之言不可小知，故小人輕慢之而不行也。"

云"己不自孝，又非他人爲孝，不可親"者，《詩·既醉》"孝子不匱，永錫爾類"，箋云："永，長也。孝子之行，非有竭極之時，長以與女之族類，謂廣之以教道天下也。《春秋傳》曰：'潁考叔，純孝也，施及莊公。'"據此，則能自孝者必教他人爲孝，而不自孝者反非他人爲孝，與颎考叔正相反矣。

《吕覽》引《商書》曰："刑三百，罪莫大於不孝。""三百"，疑"三千"之誤。《風俗通》曰："又有不孝之罪，並编十惡之條。"《公羊·文公①十六年傳》《解詁》曰："無尊上、非聖人、不孝者，斬首梟之。"

廣要道章第十二

子曰："教民親愛，莫善於孝。教民禮順，莫善於悌。注人行之次也。《釋文》。**移風易俗，莫善於樂。**注夫樂者，感人情者也。"者也"二字依《釋文》加。樂正則心正，樂淫則心淫也。《治要》。惡鄭聲之亂雅樂也。《釋文》。上闕。**安上治民，莫善於禮。**注上好禮，則民易使也。《治要》《釋文》。

疏曰：鄭注云"人行之次也"者，《大戴禮·衛將軍文子篇》："孔子曰：孝，德之始也。弟，德之序也。""次"與"序"義近。孝爲德之始，而悌之德次於孝。《孝經》本言孝，而次即言悌，故曰"人行之次也"。

云"夫樂者，感人情者也。樂正則心正，樂淫則心淫也"者，《樂記》："樂者，音之所由生也，其本在人心之感於物也。是故其哀心感者，其聲噍以殺。其樂心感者，其聲嘽以緩。其喜心感者，其聲發以散。其怒心感者，其聲粗以厲。其敬心感者，其聲直以廉。其愛心感者，其聲和以柔。六者非性也，感於物而後動。"又曰："樂也者，聖人之所樂也，而可以善民心。其感人深，其移風易俗，故先王著其教焉。夫民有血氣心知之性，而無哀樂喜怒之常，應感起物而動，然後心術形焉。是故志微、噍殺之音作，而民思憂。嘽諧、慢易、繁文、簡節之音作，而民康樂。粗厲、猛起、奮末、廣賁之音作，而民剛毅。廉直、勁正、莊誠之音作，而民肅敬。寬裕、肉好、順成、和動之音作，而民慈愛。流辟、邪散、狄成、滌濫之音作，而民淫亂。"旨與鄭義相發明。

云"惡鄭聲之亂雅樂也"者，用《論語》文。鄭聲，古説有二。《樂記》疏引《巽義》："今《論語》説：鄭國之爲俗，有溱、洧之水，男女聚會，謳歌相感，故云'鄭聲淫'。《左氏》説：'煩手淫聲'謂之鄭聲者，言煩于躑躅之聲使淫過矣。許君謹案：《鄭詩》二十一篇，説婦人者十九，故鄭聲淫也。"疏云鄭《駮》無，從許義。案：鄭云"樂淫心淫"，又引以爲移風易俗之證，當同許義，以"鄭"爲"鄭國"也。《白帖》引《通義》云："鄭國有溱、洧之水，會聚謳歌相感。今《鄭詩》二十一篇，説婦人者十九，故'鄭聲淫'也。"又云："鄭重之音使人淫故也。"《白虎通·禮樂篇》云："孔子曰'鄭聲淫'何？鄭國土地民人，山居谷浴，男女錯雜，爲鄭聲以扸個誘悦憚，故邪僻，聲皆淫色之聲也。"是劉子政、班孟堅皆主"鄭國"之

---

① 原文缺"公"字，今补。

説，故鄭君亦主之。

云"上好禮，則民易使也"者，《論語》文。《曲禮》曰："君臣、上下、父子、兄弟，非禮不定。班朝、治軍、涖官、行法，非禮，威嚴不行。"故"安上治民，莫善於禮"矣。

《風俗通序》引《孝經》"移風易俗"二句，《續漢書》蔡邕《禮樂志》亦引之。《漢書·禮樂至》《白虎通·禮樂篇》《吕氏春秋·仲春紀》高注、徐幹《中論·藝紀》，皆引"安上治民，莫善於禮。移風易俗，莫善於"，禮在樂上，與經文異。惟劉向《説苑·修文》引"孔子曰：移風易俗"四句，與經同。《漢志》與《王吉傳》皆引"安上治民"二句。

禮者，敬而已矣。注敬者，禮之本，有何加焉？《治要》。**故敬其父則子説，**《治要》作"悦"，今依《釋文》。下皆同。**敬其兄則弟説，敬其君則臣説。敬一人而千萬人説，**注盡禮以事。《釋文》。語未竟。**所敬者寡而所説者衆，**注所敬一人，是其少。千萬人説，是其衆。《治要》。**此之謂要道也。"**注孝弟以教之，禮樂以化之，此謂要道也。《治要》。

疏曰：鄭注云"敬者，禮之本"者，《曲禮》曰"毋不敬"，鄭注"禮主於敬。"疏曰："《孝經》云'禮者，敬而已矣'是也。鄭目録云：'曲禮之中，體含五禮。'今云'《曲禮》曰毋不敬'，則五體皆須敬。故鄭云'禮主於敬'。然五禮皆以拜爲敬禮，則祭極敬、主人拜尸之類，是吉禮須敬也。拜而後稽之類，是凶體須敬也。主人拜迎賓之類，是賓禮須敬也。軍中之拜肅拜之類，是軍禮須敬也。冠昏飲酒皆有賓主拜答之類，是嘉禮須敬也。兵車不式，乘玉路不式，鄭云'大事不崇曲敬者'，謂敬天神及軍之大事，故不崇曲小之敬。熊氏以爲唯此不敬者，恐義不然也。"

鄭云"盡禮以事"，文不完，當即下章注云父事三老、兄事五更、郊則君事天、廟則君事尸之禮，蓋言天子敬人之父、敬人之兄、敬人之君，惟此等禮有之。《至德》《要道》兩章，義本相通也。

云"所敬一人，是其少。千萬人説，是其衆"者，承上文"敬一人而千萬人説"而言，鄭意蓋屬汎論。舊注依孔傳云："一人，謂父、兄、君。千萬人，謂子、弟、臣。"鄭意似不然也。云"孝弟以教之，禮樂以化之，此謂要道也"者，鄭以要道屬禮樂，此章主廣要道，鄭必兼言孝弟者，以二章義相通。經言敬父、敬兄，仍是孝弟中事故也。

廣至德章第十三

子曰："君子之教以孝也，非家至而日見之也。注言教此二字依明皇注加。《正義》云："此依鄭注也。"非門到戶至，而日見而語此二字依明皇注加。《正義》云："此依鄭注也。"《釋文》有"語之"二字。之也，《文選·庾亮讓中書令表》注，又《任昉齊景陵王行狀》注。但行孝於内，流化於外也。《治要》。

疏曰：鄭注以"門到戶至"解"家至"，以"日見而語"解"日見"，所以補明經義。《鄉飲酒義》曰："君子之所謂孝者，非家至而日見之也。"《漢書·匡衡傳》云："教化之流，非家至而人説之也。"與此經意同。

云"但行孝於内，流化於外也"者，邢疏云："《祭義》所謂'孝悌發諸朝廷，行乎道路，至乎閭巷'，是流於外。"又云："《祭義》曰：'祀乎明堂，所以教諸侯之孝也。食三老、五更於太學，所以教諸侯之悌也。'此即所謂'發諸朝廷，至乎州里'是也。"

教以孝，所以敬天下之爲人父者也。 注 天子父事三老，所以敬天下老也。《治要》。**教以悌，所以敬天下之爲人兄者也。** 注 天子兄事五更，所以教天下悌也。《治要》。**教以臣，所以敬天下之爲君者也。** 注 天子郊則君事天，廟則君事尸，所以教天下臣。《治要》。

疏曰：鄭注云"天子父事三老，所以敬天下也。天子兄事五更，所以教天下悌也"者，《援神契》曰："天子親臨雍袒割，尊事三老，兄事五更。三者，道成於三。五者，訓於五品。言其能善教己也。三老、五更，皆取有妻、男女完具者。尊三老者，父象也。謁者奉几，安車頓輪，供綏執事。五更寵以度，接禮交容，謙恭順貌。王於養老燕之末，命諸侯，諸侯歸，各帥於國。大夫勤於朝，州里驥於邑。"此《孝經緯》説事三老、五更，教孝悌之義也。《樂記》："食三老、五更於大學，天子袒而割牲，執醬而饋，執爵而酳，冕而總干，所以教諸侯之弟也。"《文王世子》曰："遂設三老、五更、群老之席位焉。"《白虎通·鄉射篇》曰："王者父事三老、兄事五更者何？欲陳孝弟之德以示天下也。"下引《援神契》文。《公羊》桓四年傳《解詁》曰："是以王者父事三老，兄事五更，食之於辟雍，天子親袒割牲，執醬而饋，執爵而酳，冕而總干，率民之至。"意亦略同。鄭注《文王世子》云："天子以三老、五更父兄養之，示天下以孝弟也。"又引《援神契》文爲教天下之事。是鄭解《孝經》用《援神契》之證。邢疏乃曰："舊注用應劭《漢官儀》云'天子無父，父事三老，兄事五更'，乃以事父、事兄爲教孝悌之禮。案：禮，教敬自有明文，假令天子事三老，蓋同庶人'倍年以長'之敬，本非教孝子之事，今所不取也。"邢氏蓋泥於《祭義》"教弟"之文，以爲事三老亦是教弟，無關教孝。案：《祭儀》疏曰："《孝經》'雖天子，必有父也'，注：'謂養老也。'父，謂君老也。此非《廣至德章》注，然義正可相足。臧氏云：'君老''三老'之譌。此食三老而屬弟者，以上文祀王於明堂爲孝，故以食三老、五更爲弟，教有所對也。"然則《祭儀》之文不必泥，邢事所疑，孔疏早已解之。《援神契》《白虎通》皆曰："尊三老者，父象也。"《白虎通》又曰："既以父事，父一而已。"譙周《五經然否論》曰："漢中興，定禮儀，群臣欲令三老答拜。城門校尉董鈞駁曰：'養三老，所以教事父之道。若答拜，是使天下答子拜也。'詔從鈞議。"是古説皆謂父事三老以教孝，非但同"倍年以長"之敬。明皇注於鄭引古禮以解經者皆刊落之，專以空言解經，實爲宋、明以來作俑。邢疏依阿唐注，排斥古義，是其蔽也。

注云"天子郊則君事天，廟則君事尸，所以教天下臣"者，《御覽》引《中候·運期篇》曰："帝堯刻璧，率群臣東沈於洛，書曰：'天子臣放勳德薄，施行不元。'"鄭注："元，善也。"《白虎通·號篇》亦引《中候》曰"天子臣放勳"。《曲禮》云："君前臣名。"據《中候》言堯高天稱臣、稱名，是天子"君事天"之證。然則郊天之禮，亦必自稱臣而君事天矣。《祭統》曰："君迎牲而不迎尸，別嫌也。尸在廟外則疑於臣，入廟門則全於臣、全於子。是故不出者，明君臣之義也。"鄭注："不迎尸者，欲全其尊也。尸，神象也。鬼神之尊在廟中，人君之尊，出廟門則伸。"又云："天子、諸侯之祭，朝事延尸於戶外，是以有北面事尸之禮。"案：天子無臣人之事，鄭引事天、事尸解之，最塙。劉炫引《禮運》曰"故先生患禮之不達於下也，故祭帝於郊"，謂郊祭之禮册祝稱臣，正本鄭義。邢氏引《祭義》"朝覲所以教諸侯之臣也"以解注，其説殊疏。《禮記疏》引《鉤命決》曰："'暫所不臣者，謂師也，三老也，五更也，祭尸也，大將軍也。'此五者，天子、諸侯同也。"鄭以三老、五更、祭尸並舉，正用《鉤命決》之義。《曾子本孝》："任善，不敢臣三德。"盧注："謂王者之孝。三德，三老也。《白虎通》曰'不臣三老，崇孝。'"

《詩》云：'愷悌君子，民之父母。' 注 以上三者教於天下，真民之父母。《治要》。**非至德，其孰能順民如此其大者乎！** 注 至德之君能行此三者，教於天下也。《治要》。

疏曰：鄭注云"以上三者教於天下"，又云"至德之君能行此三者，教於天下也"者，乘上教孝、教悌、教臣而言，申明孝弟爲至德之義。邢疏云："按《禮記表記》稱：子言之：'君子所謂仁者，其難乎？'《詩》云：'愷悌君子，民之父母。愷以強教之，悌以説安之，使民有父之尊，有母之親。如此而後，可以爲民父母矣。非至德，其孰能如此乎？'此章于'孰能'下加'其大者'，與《表記》爲異，其大意不殊。而皇侃以爲并結《要道》《至德》兩章，或失經旨也。劉炫以爲《詩》美民之父母，證君之行教，未證至德之大，故於《詩》下別起歎辭，所以異於餘章，頗近之矣。"案：鄭以三者爲至德，則此文非并結兩章，當如劉説，不當如皇説。

廣揚名章第十四

子曰：君子之事親孝故忠，可移於君。 注 以孝事君則忠。明皇注。《正義》云："此依鄭注也。"欲求忠臣，出孝子之門，故可移於君。《治要》。**事兄悌故順，可移於長。** 注以敬事兄則順，故可移於長也。《治要》。**居家**

理故治，可移於官。注君子所居則化，所在則治，故可移於官也。《治要》。是以行成於內，而名立於後世矣。注修上三德於內，名自傅於後世。明皇注。《正義》云："此依鄭注也。""世"字明皇注作"代"，避諱，今改復。

疏曰：明皇此章注用鄭義。邢疏曰："此夫子廣述揚名之義。言君子之事親能孝者，故資孝爲忠，可移孝行以事君也。事兄能悌者，故資悌爲順，可移悌行以事長也。居家能理者，故資治爲政，可移於績以施於官也。是以君子居，能以此善行成之於內，則令名立於身没之後也。"又解注曰："三德，則上章云移孝以事於君，移悌以事於長，移理以施於官也。言此三德不失，則其令名常自傅於後世。經云'立'而注爲'傅'者，'立'謂常有之名，'傅'謂不絶之稱，但能不絶，即是常有之行，故以'傅'釋'立'也。"錫瑞案：此章文義易解，邢疏解經、注亦明，然其中有可疑者。邢氏云"先儒以爲'居家理'下闕一'故'字，御注加之。是唐以前古本無此"故"字矣，而《釋文》云讀"居家理故治"絶句，陸氏在明皇之前，何以其所據本已有"故"字，與邢氏説不合。且鄭引《士章》"以孝事君則忠，以敬事長則順"解此經文，下云"故可移於君"、"故可移於長也"，則鄭君讀此經，當以"君子之事親孝故忠"句，"可移於君"句，"事兄悌故順"句，"可移於長"句，下二句準此。俗讀以"孝"字、"悌"字、"理"字絶句，非是。陸氏據鄭注本作《釋文》，乃不於前四句發明句讀，云當讀從"忠"字、"順"字絶句，而發之於後，獨繫於"居家理故治"之下，豈謂惟此句當從"治"字絶句，上二句不當從"忠"字、"順"字絶句乎？疑此當如邢氏之説，古本無此"故"字，《釋文》亦本無之，當作"居家理治"。陸氏見此句少一"故"字，與上二句文法有異，恐人讀此有誤，故特發明句讀。鄭注云"君子所居則化，所在則治"，理、治是一事，不分兩項，與上孝忠、悌順當分兩項者不同，中間本不必用"故"字。古人文法，非必一律。明皇見此句少一"故"字，乃以意增足之，與經旨、鄭意皆不相符。後人又因明皇之注，於《釋文》讀"居家理治"絶句，亦加一"故"字。其齟齬不合之處尚可考見，鄭意亦可推而得矣。《曾子立孝》："是故未有君而忠臣可知者，孝子之謂也。未有長而順可知者，弟弟之謂也。未有治而能仕可知者，先脩之謂也。"與此經相發明。

諫爭章第十五

曾子曰："若夫慈愛恭敬，安親揚名，則聞命矣。敢問子從父之令，可謂孝乎？"子曰："是何言與，是何言與！注孔子欲見諫諍之端。《釋文》。

疏曰：此章首數句義，鄭注不傳。邢疏云："或曰：慈者，接下之別名。愛者，奉上之通稱。劉炫引《禮記·內則》説子事父母'慈以旨甘'，《喪服四制》云'高宗慈良於喪'，《莊子》曰'事親則孝慈'，此立施於事上。夫愛出於內，慈爲愛體。敬生於心，恭爲敬貌。此經悉陳事親之迹，寧有接下之文？夫子據心而爲言，所以唯稱愛、敬。曾參体貌而兼取，所以並舉慈、恭。如劉炫此言，則知慈是愛親也，恭是敬親也。安親，則上章云'故生則親安之'。揚名，即上章云'揚名於後世'矣。"案：此說甚諦，可補鄭義。

鄭注云"孔子欲見諫爭之端"者，鄭意以孔子此言非斥曾子，欲發子當諫爭之端耳。

昔者，天子有爭臣七人，雖無道，不失其天下。《釋文》無"其"字，云：本或作"不失其天下"，"其"衍字耳。嚴可均曰："按：今世行本自'開成石經'以下，皆有'其'字，唯石臺本無。"葉德輝曰："唐武后《臣軌匡諫》章引'《孝經》曰：天子有諍臣七人，雖無道，不失天下'，亦無'其'字，又'爭'作'諍'。據下引'諍於父'、'諍於君'，是鄭本作'諍'。其無'其'字者，即鄭注本也。"錫瑞案：《白虎通》《家語》引經亦作"諍"。注七人者，謂太師、太保、太傅、嚴可均曰："按：《後漢·劉瑜傳》注作'謂三公'，約文也。左輔、右弼、前疑、後丞，維持王者，使不危殆。《治要》。

疏曰：鄭注云"七人者，謂太師、太保、太傅、左輔、右弼、前疑、後丞，維持王者，使不危殆"者，邢疏云："孔、鄭二注及先儒所傳，並引《禮記·文王世子》以解七人之數。按：《文王世子記》曰：'虞、夏、商、周有師、保，有疑、丞。設四輔及三公，不必備，惟其人。'又《尚書·大傳》曰："古者天子必有四鄰，前曰疑，後曰丞，左曰輔，右曰弼。天子有問，無以對，責之疑。可志而不志，責之丞。可正而不正，責之輔。可揚而不揚，責之弼。其爵視卿，其祿視次國之君。《大傳》四鄰，則《記》之四輔，兼三公以充七人之數。"案：鄭以三公、四輔爲七人，古義如是。《白虎通·諫諍篇》引此經"天子有諍臣七人"至"則身不陷於不義"，云："天子置左輔、右弼、前疑、後丞。左輔主修政，刺不法。右弼主糾害，言失傾。前疑主糾度，定德經。後丞主匡正，常考變失。四弼興道，率主行仁。夫陽變于七，以三成，故建三公，序四諍，列七人。雖無道，不失天下，杖群賢也。"與鄭義同。《荀子·臣道篇》《賈子·保傅篇》《大戴·保傅篇》《說苑·臣術篇》皆列四輔之文，但有小異。《列子》《莊子》皆有"舜問乎丞"之語，丞即四輔之一。《漢書·霍光傳、王嘉傳》皆引此經。

諸侯有爭臣五人，雖無道，不失其國。大夫有爭臣三人，雖無道，不失其家。注尊卑輔善，未聞其官。《治要》。**士有爭友，則身不離於令名。**注令，善也。士卑無臣，故以賢友助己。《治要》。**父有爭子，則身不陷於不義。**注父失則諫，故免陷於不義。明皇注。《正義》云："此依鄭注也。"

疏曰：鄭注云："尊卑輔善，未聞其官"者，邢疏云："諸侯五者，孔《傳》指天子所命之孤及三卿與上大夫，王肅指三卿、內史、外史，以充五人之數。大夫三者，孔傳指家相、室老、側室，以充三卜之數，王肅無側室而謂邑宰。斯竝以意解說，恐非經義。劉炫云：案下文云'子不可以不爭於父，臣不可以不爭於君'，則爲子、爲臣皆當諫爭，豈獨大臣當爭，小臣不爭乎？豈獨長子當爭其父，衆子不爭其乎？若父有十子，皆得諫爭。王有百辟，惟許七人，是天子之佐乃少於匹夫也。又案《洛誥》云成王謂周公曰：'誕保文、武受民亂，爲四輔。'《囧命》穆王命伯囧：'惟予一人無良，實賴左、右、前、後有位之士匡其不及。'據此而言，則左、右、前、後，四輔之謂也。疑、丞、輔、弼，當指於諸臣，非是別立官也。謹案：《周禮》不列疑、丞，《周官》歷敘羣司，《顧命》總名卿士，《左傳》云龍師、鳥紀，《曲禮》云五官、六太，無言疑、丞、輔、弼專掌諫爭者。若使爵視于卿，祿比次國，《周禮》何以不載，經傳何以無文？且伏生《大傳》以四輔解爲四鄰，孔注《尚書》以四鄰爲前後左右之臣，而不爲疑、丞、輔、弼，安得又采其說也？《左傳》稱：'昔周辛甲之爲太史也，命百官，官箴王闕'。師曠說匡諫之事：'史爲書，瞽爲詩，工誦箴諫，大夫規誨，士傳言'，'官師相規，工執藝事以諫'。此則凡在人臣，皆合諫也。夫子言天子有天下之廣，七人則足以見諫爭功之大，故舉少以言之也。然父有爭子，士有爭友，雖無定數，要一人爲率。

自下而上，稍增二人，則從上而下，當如禮之降殺，故舉七、五、三人也。劉炫之讜義，雜合通途。何者？傳載忠言比於藥石，逆耳苦口，隨要而施。若指不備之員，以匡無道之主，欲求不失，其可得乎？先儒所論，今不取也。"錫瑞案：鄭云"未聞其官"，則孔、王之說皆所不用。蓋天子三公、四輔明見經傳，諸侯、大夫無文可知，鄭君不以意說，足見矜愼。若劉炫並不信四輔之說，又不考經傳，專據僞古文《尚書》、僞孔《傳》之文，苟異先儒，大可噱笑。夫論人臣進言之義，人人皆當諫爭，而論人君設官之義，諫諍必有專責。後世廷臣皆可進諫，又必專設諫官，即是此意。七人爲三公、四輔，舉其重者而言，豈謂天子之朝，惟此七人可以進諫，其餘皆同立仗馬乎？劉氏不知此義，乃以人數多少屑屑計較，謂不獨長子當爭其父，父有十子，是天子之佐少於匹夫。又謂父有爭子，雖無定數，要一人爲率。前後矛盾，甚不可通。且如其言，則不但先儒注解爲非，即夫子所言已屬不當矣。凡妄詆古注，其弊必至疑經。邢氏稱爲"讜義"，殊爲無識。

注又云"令，善也。士卑無臣，故以賢友助已"者，鄭注《儀禮·喪服》亦云"士卑無臣"，又注《周禮·司裘》云："士不大射，士無臣，祭無所擇。"疏引《孝經》云："天子、諸侯、大夫皆言爭臣，士則言爭友，是無臣也。"

云"父失則諫，故免陷於不義"者，邢疏曰："《內則》云：'父母有過，下氣怡色，柔聲以諫。諫若不入，起敬起孝，說則復諫。'"《曲禮》曰："子之事親也，三諫而不聽，則號泣而隨之。"言父有非，故須諫之以道，庶免陷於不義也。案：《曾子本孝篇》曰："君子之孝也，以正致諫。"又曰："故孝子之於親也，生則以義輔之。"《立孝篇》曰："微諫不倦，聽從不怠，懽欣忠信，咎故不生，可謂孝矣。"《大孝篇》曰："君子之所謂孝者，先意承志，諭父母以道。"又曰："父母有過，諫而不逆。"《事父母篇》曰："父母之行若中道，則徒。若不中道，則諫。徒而不諫，非孝也。諫而不徒，亦非孝也。"此曾子用《孝經》之義，言爭子之道也。《白虎通·三綱六紀篇》引《孝經》曰："父有爭子，則身不陷於不義。"

《荀子·子道篇》："魯哀公問於孔子曰：'子從父命，孝乎？臣徒君命，貞乎？'三問，孔子不對。孔子趨出，以語子貢曰：'鄉者君問丘也，曰：子徒父命，孝乎？臣徒君命，貞乎？三問而丘不對，賜以爲何知？'子貢曰：'子從父命，孝矣。臣從君命，貞矣。夫子有奚對焉？'孔子曰：'小人哉！賜不識也。昔萬乘之國有爭臣四人，則封疆不削。千乘之國有爭臣三人，則社稷不危。百乘之家有爭臣二人，則宗廟不毀。父有爭子，不行無禮。士有爭友，不爲不義。故子徒父，奚子孝？臣從君，奚臣貞？審其所以從之，之謂孝，之謂貞也。'"《荀子》所言，與此經義同而文略。《家語三恕》則竊取《孝經》也。

故當不義，則子不可以不爭於父，臣不可以不爭於君。 注 君父有不義，臣子不諫諍，則亡國破家之道也。武后《臣軌匡諫章》引"鄭玄①曰"又引經作"諍"。**故當不義則爭之，從父之令又焉得爲孝乎？** 注 委曲從父母，善亦從善，惡亦從惡，而心有隱，豈得爲孝乎？《治要》。《臣軌匡諫章》引"鄭玄②曰：委曲從父母之令，善只爲善，惡只爲惡，又焉得爲孝子也乎？"

疏曰：鄭注云"君父有不義，臣子不諫諍，則亡國破家之道也"者，《孟子》曰："入則無法家拂士，出則無敵國外患者，國恆亡。"《內則》曰："與其得罪於鄉黨州閭，寧熟諫。"是不諫諍則亡國破家之道也。

云"委曲從父母，善亦從善，惡亦從惡，而心有隱，豈得爲孝乎"者，《檀弓》"事親有隱而無犯"，鄭注："隱，謂不稱揚其過失也。無犯，不犯顏而諫。《論語》曰：'事父母，幾諫。'"疏曰："據親有尋常之過，故無犯。如有大惡，亦當犯顏。故《孝經》曰'父有爭子，則身不陷於不義'是也。《論語》曰'事父母，幾諫'，是尋常之諫也。"孔疏分別甚晰，則此注云"有隱"與《檀弓》所云"有隱"似同而實異也。鄭注《內則》云"子從父之令，不可謂孝也"，正用此經義。

感應章第十六

子曰："昔者明王事父孝，故事天明。 注 盡孝於父，則事天明。《治要》。**事母孝，故事地察。** 注 盡孝於母，能事地察其高下，視其分理也。

---

① 皮錫瑞疏本爲"元"字，避諱，現改回"玄"。
② 皮錫瑞疏本爲"元"字，避諱，現改回"玄"。

《治要》。"理"作察，依《釋文》改。**長幼順，故上下治。**[注]卑事於尊，幼事於長，故上下治。《治要》。**天地明察，神明彰矣。**[注]事天能明，事地能察，德合天地，可謂彰矣。《治要》。

疏曰：鄭注云"盡孝於父，則事天明。盡孝於母，能事地。察其高下，視其分理也"者，鄭君注《庶人章》"因天之道，分地之利"，曰"順四時以奉事天道，分別五土，視其高下，此分地之利"，注《三才章》"則天之明，因地之利"，曰"視天四時，無失其早晚也。因地高下，所宜何等"，是鄭解《孝經》所云天地，皆以時行物生、山川高下為言，此注云"高下"、"分理"，正與《庶人》《三才》兩章注義相合，則其解"事天明"亦必以四時為訓，今所傳注文不完也。邢疏引《易說卦》云"乾為天，為父"，是事父之道通於天，"坤為地，為母"，是事母之道通於地。又引《白虎通》云"王者父天母地"，說皆有據，而與鄭君之義未合。明皇注以"敬事宗廟"為說，更非經旨。經於下文乃言宗廟，此事父母，當指生者而言，不必是事死者也。

云"卑事於尊，幼事於長"者，以經但言"長幼順"，未言"幼事長"之義，故以此文補明經旨。經言長幼者，為下"言有兄也"及"孝悌之至"兼言悌而言也。

云"德合天地，可謂彰矣"者，《易》曰："夫大人者，與天地合其德。"《中庸》曰："辟如天地之無不持載，無不覆幬。"此"德合天地"之義。鄭言德合天地，則神明彰。《漢書·郊祀志》曰："明王聖主事天明，事地察。天地明察，神明章矣。天地以王者為主，故聖王制祭天地之禮必於國郊。"亦以"神明彰"承事天、事地言之，與鄭義合。不必如明皇注云"感至誠，降福佑"乃足為彰也。

《繁露·堯舜不擅和湯武不專殺篇》引"《孝經》之語曰：'事父孝，故事天明。'事天與父同禮也。"

故雖天子，必有尊也，言有父也。[注]謂養老也。《禮記·祭義正義》。雖貴為天子，必有所尊。事之若父者，三老是也。《治要》《禮記·祭義正義》《北堂書鈔》原本八十三《養老》。**必有先也，言有兄也。**[注]必有所先，事之若者，五更是也。《治要》。

疏曰：鄭注云"雖貴為天子，必有所尊事之若父者，三老是也。必有所先，事之若兄者，五更是也"者，《白虎通·鄉射篇》曰："王者父事三老、兄事五更者何？欲陳孝弟也德以示天下也。故雖天子，必有尊也，言有父也。必有先也，言有兄也。"是古說以此經為"父事三老、兄事五更"之義，鄭君之所本也。《祭義》曰："至孝近乎王，雖天子，必有父。至弟近乎霸，雖諸侯，必有兄。"鄭注："天子有所父事，諸侯有所兄事，謂若三老、五更也。"疏云："天子、諸侯俱有養老之禮，皆事三老、五更。故《文王世子》注：'三老如賓，五更如介。'但天子尊，故以父事屬之。諸侯卑，故以兄事屬之。"案：天子、諸侯皆養老，故皆有父事、兄事之義。《禮記》

析而舉之，此經專據天子言耳。

《繁露·爲人者天篇》引"雖天子，必有尊也，教以孝也。必有先也，教以弟也。"

宗廟致敬，不忘親也。注設宗廟，四時齊戒以祭之，不忘其親。《治要》。**修身慎行，恐辱先也。**注修身者不敢毀傷，慎行者不履危殆，常恐其辱先也。《治要》。**宗廟致敬，鬼神著矣。**注事生者易，事死者難。聖人慎之，故重其文也。《治要》。

疏曰：鄭注云"設宗廟，四時齊戒以祭之，不忘其親"者，鄭君注《卿大夫章》云"宗，尊也。廟，貌也。親雖亡沒，事之若生，爲作宗廟，四時祭之，若見鬼神之容貌。"又注《紀孝行章》云"齊必變食，居必遷坐，敬忌蹴踖，若親存也"，皆與此注互相發明。

云"修身者不敢毀傷，慎行者不履危殆，常恐其辱先也"者，"不敢毀傷"見《開宗明義章》。《曲禮》曰："爲人子者，不登高，不臨深，不苟訾，不苟笑。"鄭注："爲其近危辱也。"又曰："孝子不服闇，不登危，懼辱親也。"《祭義》曰："壹舉足而不敢忘父母，是故道而不徑，舟而不游，不敢以先父母之遺體行殆。"又曰："不辱其身，不羞其親，可謂孝矣。"此"不履危殆"與"常恐辱先"之義也。

云"事生者易，事死者難。聖人慎之，故重其文也"者，鄭意以爲上言"宗廟致敬"，此複言"宗廟致敬"，祇是一意，乃必重其文者，正以事生者易，事死者難，聖人慎之，故不惜丁寧反復以申明之。《孟子》曰："養生者不足以當大事，惟送死可以當大事。"此事死難於事生之證也。邢疏云："上言'宗廟致敬'，謂天子尊諸父，先諸兄，致敬祖考，不敢忘其親。此言'宗廟致敬'，述天子致敬宗廟，能感鬼神。雖同稱'致敬'，而各有所屬也。舊注以爲'事生者易，事死者難。聖人慎之，故重其文'，今不取也。"邢所云"舊注"即鄭注，其所以不敢鄭義者，由於解上文"天子必有尊也"四句不從鄭義，以爲三老、五更，乃解爲"尊諸父，先諸兄"，即在宗廟之中，上言"宗廟致敬"爲敬祖考之胤，此言"宗廟致敬"爲感鬼神之歆。其説非也。

《吕氏春秋·孟秋紀注》引"《孝經》曰：四時祭祀，不忘親也"，高誘兼引下章"春、秋祭祀"之義而約舉之，又《孝行覽》注引"修身慎行"二句。

孝悌之至，通於神明，光於《治要》作"于"，各本同。今依石臺本。**四海，無所不通。**注孝至於天，則風雨時。孝至於地，則萬物成。孝至於人，則重譯來貢。故無所不通也。《治要》。《詩》云："自西自東，自南自北，無思不服。"注義取孝道流行，莫不被義從化也。嚴可均曰："《治要》作'孝道流行，莫敢不服'，蓋有刪改。今依明皇注。《正義》云：'此依注也。'明皇作‘莫不服’，今依《釋文》作‘莫不被’。"

疏曰：鄭注云"孝至於天，則風雨時。孝至於地，則萬物成"者，鄭君注《孝治章》"災害不生"，曰"風雨順時，百穀成孰"，此云"風雨時"、"萬物成"以爲孝至天下之應，與《孝治章》注同。鄭解此經天地多以四時、百物言之，此釋經之"通於神明"也。

云"孝至於人，則重譯來貢"者，鄭君注《聖治章》"四海之内，各以其職來助祭"，曰"周公行孝於朝，越裳重譯來貢"，此與《聖治章》注同意，以釋經之"光於四海"也。《堯典》"光被四海"，《傳》曰："光，充也。"孔傳解"光"爲"充"，原本古義。"光被"，今文《尚書》作"橫被"，見《漢書·王裦王莽傳》《後漢書·馮異張衡傳》等處"光"、"橫"古同聲通用，皆是"充"、"廣"之義。《祭義》曰："夫孝，置之而塞乎天地，溥之而横乎四海。"經云"通於神明"，鄭注解"神明"爲"天地"，即《祭義》之"塞乎天地"也。經云"光於四海"，即《祭義》之"横乎四海"也。經云"孝悌之至"，注專言孝，舉其重者耳。《尚書大傳·略説》曰："天子重鄉養，卜筮、巫醫御於前，祝咽祝哽以食，乘車輶輪，胥與就膳，徹，送至於家，君如欲有問，明日就其室，以珍從，而孝弟之義達於四海。"《略説》言達四海，承養老言之，與鄭説合。

云"義取孝道流行，莫不被義從化也"者，鄭君箋《詩》云："自，由也。武王於鎬京行辟雍之禮，自四方來觀者皆感化其德，心無不歸服者。"疏曰："既言辟雍，即言四方皆服，明由在辟雍行禮，見其行禮，感其德化，故無不歸服也。辟雍之禮，謂養老以教孝悌也。"案：孔疏以《詩》言四方皆服爲感，辟雍養老教孝悌之德化，甚得《詩》旨，即可得《孝經》與注之旨。鄭君又箋《詩·泮水》云："辟雍者，築土雝水之外，圓如璧，四方來觀者均也。"蓋惟四方來觀者均，是以東西南北無不被義從化。《御覽》引《新論》曰："王者作圓池，如璧形，實水其中，以圜壅之，故曰辟雍。言其上承天地，以班政令，流轉王道，終而復始。"《白虎通·辟雍篇》曰："辟者，璧也，象璧圓以法天也。雍者，壅之以水，象教化流行也。"皆與鄭合。《續漢志》注引《月令記》曰："水環四周，言王者動作法天地，德廣及四海，方此水也，名曰辟雍。"班固《東都賦》曰："辟雍海流，道德之富。"是辟雍水環四面，兼取象於四海水流。《祭義》言"夫孝，置之而塞乎天地，溥之而横乎四海"，即繼之曰："推而放諸東海而準，推而放諸西海而準，推而放諸南海而準，推而放諸北海而準。"《曾子·大孝章》文與《祭義》同，下引"《詩》云：‘自西自東，自南自北，無思不服。’此之謂也。"是東西南北可指東西南北四海而言，此經於"通於神明，光於四海"之下，亦即引此詩以證。然則東西南北四方無不服，亦可云東西南北四海無不服矣。蔡邕《明堂月令論》曰："取其堂，則曰明堂。取其四門之學，則曰太學。取其四面周水，圓如璧，則曰辟雍。《易傳·太初篇》曰：‘太子旦入東學，晝入南學，莫入西學。當作"晡入西學，莫入北學"。在中央曰太學，天子之所自學也。'《禮記·保傅篇》曰：'帝入東學，上親而貴仁。入西學，上賢而貴德。入南學，上齒而貴信。入北學，上貴而尊爵。入太學，承師而問道。'與《易傳》同。魏文侯《孝經傳》曰：'太學者，中學明堂之位也。'《禮記·古大明堂之禮》曰：'膳夫是相禮，日中出南闈，見九侯門子；日側出西闈，視五國之事；日闇出北闈，視帝節猶。'"

《爾雅》曰："宮中之門謂之闈。"《王居名堂之禮》又別陰陽門，南門稱門，西門稱闈。故《周官》有門闈之學，師氏教以三德，守王門；保氏教以六藝，守王闈。然則師氏居東門、南門，保氏居西門、北門也。知掌教國子，與《易傳》《保傅》《王居名堂之禮》參相發明，爲學四焉。《禮記》曰："祀乎明堂，所以教諸侯之孝也。"《孝經》曰："孝悌之至，通於神明，光於四海，無所不通。《詩》云：自西自東，自南自北，無思不服。"言行孝者則曰明堂，行悌者則曰太學，故《孝經》合以爲一義，而稱鎬京之詩以明之。凡此皆明堂、辟雍、太學爲一，見《聖治章》。蔡氏引此經以明之，與鄭君説少異。鄭以辟雍、太學爲一，不以辟雍、太學與明堂爲一。漢立明堂、辟雍、靈臺，分三處，謂之三雍。《後漢紀》注引《漢官儀》曰："辟雍去明堂三百步。"鄭君以漢制説古制，故疑不在一處，然按之經義，蔡説近是。《學記》曰："家有塾。"《尚書大傳》曰："距冬至四十五日，始出學傳農事，上老平明坐於右塾，庶老坐於左塾。"是古人教學在門堂之塾。明堂有四門，四門又有四學，四學即在四門之堂。《詩》云"東西南北"，可以四門、四學解之，即蔡氏所云東門、西門、南門、北門，與東學、西學、南學、北學也。辟雍四面有水，取四方來觀者均，然則辟雍即成均與？惠棟《明堂大道錄》云："明堂四門之外有四學，總名曰辟雍。《文王有聲》曰：'鎬京辟廱，自西自東，自南自北，無思不服。'此西、東、南、北即指四門。"惠氏引此詩以證明堂四門，其說明通，然未知四學在四門之塾，而以爲四門之外，義猶未塙。《聖治章》言嚴父配天之義，即引明堂配帝之文。明堂以祀天爲最重，故曰明堂，取神明之義。桓譚《新論》曰："天稱明，故命曰明堂。"此經言"昔者明王事父孝，故事天明"，其義亦可通於明堂。以明堂與辟雍、太學爲一。其説信可據矣。

事君章第十七

子曰："君子之事上也。<u>注</u>上陳諫諍之義畢，欲見。《釋文》。下闕。進思盡忠，<u>注</u>死君之難，爲盡忠。《釋文》《文選·曹子建三良詩》注。退思補過。

疏曰：鄭注不全，其意蓋謂上章惟陳諍諫之義，未及盡言事君之道，故於此章見之也。"進思"二句，注亦不全。邢疏曰："按舊注，韋昭云'退歸私室，則思補其身過'，以《禮記·少儀》曰'朝廷曰退，燕遊曰歸'，《左傳》引詩'退食自公'，杜預注'臣自公門而退入私門，無不順禮'，室猶家也。謂退朝理公事畢而還家之時，則當思慮以補身之過。故《國語》曰：'士朝而受業，晝而講貫，夕而習復，夜而計過，無憾而後即安。'言若有憾則不能安，是思自補也。按《左傳》晉荀林父爲楚所敗，歸請死於晉侯，晉侯許之。士渥濁諫曰：'林父之事君也，進思盡忠，退思補過。'晉侯赦之，使復其位。是其義也。文意正與此同，故注依次傳文而釋之。今云'君有過則思補益'，出《制旨》也。"據邢疏，則以"補過"屬君之過，始於明皇之注。案：《左傳疏》曰："《孝經》有此二句。孔安國云：'進見於君，則必竭其忠貞之節，以圖國事，直道正辭，有犯無隱。退還所職，思其事宜，獻可替否，以補正過。'此孔意'進'謂見君，'退'謂還私職也。"然則明皇之注本於孔傳，亦非意造，但不如舊注之安。鄭君注《聖治章》"進退可度"，云"難進而盡忠，易退而補過"，是鄭以"補過"爲"補身過"，與舊注同。云"死君之難爲盡忠"者，《公羊》莊二十六年傳："曷爲衆殺之？不死于曹君者也。"何氏《解詁》曰："曹諸大夫與君皆敵戎戰，曹伯爲戎所殺，諸大夫不伏節死義，獨退求生，後嗣子立而誅之。《春秋》以爲得其罪，故衆略之不名。"是《春秋》之義，臣當死君之難。《左氏傳》曰："君爲社稷死，則死之。"其書殉君難者，皆以"死之"爲文。此死君難爲"盡忠"之義也。

《白虎通・諫諍篇》引"事君，進思盡忠，退思補過。"《史記・管晏列傳》亦引之。

將順其美，注善則稱君。《臣軌・公正章》注引"鄭玄①曰"。**匡救其惡，**注過則稱己也。《臣軌・公正章》注引"鄭玄②曰"。**故上下能相親也。**注君臣同心，故能相親。《治要》。**《詩》云：'心乎愛矣，遐不謂矣。中心臧之，何日忘之？'"**嚴本作"藏"。錫瑞案：鄭君《詩箋》作"臧"，其所據本作"臧"，今改正。

疏曰：鄭注云"善則稱君，過則稱己也"者，用《坊記》文。

云"君臣同心，故能相親"者，《白虎通・諫諍篇》曰："所以爲君隱惡何？君至尊，故設輔弼，置諫官，本不當有遺失。《論語》曰：'陳司敗問：昭公知禮乎？孔子曰：知禮。此爲君隱也。故《孝經》曰：'將順其美，匡救其惡，故上下能相親也。'"《白虎通》引此經爲"爲君隱惡"之證。與鄭云"過則稱己"義合。《史記・管晏列》傳亦引之。

此經引《詩》鄭注不傳。鄭箋《隰桑》詩云："遐，遠，謂，勤。藏，善也。我心愛此君子，君子雖遠在野，豈能不勤思之乎？宜思之也。我心善此君子，又誠不能忘也。孔子曰：'愛之能勿勞乎？忠焉能勿誨乎？'"鄭訓"臧"爲"善"，是鄭所據本作"臧"，鄭本《孝經》亦當作"臧"，不作"藏"也。鄭訓"謂"爲"勤"。本

---

① 皮錫瑞疏本爲"元"字，避諱，現改回"玄"。
② 皮錫瑞疏本爲"元"字，避諱，現改回"玄"。

《釋詁》文。《詩摽有梅》"迨其謂之"，箋亦訓爲"勤"。"勤"與"勞"義近，故引《論語》之文。愛勞、忠誨是一義，古義以爲人臣盡忠納誠。《白虎通·諫諍篇》曰："臣所以有諫君之義何？書忠納誠也。《論語》曰：'愛之能勿勞乎？忠焉能勿誨乎？'"下引《孝經·諫爭章》文，蓋用《魯詩》之義。鄭云"上陳諫諍之義"，則此章本與《諫爭章》相通，故引此詩以爲人臣愛君當諫之證。鄭君《詩箋》與《白虎通》義可互相證明也。

喪親章第十八

子曰："孝子之喪親也， 注 生事已畢，死事未見，故發此章。明皇注。《正義》云："此依鄭注也。"俗本"章"字作"事"，誤。**哭不偯，** 注 氣竭而息，聲不委曲。明皇注。《正義》云："此依鄭注也。" **禮無容，言不文，** 注 父母之喪，不爲趨、翔，唯而不對也。《北堂書鈔》原本九十三《居喪》。陳本《書鈔》九十三引《孝經》鄭注云"禮無容，觸地無容。言不文，不爲文飾"，與明皇注同。**服美不安，** 注 去文繡，衣衰服也。《釋文》。**聞樂不樂，** 注 悲哀在心，故不樂也。明皇注。《正義》云："此依鄭注也。" **食旨不甘。** 注 不嘗鹹酸而食粥。《釋文》。**此哀感之情也。**

疏曰：《白虎通·崩薨篇》曰："生者哀痛之，亦稱喪。《孝經》曰：'孝子之喪親也。'是施生者也。"鄭注云"生事已畢，死事未見"者，邢疏云："生事，謂上十七章。説生事之禮已畢，其死事經則未見，故又發此章以言也。"

云"氣竭而息，聲不委曲"者，邢疏云："《禮記·閒傳》曰：'斬衰之哭，若往而不反。齊衰之哭，若往而反。'此注據斬衰而言之，是氣竭而後止息。又曰：'大功之哭，三曲而偯。'鄭注云：'三曲，一舉聲而三折也。偯，聲余從容也。'是偯爲聲餘委曲也。斬衰則不偯，故云聲不委曲也。"阮福曰："更有《雜記》'童子哭不偯'，言童子不知禮節，但知遂聲直哭，不能知哭之當偯不當偯，故云'哭不偯'，正與此處經文'哭不偯'同。又云：'曾申問於曾子曰：哭父母有常聲乎？曰：中路嬰兒失其母焉，何常聲之有？'鄭注：'言其若小兒亡母號啼，安得常聲乎？'所謂'哭不偯'。以此二證推之，益可知孝子之哭親，悲痛急切之時，自是如童子、嬰兒之哭不偯，不作委曲之聲，且可見曾子答曾申之言實受之孔子，即《孝經》'哭不偯'之義也。《説文》云：偯，痛聲也，從心，依聲。《孝經》曰：'哭不偯。'此'偯'字之義與'偯'同。"

云"父母之喪，不爲趨、翔，唯而不對"者，《曲禮》曰："帷薄之外不趨。"鄭注："不見尊者，行自由，不爲容也。入則容。行而張足曰趨。"又曰："堂上不趨。"鄭注："爲其迫也。堂下則趨。"又曰："執玉不趨。"鄭注："志重玉也。"又曰："室中不翔。"鄭注："又爲其迫也。行而張拱曰翔。"又曰："父母有疾，行不翔。"鄭

注：“憂不爲容也。”然則行而張足之趨，行而張拱之翔，皆所以爲容。不爲容，則不趨、翔。父母有疾，行不翔。父母之喪，不趨、翔更可知。《雜記下》曰：“三年之喪，言而不語，對而不問。”《閒傳》曰：“斬衰唯而不對。”《喪服四制》曰：“三年之喪，君不言。《書》云：'高宗諒闇，三年不言。'此之謂也。然而曰'言不文'者，謂臣下也。”鄭注：“'言不文'者，謂喪事辨不，所當共也。《孝經説》曰：'言不文'者，指士民也。'"又曰：“禮，斬衰之喪，唯而不對。”鄭注：“此謂與賓客也。唯而不對，侑者爲之應耳。”

云“去文繡，衣衰服”者，《儀禮·士喪既夕記》：“乃卒。主人啼，兄弟哭。”鄭注：“於是始去冠而笄纚，服深衣。《檀弓》曰：'始死，羔裘、玄冠者易之。'”疏曰：“知'於是始去冠而笄纚，服深衣'者，《禮記·問喪》云：'親始死，雞斯，徒跣，扱上衽。'注云：'雞斯，當云笄纚。上衽，深衣之裳前。'是其親始死笄纚，服深衣也。引《檀弓》者，證服深衣，易去朝服之事也。”《記》又曰：“既殯，主人説髦。三日，絞垂。冠六升，外縪，纓條屬，厭。衰三升。履外納。”鄭注：“成服日。絞，要絰之散垂者。是親始死，以深衣易羔裘而去冠，三日成服乃衣衰服也。《儀禮·喪服》曰：“喪服：斬衰裳，苴絰、杖、絞帶，冠繩纓，菅履。”鄭注《檀弓》云衰絰之制，以絰表孝子忠實之心，衰明孝子有衰摧之義。《白虎通·喪服篇》曰：“喪禮必制衰麻何？以副意也。服以飾情，情貌相配，中外相應。故吉凶不同服，歌哭不同聲，所以表中誠也。”《釋名·釋喪制》云：“三日不生，生者成服，曰衰。衰，摧也，言傷摧也。”皆與鄭合。

云“悲哀在心，故不樂也”者，邢疏云：“言至痛中發，悲哀在心，雖聞樂聲，不爲樂也。”云“不嘗鹹酸而食粥”者，《儀禮·喪服》曰：“歠粥，朝一溢米，夕一溢米。既虞，食疏食，水飲。既練，始食菜果，飯素食。”《喪大記》：“君之喪，子、大夫、公子、衆士，皆三日不食。子、大夫、公子食粥，納財，朝一溢米，莫一溢米，食之無算。大夫之喪，主人、室老、子姓皆食粥。士亦如之。既葬，主人疏食，水飲。練而食菜果，祥而食肉。食粥于盛，不盥，食於簠者盥。食菜以醯、醬。始食肉者，先食乾肉。始飲酒者，先飲醴酒。”

疏云：“'始食肉者，先食乾肉。始飲酒者，先飲醴酒'，文承既祥之下，謂祥後也。然《閒傳》曰：父母之喪，大祥有醯、醬，禫而飲醴酒。二文不同。文庾氏云：'蓋記者所聞之異。大祥既鼓琴，亦可食乾肉矣。食菜用醯、醬，於情爲安，且既祥食果，則食醯、醬無嫌矣。'熊氏云：'此據病而不能食者，練而食醯、醬，祥而飲酒也。'”據《喪大記》《閒傳》，有練而食醯、醬，祥而食醯、醬，二説不同，然歠粥時要不得用醯、醬，故曰“不當鹹酸”也。《禮記·問喪》曰：“痛疾在心，故口不甘味，身不安美也。”

三日而食，教民無以死傷生，毁不滅性。注 毁瘠羸痩，孝子有之。《文選·宋貴妃誄》注。**此聖人之政也。喪不過三年，示民有終也。**注 三年之喪，天下達也。明皇注。《正義》云："此依鄭注也。"不肖者企而及之，賢者俯而就之。再期。《釋文》。下闋。嚴可均曰："蓋引《喪服小記》'再期之喪，三年也。'"錫瑞案：鄭君不以再期爲三年，嚴説未覈。

疏曰：邢疏曰："《禮記·問喪》云'親始死，傷腎，乾肝，焦肺，水漿不入口三日'，又《閒傳》稱'斬衰三日不食'，此云三日而食者何？劉炫言三日之後乃食，皆謂滿三日則食也。"鄭注云"毀瘠羸疲，孝子有之"者，《曲禮》曰："居喪之禮，毀瘠不形。"鄭注："爲其廢喪事。形，謂骨見。"疏云："'毀瘠不形'者，毀瘠，羸疲也。形，骨露也。骨爲人形之主，故謂骨爲形也。居喪乃許羸疲，不許骨露見也。"又曰："居喪之禮，頭有創則沐，身有瘍則浴，有疾則飲酒食肉。疾止，復初。不勝喪，乃比於不慈不孝。"鄭注："勝，任也。"疏云："不勝喪，謂疾不食酒肉，創瘍不沐浴，毀而滅性者也。不留身繼世，是不慈也。滅性又是違親生時之意，故云不孝。不云'同'而云'比'者，此滅性本心實非爲不孝。故言'比'也。"《檀弓》曰："毀不危身，爲無後也。"鄭注："謂憔悴將滅性。"《雜記》曰："毀而死，君子謂之無子。"鄭注："毀而死，是不重親。"

云"三年之喪，天下達禮。不肖者企而及之，賢者俯而就之"者，邢疏曰："《禮記·三年問》云：'夫三年之喪，天下之達喪也。鄭玄[1]云：'達，謂自天子至於庶人。'注與彼同，唯改'喪'爲'禮'耳。《喪服四制》曰：'此喪之所以三年，賢者不得過，不肖者不得不及。'《檀弓》曰：'先王之制禮也，過之者俯而就之，不至焉者跂而及之。'注引彼二文，欲擧中爲節也。起踵曰企，俛首曰俯。"案：明皇注依鄭義。邢疏解注亦明，而云"聖人雖以三年爲文，其實二十五月"，則與鄭義不合。《儀禮·士虞禮》曰："又朞而大祥，中月而禫。"鄭注："中，猶閒也。禫，祭名也，與大祥閒一月。自喪至此，凡二十七月。"《鄭志》答趙商云："祥，謂大祥，二十五月。是月禫，謂二十七月，非謂上祥之月也。"《檀弓》疏云："其祥、禫之月，先儒不同。王肅以二十五月大祥，其月爲禫，二十六月作樂。所以然者，以下云'祥而縞，是月禫，徙月樂'，又與上文'魯人朝祥而莫歌，孔子云踰月則其善'，是皆祥之後月作樂也。又《閒傳》云：'三年之喪，二十五月而畢'，而《士虞禮》'中月而禫'，是祥月之中也，與《尚書》'文王中身享國'謂身之中閒同。又文公二年冬'公子遂如齊納幣'，是僖公之喪至此二十六月。《左氏》云：'納幣，禮也。'故王肅以二十五月禫除喪畢，而鄭康成則二十五月大祥，二十七月而禫，二十八月而作樂，復平常。鄭必以爲二十七月禫者，以《雜記》云：'父在爲母、爲妻，十三月大祥，十五月禫。'爲母、爲妻尚祥、禫異月，豈容三年之喪乃祥、禫同月？若以父在爲母，屈而不申，故延禫月，其爲妻，當亦不申，祥、禫異月乎？若以中月而禫爲月之中閒，應云'月中而禫'，何以言'中月'乎？《喪服小記》云"妾附於妾祖姑，亡則

---

[1] 皮錫瑞疏本爲"元"字，避諱，現改回"玄"。

一以上而祔'，又《學記》云'中年考校'，皆以'中'爲'間'，謂間隔一年，故以'中月'爲間隔一月也。戴德《喪服變除禮》'二十五月大祥，二十七月而禫'，故鄭依而用焉。"案：據孔疏，則二十五月畢喪乃王肅說，鄭君原本《大戴》，以爲二十七月而禫，其義最精。鄭此注不完，當云"再期大祥，中月而禫。"邢疏用王肅義，非也。

爲之棺槨、衣衾而舉之， 注 周尸爲棺，周棺爲槨。明皇注。《正義》云此依鄭注也。衾謂單，嚴可均曰："當有'被'字。"可以亢尸而起也。《釋文》。

陳其簠簋而哀慼之， 注 簠簋，祭器，受一斗二升。方曰簠，圜曰簋，盛黍、稷、稻、粱器。陳奠素器而不見親，故哀之也。陳本《北堂書鈔》八十九引《孝經》鄭注。嚴氏據《書鈔》原本殘闕，有"内圓外方曰簠"六字。嚴可均曰："按：當有'外圓内方曰簠'六字，闕。《儀禮・少牢饋食》疏各引半句，今合輯之。又《考工・記旊人》疏引'内圓外方'者。按：鄭注《地官・舍人》云'方曰簠，圓曰簋'，就内言之，未盡其詞。唯《儀禮・聘禮》釋文'外圓内方曰簠，内圓外方曰簋'，形制具備。"錫瑞案：嚴氏過信《書鈔》原本，原本有誤，說見疏中。陳本與原本異者，多與明皇注同。邢疏不云依鄭注，則陳本亦難信。此條與鄭義合，勝原本，故據之。《御覽》七百五十九《器物》四引《孝經》曰："陳其簠簋。"鄭玄①曰："方曰簠，圓曰簋"，與陳本《書鈔》所引合。葉德輝曰："《舍人》注疏云：'方曰簠，圓曰簋'，皆據外而言。按《孝經注》云内圓外方、受斗二升者，直據簠而言。若簋，則内方外圓。據此，則賈疏所據本似云'内圓外方曰簠'，而簋不釋，故疏引申之。"賈雖不云鄭注，玩其詞意，似引鄭證，鄭葉說是也。

疏曰：鄭注云"周尸爲棺，周棺爲槨"者，邢疏曰："《檀弓》稱：'葬也者，藏也。藏也者，欲人之弗得見也。是故衣足以飾身，棺周於衣，槨周於棺，土周於槨。'注約彼文，故言'周尸爲棺，周棺爲槨'也。"案：《士喪禮》曰："棺入，主人不哭。升棺用軸，蓋在下。"又曰："主人奉尸斂於棺，踊如初，乃蓋。"鄭注："棺在肂中，斂尸焉，所謂殯也。"又曰："既井槨，主人西面拜王，左還槨，反位，哭，不踊。婦人哭於堂。"鄭注："匠人爲槨，刊治其材，以井構於殯門外也。"《檀弓》曰："殷人棺槨。"鄭注："槨，大也。以木爲之，言槨大於棺也。殷人尚梓。"《喪大記》曰："君松槨，大夫柏槨，士雜木槨。"鄭注："槨，謂周棺者也。"《白虎通・喪服篇》曰："所以有棺槨何？所以掩藏形惡也，不欲令孝子見其毀壞也。棺之爲言完，所以藏尸，令完全也。槨之爲言廓，所以開廓辟土，令無迫棺也。"

云"衾謂單被，可以亢尸而起也"者，《士喪禮》陳小斂衣曰："厥明，陳衣于房，南領，西上，綪。絞橫三、縮一，廣於幅，析其末。緇衾，赬裏，無紞。"鄭注：

---

① 皮錫瑞疏本爲"元"字，避諱，現改回"玄"。

"紘，被識也。斂衣或倒，被無別於前後可也。凡衾，制同，皆五幅也。"

疏"云'凡衾，制同，皆五幅也'者，此無正文。《喪大記》云：'給五幅，無紘。'衾是給之類，故知亦五幅。"又陳大斂衣曰："厥明，滅燎。陳衣于房，南領，西上，綪。絞，給，衾二。君襚，祭服，散衣，庶襚，凡三十稱。給不在算，不必盡用。"鄭注："給，單被也。衾二者，始死斂衾，今又復制也。小斂衣數，自天子達，大斂則異矣。《喪大記》曰：'大斂：布絞，縮者三，橫者五。'"

疏"云'給不在算'者，案《喪大記》'給五幅，無紘'，鄭云今之單被也。以其不成稱，故不在數內。云'衾二者，始死斂衾，今又復制'者，此大斂之衾二。始死，憮用斂衾，以小斂之衾當陳之，故用大斂衾。小斂已後，用夷衾覆尸。故知更制一衾，乃得二也。云'小斂衣數，自天子達'者，案：《喪大記》君大夫小斂已下，同云十九稱。則天子亦十九稱。注云：'十九稱，法天地之終數也。'云'大斂則異矣'者，案此文，《士喪》大斂三十稱，《喪大記》士三十稱，大夫五十稱，君百稱。不依命數，是亦喪數略，則上下之大夫及五等諸侯各同一節，則天子宜百二十稱。此鄭雖不言襲之衣數，案《雜記》注云：'士襲三稱，大夫五稱，公九稱，諸侯七稱，天子十二稱與?'以其無文，推約爲義，故云'與'以疑之。"《喪服大記》曰："大斂：布絞，縮者三，橫者五。布給，二衾。君、大夫、士一也。君陳衣于庭，百稱，北領，西上。大夫陳衣于序東，五十稱，西領，南上。士陳衣于序東，三十稱，西領，南上。絞、給如朝服。絞一副爲三，不辟。給五幅，無紘。"鄭注："二衾者，或覆之，或薦之。如朝服者，謂布精麤，朝服十五升。小斂之絞也，廣終幅，析其末，以爲堅之強也。大斂之絞，一副三析用之，以爲堅之急也。紘，以組類爲之，綴之領側，若今被識矣。生時襌被有識，死者去之，異於生也。《士喪禮》大斂亦陳衣於房中，南領，西上，與大夫異。今此文同，蓋亦天子之士。"疏云："'布給'者，皇氏云：'給，襌被也。取置絞束之下，擬用以舉尸也。《孝經》云衣衾而舉之是也。'今案：經云給在絞後，給或當在絞上，以絞束之。且君衣百稱，又通小斂與襲之衣，非單給所能舉也。又《孝經》云'衾'，不云'給'，皇氏之說未善也。"案：鄭君解衣衾之制，詳于《儀禮》《禮記》之注。此注以"衾"爲單被，可以冂尸而起者，與注《禮》云"給，今之單被"正同，是鄭君以此經所云"衾"，即《禮》所云"給"，賈疏云衾是給之類是也。皇氏云"給，單被"，正用鄭義，引《孝經》爲證，與鄭注正合。孔疏乃以《孝經》云"衾"不云"給"爲疑，且疑君衣百稱，非單給所能舉，殊失之泥。

云"簠簋，祭器，受一斗二升"者，《周禮·舍人》"凡祭祀，共簠簋"，鄭注："方曰簠，圓曰簋"，盛黍、稷、稻、粱器。疏："曰'方曰簠，圓曰簋'，皆據外而言。案：《孝經》云'陳其簠簋'注云'內圓外方，受斗二升'者，直據簠而言。若簋，則內方外圓。知皆受斗二升者，《旅人》云'爲簋，實一觳'，'豆實三而成觳'，'豆四升，三豆則斗二升可知。但外神用瓦簋，宗廟當用木，故《易損卦》云'二簋可用享'。《損卦》以離、巽爲之。離爲日，日圓。巽爲木，木器圓，簋象，是用木明矣。云'盛黍、稷、稻、粱器'者，《公食大夫》簠盛稻、粱，簋盛黍、稷，故鄭總云黍、稷、稻、粱器也。"又《旅人》"爲簋，實一觳，崇尺，厚半寸，脣寸。豆實三而成觳，崇尺。"鄭注："崇，高也。豆實四升"。疏曰："注云'豆實四升'者，晏子辭。按：《易·損卦象》云：'二簋可用享。'四，以簋進黍、稷於神也。初與二直，其四與五承上，故用二簋。四，巽爻也，巽爲木。五，離爻也，離爲日。日體圜。木器而圜，簋象也。是以知以木爲之，宗廟用之。若祭天地、外神等，則用瓦簋。若然，簋法圓。《舍人》注云：'方曰簠，圓曰簋。'注與此合。《孝經》云'陳其簠簋'，注云'内圓外方'者，彼據簠而言之。"按：賈氏兩處之疏解鄭義甚明。

云"方曰簠，圓曰簋，據外而言"，是鄭義以爲外方內圓曰簠，外圓內方曰簋矣。引《孝注經》云內圓外方，據簠而言，若簋則內方外圓，又引《易注》以證簋爲圜象，其義猶明。《聘禮》"夫人使下大夫勞以二竹簋方"，鄭注："竹簋方者，器名也，以竹爲之，狀如簋而方，如今寒具筥。筥者也圜，此方耳。"疏曰："凡簋皆用木而圓，受斗二升。此則用竹而方，故云'如簋而方'。受斗二升則同。筥圓此方者，方圓不同，爲異也。"按：此注、疏甚晰。鄭意以簋本圓而此獨方，故別白之，曰"狀如簋而方"，正與"筥者圜，此方"同意。賈疏亦得鄭意。乃《釋文》從誤本作"簠"，不從或本作"簋"，所引"外圓內方曰簠，內圓外方曰簋"，不知誰氏之説，與鄭義正相反。阮氏《校勘記》辨《釋文》之誤，最塙。原本《北堂書鈔》所引，與《釋文》同誤，鄭義并不若是。嚴氏知與鄭《舍人》注不合，強云"就内言之"，不知賈疏明云"皆據外而言"。凡器雖有外方内圓之不同，總當以見於外而一望而知者爲定，嚴説非是。《詩·權輿》釋文云"內圓外方曰簠，內方外圓曰簋"，不誤。聶崇義《三禮圖》舊圖云：内方外圓曰簠，外方內圓曰簋。舊圖與《權輿》釋文合，亦用鄭義。許氏《説文》曰："簠，黍、稷方器也。簋，黍、稷圜器也。"與鄭不同。

云"陳奠素器而不見親，故哀之"者，邢疏云："《檀弓》云：'奠以素器，以生者有哀素之心也。'又案陳簠簋在'衣衾'之下，'哀以送'之上，舊説以爲大斂祭，是不見親，故哀感也。"舊説以爲大斂祭，與鄭説以衾爲大斂之衿合。《白虎通·宗廟篇》曰："祭所以有尸者何？仰視榱桷，俯視几筵，其器存，其人亡，虛無寂寞，思慕哀傷，無可寫泄，故座尸而食之。"大斂尚未立尸，然亦可借證陳奠素器、哀不見親之意。

擗踴哭泣，哀以送之，注啼號竭盡也。《釋文》。**卜其宅兆而安厝之，**注宅，葬地。兆，吉兆也。葬事大，故卜之，慎之至也。《北堂書鈔》原本九十二葬。嚴可均曰："按：《周禮小宗伯》疏引此注'兆'以爲'龜兆'釋之，是賈公彥申説，非原文也。"陳本作"宅，墓穴也。兆，塋域也。葬事大，故卜之"，與明皇注同。**爲之宗廟以鬼享之，**《正義》引舊解云："宗，尊也。廟，貌也。言祭宗廟，見先祖之尊貌也。"嚴可均曰："蓋亦鄭注，已載《卿大夫章》，但彼稍詳耳。孔傳亦云：'宗，尊也。廟，貌也。'兩文相同，未便指名，故稱爲舊解也。"**春秋祭祀以時思之。**注四時變易，物有成孰，將欲食之，故薦先祖，念之若生，不忘親也。《北堂書鈔》原本八十八《祭祀總》。《御覽》五百二十五。陳本云"寒暑變移，益用增感，以時祭祀，展其孝思也"，與明皇注同。

疏曰：鄭注云"啼號竭盡也"者，《禮記·問喪》曰："動尸舉柩，哭踊無數。惻怛之心，痛疾之意，悲哀志懣氣盛，故袒而踊之，所以動體、安心、下氣也。婦人不宜袒，故發胷、擊心、爵踊，殷殷田田，如壞牆然，悲哀痛疾之至也。故曰：'辟踊哭泣，哀以送之。'送形而往，迎精而反也。"鄭注："'故袒而踊之'，言聖人制法，故使之然也。爵踊，足不絕地。辟，拊心也。'哀以送之'，謂葬時也。迎其精神而反，謂反哭及日中而虞也。"又曰："其往送也，望望然，汲汲然，如有追而弗及也。其反哭也，皇皇然，若有求而弗得也。故其往送也如慕，其反也如疑。求而無所得之也，入門而弗得見也，上堂又弗得見也，入室又弗得見也。亡矣喪矣，不可複見已矣。故哭泣辟踊，盡哀而止矣。"鄭注："説反哭之義也。"據《問喪》明引此經，則"辟踊哭泣"專屬送葬。鄭云"啼號竭盡"，亦當屬送葬言。《既夕禮》"乃代哭如初"，鄭注："棺椁有時將去，不忍絕聲也。""不絕聲"即"啼號竭盡"之義。《既夕禮》曰："主人袒，乃行，踊無筭。"鄭注："乃行，謂柩車行也。"又曰："乃窆，主人哭，踊無筭。"哀莫哀於送死，故經云"辟踊哭泣"屬送葬言，舉其重者也。

云"宅，葬地。兆，吉兆也"者，《周禮·小宗伯》："卜葬兆，甫竁，亦如之。"鄭注："兆，墓塋域。甫，始也。"疏曰："《孝經》云'卜其宅兆'，注'兆'以爲'龜兆'解之。此兆爲墓塋兆者，彼此義得兩合，相兼乃具，故注各據一邊而言也。"《士喪禮》曰："筮宅，冢人營之。掘四隅，外其壤。掘中，南其壤。既朝哭，主人皆往，兆南北面，免絰。"鄭注："宅，葬居也。兆，域也，所營之處。"又曰："命筮者在主人之右。筮者東面，抽上韇，兼執之，南面受命。命曰：'哀子某，某，爲其父某甫筮宅。度茲幽宅兆基，無有後艱？'"鄭注："宅，居也。度，謀也。茲，此也。基，始也。言爲其父筮葬居，今謀此以爲幽冥居兆域之始，得無後將有艱難乎？艱難，謂有非常，若崩壞也。《孝經》曰：'卜其宅兆而安厝之。'"疏曰："引《孝經》'卜其宅兆'者，證'宅'爲葬居。又見上大夫以上，卜而不筮，故《雜記》云'大夫卜宅與葬日'，下文云'如筮，則史練冠'，鄭注云'謂下大夫若士也'，則卜者謂上大夫。上大夫卜，則天子、諸侯亦卜可知也。但此注'兆'爲'域'，彼注'兆'爲'吉兆'，不同者，以其《周禮》大卜掌三兆，有玉兆、瓦兆、原兆，《孝經注》亦云'兆，塋域'，此文主人皆往兆南北面，兆爲塋域之處，義得兩全，故鄭注兩解俱得合義。"阮氏《校勘記》："《孝經注》亦云：'兆，塋域。'陳、閩俱脱'孝'字，'注'字。按：陳、閩固誤，然上文云'此注兆爲域，彼注兆爲吉兆'，彼注者，謂《孝經注》也，豈鄭解《孝經》'兆'字有二説欤？"唐御注《孝經》曰：

"'兆，塋域也'，邢疏以爲依孔傳，則似非鄭義。"錫瑞案：《校勘記》之説是也。賈疏明引鄭注"兆"爲"吉兆"，《周禮疏》又謂《孝經》鄭注以"龜兆"解之，賈公彥以爲義得兩全，謂鄭注《孝經》與注《周禮》《儀禮》不同，皆可通也，然則賈疏所引《孝經注》"兆，塋域"必非鄭義。嚴氏以爲賈公彥申説，非原文，蓋失考。《儀禮疏》故不知鄭君解經兩説本可通也。

云"葬事大，故卜之，慎之至也"者，《雜記》"大夫卜宅與葬日"，疏云"宅，謂葬地。大夫尊，故得卜宅并葬日"，然則此經言卜，蓋據大夫以上言之。此命龜之辭，當與士筮"無有後艱"相同，皆慎重之意也。

"爲之宗廟以鬼享之"，邢疏引"舊解云：宗，尊也。廟，貌也。言祭宗廟，見先祖之尊貌也"，不云鄭注，鄭君於《卿大夫章》已有此文。此章之注不傳，疑鄭君解此章與《卿大夫章》不同。案：《問喪》曰："祭之宗廟，以鬼饗之，徼幸復反也。"鄭注："説'虞'之義。"疏曰："祭之宗廟，以鬼饗之'者，謂虞祭於殯宫，神之所在，故稱'宗廟'。'以鬼享之'，尊而禮之，冀其魂神復反也。"《問喪》明引此經，鄭君以爲説"虞"之義，孔疏以"殯宫"解"宗廟"，是古義解此文屬新喪虞祭言。鄭注《禮》以爲虞祭，注此經亦當專屬虞祭，非若卿大夫章之泛言也。

云"四時變易，物有成孰，將欲食之，故薦先祖，念之若生，不忘親也"者，《王制》："大夫、士宗廟之祭，有田則祭，無田則薦。庶人春薦韭，夏薦麥，秋薦黍，冬薦稻。韭以卵，麥以魚，黍以豚，稻以鴈。"鄭注："有田者既祭，又薦新。祭以首時，薦以仲月。士薦牲用特豚，大夫以上用羔，所謂'羔豚而祭，百官皆足'。庶人無常牲，取與新物相宜而已。"疏曰："知有田'既祭，又薦新'者，以《月令》天子祭廟，又有薦新，故《月令》四月'以彘嘗麥，先薦寢廟'。又《士喪禮》有薦新如朔奠，謂有地之士大斂、小斂以特牲，而云薦新，故知既祭又薦新也。云'祭以首時，薦以仲月'者，《晏子春秋》云'天子以下至士，皆祭以首時'，故《禮記·明堂位》云：'季夏六月，以禘禮祀周公於大廟。'周六月，是夏四月也。又《雜記》云：'七月而禘，獻子爲之也。'譏其用七月，明當用六月是也。魯以孟月爲祭。魯，王禮也，則天子亦然。大夫、士無文，從可知也。其《周禮》四仲祭者，因田獵而獻禽，非正祭也。服虔注桓公五年傳云'魯祭天以孟月，祭宗廟以仲月'，非鄭義也。此薦以仲月，謂大夫、士。既以首時祭，故薦用仲月。若天子、諸侯禮尊，物孰則薦之，不限孟、仲、季，故《月令》孟夏薦麥，孟秋薦黍，季秋薦稻是也。大夫既薦以仲月，而服虔注昭元年傳'祭，人君用孟月，人臣用仲月'，不同者，非鄭義也。南師解云：'祭以首時者，謂大夫、士也。若得祭天者，祭天以孟月，祭宗廟以仲月。其禘祭、祫祭、時祭，亦用孟月。其餘諸侯不得祭天者，大祭及時祭皆用孟月。'既無明據，未知孰是，義得兩通，故竝存焉。"案：南師解宗服義，與鄭義不同。《左氏》桓八年"正月，己卯，烝"，杜注："此夏之仲月，非爲過時而書者，爲下五月復烝見瀆也"，則杜與服説合。而桓五年傳云"始殺而嘗，閉蟄而烝"，疏引服注，始殺謂孟秋。杜注"建亥之月,昆蟲閉戶,萬物皆成",則服注亦以烝、嘗皆在夏時孟月。《公羊》何氏《解詁》亦曰:"屬十二月已烝,今復烝也。"周十二月,夏之孟月。是以天子、諸侯皆以孟月祭,與鄭説同。鄭此注云"四時變易,物有成孰,故薦先祖",似兼祭與薦而言,故引此以補明鄭義。《繁露·四祭篇》云:"古者歲四祭。四祭者,因四時之所生孰,而祭其先祖父母也。故春曰祠,夏曰礿,秋曰嘗,冬曰烝。祠者,以正月始食韭也。礿者,以四月食麥也。嘗者,以七月嘗黍、稷也。烝者,以十月進初稻也。此天之經也,地之義也。"《祭義》篇云:"春上豆實,夏上尊實,秋上杭實,冬上敦實。豆實,韭也,春之所始生也。尊實,醴也。夏之所受長也。杭實,黍也,秋之所先成也。敦實,稻也,冬之所畢孰也。"《公羊》何氏《解詁》曰:"祠。猶食也,猶繼嗣也。春物始生,孝子思親,繼嗣而食之也。夏薦尚麥、魚,始孰可汋,故曰礿。嘗者,先辭也。秋穀成者非一,黍先孰,可得薦,故曰嘗也。烝,衆也。冬萬物畢成,所薦衆多,芬芳備具,故曰烝。"《白虎通·宗廟篇》曰:"宗廟所以歲四祭何?春曰祠者,物微,故祠名之。夏曰礿者,麥孰進之。秋曰嘗者,新穀孰嘗之。冬曰烝者,烝之爲言衆也,冬之物成者衆。"《文選·東京賦》曰:"於是春秋改節,四時迭代,蒸蒸之心,感物增思。"薛注:"感物,謂感四時之物,即春韭、卵,夏麥、魚,秋黍、豚,冬稻、雁。孝子感此新物,則思祭先祖也。此皆鄭云"念之若生,不忘親"之義,亦可見天子至於庶人,皆有春秋四時之祭也。

生事愛敬,死事哀慼,生民之本盡矣,死事之義備矣,孝子之事親終矣。" |注| 無遺纖嚴可均曰:"當有'毫憾'二字"也。尋繹天經地義,究竟人情也。行畢,孝成。《釋文》。

疏曰:鄭注云"尋繹天經地義,究竟人情也。行畢,孝成"者,承上《三才章》云"天之經也,地之義也,民之行也"而總結之。"行畢",即"民之行"畢也。"愛敬"依鄭義當以"愛"分屬母,"敬"分屬父。

《風俗通》"汝南夏甫"下引"生事愛敬"二句。《後漢書·陳忠傳》云:"臣聞之《孝經》始於事親,終於哀戚,上自天子下至庶人,尊卑貴賤其義一也。"

2. 臧庸《孝經鄭氏解》[①]

孝經鄭氏解

唐劉知幾議曰: 《晉中經簿》《孝經》稱鄭氏解無"名玄"二字。

[①] 臧庸《孝經鄭氏解》,據《知不足齋叢書》本。清朝臧庸輯。庸,字西序。原名鏞堂,字在東。武進人。是書采輯真鄭氏注俱以《釋文》《正義》兩書爲主,而旁據《群書》。所引以附益之,并全錄《釋文》所有音義。蓋《釋文》實依鄭注而作,故即依次采入也。其不可兼采日本者,以其本與諸書所引有異,非真鄭注原本,故舍之。輯鄭注者,向有孔幼髻廣林、陳仲魚鱣二本皆不及此之精核,前有阮雲臺師序。

《釋文》曰鄭氏相承解爲鄭玄。

　　開宗明義章　第一

　　《釋文》題開宗明義章。《正義》曰：鄭注見章名。按：《正義》石臺本，唐石經今本皆有"第一"二字。《釋文》無，下並同，章名下經文"一"字依唐石經也。

　　仲尼居，曾子侍。凥，凥講堂也。《釋文》《正義御製序》并注。劉炫述義曰：若依鄭注，實居講堂。按：凥，當做居。此因《釋文》上云。《説文》作"凥"，因并改此也。以隸書寫篆文自稱。正體者，發端於南宋毛居正、岳珂等，而近時學者爲尤甚。然唐石經具存，無此異樣，可以之誣古人乎？因今之輯《孝經》鄭注者，無不過信此字，故首訂正之。

　　子曰："先王禹，三王最先者。《釋文》。按：皇甫侃、陸德明、孔仲達、賈公彥，皆以《孝經》爲夏制本，此注詳敘錄。**有至德要道，以順天下。民用和睦，上下無怨。汝知之乎？"**《釋文》。要，因妙反。注同。女，音汝，本或作汝。按：石臺本、唐石經，今本皆作汝。下并同。岳本作女，蓋依《釋文》改，下同。至德，孝悌也。要道，禮樂也。孝悌大計，反又順也。《釋文》。按：悌，當本作弟。**曾子避席曰："參不敏，何足以知之。"**《釋文》。辟，音避。注同。或作避。按：石臺本、唐石經、岳本皆作"避"。敏，猶達也。《儀禮疏鄉射禮》。按：《釋文》曰：敏，達也。本注。**子曰："夫孝，德之本也，教之所由生也。"**《釋文》。夫，音符。注及下同。人之行莫大於孝。故爲德本。《正義》曰：注人之至德。本此依鄭注。《釋文》人之行，下孟反。**復坐，吾語汝。身體髮膚，受之父母，不敢毀傷，孝之始也。**《釋文》。復，音服。注同。坐，在臥反。注同。女音汝。本今作汝。父母全而生之，己當全而歸之。《正義》曰云：父母全而生之，己當全而歸之者，此依鄭注。引《祭義·樂正子春》之言也。**立身行道，揚名於後世，以顯父母，孝之終也。**父母得其顯譽。音豫。也者。《釋文》。按："者"字當衍。**夫孝，始於事親，中於事君，終於立身。**卅強 其良反。而仕，行步不逮。音代。亦及也。又音，大計反。懸，音玄。車音居致仕《釋文》。《正義》曰：鄭玄以爲父母生之，是事親爲始，四十強而仕，是事君爲中，七十致仕是立身爲終也者。劉炫駁云云。按：《正義》約鄭義引之非其本文，故與《釋文》所標者異。分之則兩全，合之則兩傷。舊輯多以意并，合非也。《釋文》《通志堂》徐氏本"強"作"彊"，茲從《葉林宗影》宋鈔本。**《大雅》云：**雅者，正也。方始發章以正爲始。《正義》**無念爾祖，聿脩厥德。"**《釋文》。毋念爾祖。音無本作無。按：舊校云"本"，今作"爾"。石臺本、唐石經、岳本及毛詩皆作"無念爾祖"。《左傳》文二年，趙成子引詩作"無念爾祖"。無念，無忘也。《釋文》。按：經作"毋"。注作"無"，須人易曉耳。

天子章第二

子曰："愛親者，不敢惡於人。敬親者，不敢慢於人。愛敬盡於事親，而德教加於百姓，刑于四海。《釋文》。惡，烏路反。注同。舊如字。形于四海，法也。字又作"刑"。按：惡，讀烏，路反者，唐注也。舊讀"如"字，必鄭注。陸爲鄭作，音不當。先言烏路反。此類皆後人改竄，故稱舊，以存陸氏原本耳。鄭作"形"注，云"形見"。唐本作"刑"注，云"刑，法也"。《釋文》有"法也"二字，亦淺人所加《孝經》序，雖無德教加於百姓，庶幾廣愛形於四海。此參用鄭本也。《正義》曰："經作刑。刑，法也。"此作"形"，形猶見也，義得兩通，可與《釋文》本互證。然此經"形于四海"，猶應感章"光于四海"，當從鄭作"形"。唐本作"刑"，非也。又凡古文經作于今文，及傳注作於《論語》《孝經》皆傳也。今《孝經》又今文，故字皆作"於"而不當作"于"。此章"加於百姓，刑于四海"，與應感章"通於神明，光于四海。""於"、"于"字前後皆錯見，非也。考此章石臺本、唐石經、岳本皆作"刑于四海"。蓋因《詩·思齊》有"刑于"之文，相涉誤改。庶人章《正義》作"加於百姓，刑於四海"，當據以訂正。刑見。覽遍反，下同。《釋文》。按："刑"當作"形"。**蓋天子之孝也。**蓋者，謙辭。《正義》。**《甫刑》云：**引譬連類。《文選注孫子荊爲石仲容與孫皓書》。鄭玄《孝經》注。《釋文》引"辟"本或作"譬"同，匹辟反。《正義》曰：鄭注以《書》録王事，故證太子之章以爲"引類得象"。按：《正義》約鄭義，故與陸李二家所據不合。**'一人有慶，兆民賴之。'"** 億萬曰兆。天子曰兆民，諸侯曰萬民。《五經筭術》上。

諸侯章第三

在上不驕，高而不危。危，殆。音待。《釋文》。**制節謹度，滿而不溢。**費用約儉，謂之制節。慎行禮法，謂之謹度。無禮爲驕，奢泰爲溢。《正義》曰：注"費用"至"爲溢"，此依鄭注。《釋文》。費，芳味反，用如字。約，於略反。儉，勤儉反。奢，書虵反。泰，音太，爲溢。羊栗反。**高而不危，所以長守貴也。滿而不溢，所以長守富也。富貴不離其身，**《釋文》。富貴不離。力智反。注同。按：《釋文》離，音力智反。則"不"字後人所加。唐注云：富貴常在其身。《正義》謂此依王肅注。則王肅本亦無"不"字。何也？蓋常在其身者，謂常麗著其身也。《易象傳》"離，麗也。"《象傳》"離，王公也。"鄭作"麗"，梁武力智反。此經云："富貴離其身"猶《諫爭章》云："則身離於令名。"《釋文》。於彼亦音力，智反。標經無"不"字。可前後互證。知"不離"之文，非古矣。石臺本、唐石經皆有"不"字。**然後能保其社稷，**《儀禮·鄉射禮》"挾弓矢而后下射"注。古文而"后"作"後"，非也。《孝經》説"然後"曰："后"者，"後"也，當從"后"。釋曰：《孝經援神契》説《孝經》"然後能保其社稷"之等皆作"后"。"按：此則鄭注本。然"後"字皆當作"后"。社，謂后土。《周禮·疏封人》。《周禮·疏大宗伯》曰：寫者見《孝經》及諸文注多言"社后土"。**而和其民人。**薄賦斂 力儉反。省，所景反。搖，音遙，本亦作䍃。役。《釋文》。**蓋諸侯之孝也。**列土封疆謂之諸侯。《周禮·疏大宗伯》。《釋文》列土封疆字又作"畺"同，居良反。按：《葉鈔》《釋文》云：字又作疆，則所標封疆字當作畺。**《詩》云："戰戰兢兢，如臨深淵，如履薄冰。"**戰戰，恐懼。兢兢，戒慎。臨深，恐墜；履薄，恐陷。義取爲君恒須戒懼。《正義》曰：注"戰戰至戒懼此"依鄭注也。《釋文》恐丘。勇，反懼也。注及後同。隊，直類反。本今作"墜恐陷"。陷，沒之陷。《顧千里》云"注及後同"，"注"當作"下"。按：石本、岳本注作"恒須戒慎"。《正義》亦云：常須戒慎。今注及疏標起止作"戒懼"，誤。

卿大夫章第四

非先王之法服不敢服，按：石臺本"法"作"灋"。因隸書所改。《孝經》今文當本作"法"。唐石經、岳本作"法"事業。下並同。服山龍華 胡花反。蟲。直忠反。服藻，音早。火服粉。方謹反。米 字或作䊪，音同。皆謂文繡脩又反。也。田，本又作佃，音同。獵，力輒反。卜筮，市制反。冠，古亂反，又如字。素積 兹亦反。《釋文》《周禮疏小宗伯》曰：《尚書》五服五章哉。鄭注云：十二也，九也，七也，五也，三也。又予欲觀古人之象日月星辰。注云：此十二章天子備有公自山而下。《孝經》非先王之法服注云：先王制五服，日月星辰法服，諸侯服山龍云云。皆據章數而言。《北堂書鈔》卷八十六《孝經》鄭注云："法服謂日月星辰，山龍華蟲，藻火粉米，黼黻絺繡。"又卷一百二十八鄭注云："天子服，日月星辰。諸侯服，山龍華蟲。卿大夫服，藻火。士服，粉米。"《文選注陸世龍大將軍讌會被命作詩一首》。鄭玄《孝經》注曰"大夫服藻火"注曰"田獵戰伐冠皮弁"。《詩》《正義》《六月》《孝經》《禮儀疏少牢饋食禮》《孝經》注云：卜筮、冠皮弁，衣素積，百王同之，不改易。按：諸家所引互異，均不外《釋文》所標之字。故以《釋文》爲主，而分注諸書於下俾可考也。《周禮》疏曰"月星辰服"當作"服日月星辰"。《釋文》。字或作"䊪"。徐本"䊪"誤爲"綵"，兹據《葉鈔》本校正。**非先王之法言不敢道，非先王之德行不敢行。**《釋文》。德行，下孟反。注德行下擇行，行滿皆同。禮以儉奢紀儉反。《釋文》。**是故非法不言，非道不行。口無擇言，身無擇行；言滿天下，無口過；行滿天下，無怨惡。三者備矣，然後能守其宗廟。**《釋文》。過，古臥反。注同。惡，烏路反。舊如字，注同。"廟"本或作"庿"。爲，于偽反。作宮室。《釋文》。**蓋卿大夫之孝也。**張官設府謂之卿大夫《禮記·正義曲禮》。**《詩》云："夙夜匪懈，以事一人。"**《釋文》。懈，佳賣反。注及下字或作"解"同。按：此當作"解"，佳賣反。注及下同字或作"懈"，據下標注"解，懈字，知鄭本經必作解。故陸音，佳賣反。若本作"懈"，正字易識。陸可不音矣。蓋石臺本、唐石經、岳本皆作"懈"。淺人遂據以易釋文也。夜，莫 如字，又音暮，下並同也。解，惰。古臥反，注同。《華嚴經音義》上。《孝經》鄭注曰：匪，非也。懈，惰也。《顧千里》云：《釋文》注同，當作下同。按：唐注、石臺本亦作"懈，惰也"。今本改作"惰"。

士章第五

資於事父以事母，而愛同。資於事父以事君，而敬同。資者，人之行。下，孟反也。《釋文》。《公羊疏定四年》。**故母取其愛，而君取其敬。兼之者父也。**故以孝事君則忠。移事父孝以事於君，則爲忠矣。《正義》曰：注"移事至忠矣"，此依鄭注也。**以敬事長則順。**《釋文》。長，丁丈反。注皆同。移事兄敬以事於長，則爲順矣。《正義》曰：注"移事至忠矣"，此依鄭注也。**忠順不失，以事其上。然後能保其祿位，而守其祭祀。**食稟 必錦反。《公羊傳》云：稟，賜穀，祿也。爲□□爲曰祭。一本作始曰爲祭。曰，音越，又，人實反。《釋文》盧學士曰："穀"爲"穀"之俗字。但小變耳，從殻誤也。爲下舊有"於僞反"三字。是妄人所補。宋本皆空白。按：宋本謂《葉鈔》本也。《正義》曰：祿，謂廩食合之。陸引《公羊傳》知上闕祿字，爲黨如字讀。**蓋士之孝也。**別，彼列反 是非《釋文》。按：《正義》引《傳》曰：通古今辯，然否謂之士。別是非，猶辯然否也。鄭注大致同此。**《詩》云："夙興夜寐，無忝爾所生。"**《釋文》無"忝爾所生"。本今作爾。按：《葉鈔》《釋文》"無忝"下空闕。據《開宗明義章》引《詩》《釋文》作"毋念爾祖"，則此"無"字亦當作"毋"。《毛詩小宛》《釋文》云：毋忝音無，可證也。又鄉大夫章。《釋文》夜，莫如字，又音暮。下並同。然則鄭於此章當有"夜，莫也。"注。

庶人章第六

用天之道。春生夏長，丁丈反。秋收 如字又手又反，本作斂，力儉反。冬藏。才郎反。《釋文》《正義》曰云："春生、夏長、秋斂、冬藏"者，此依鄭注也。按：石臺本，亦作"秋收冬藏"。岳本、今本改作"秋斂"，非。**分地之利。**《釋文》分，方云反，注同。分別五土，視其高下。若高田宜黍稷，下田宜稻麥，丘陵阪險，宜種桑栗。《太平御覽》卷三十六鄭玄注。《初學記》卷五，"阪桑"作"棗"。唐司馬貞議"無若字及末句。"《釋文》分別五土，彼列反。丘陵阪險，阪，音反。險，音許儉反。又蒲板反。《正義》曰云：分別五土，視其高下者，此依鄭注也。《詩正義·信南山》曰：《孝經》注云：高田宜黍稷，下田宜稻麥。按：末句當從一，本作"宜種棗棘，作桑栗"者，非《釋文》。蒲板反。徐本"板"誤爲"救茲"。據《葉鈔》本挍正。**謹身節用，以養父母。**行，下孟反。不爲非度。待洛反。財爲費 芳味反。什，音十。一而出《釋文》按：音如。字當作又如字。

否則音爲或字之訛。**此庶人之孝也**。無所復 扶又反 謙。《釋文》。**故自天子至於庶人，孝無終始，而患不及者，未之有也**。《釋文》故自天子古文分此以下別爲一章。故患難 奴旦反 不及其身也。善一本作難 未之有也。《釋文》。《正義》曰：諸家皆以爲患及身，又惟《倉頡篇》謂：患爲禍。孔鄭韋王之學引之以釋此經。又謝萬云：能行如此之善，曾子所以稱難。故鄭注云：善未之有也。按：謝萬引注知陸本作善是也。"之"字當衍。淺人誤以爲經。故增之一本作難。"難"當爲"歎"字之訛。

三才章第七

曾子曰："甚哉。孝之大也。" 語，魚據反。喟丘媿反，丘又恎反。然。《釋文》**子曰："夫孝天之經也，地之義也，民之行也。"** 天地之經，而民是則之。《釋文》行，下孟反。注同。孝弟 大計反。本亦作悌。恭敬民皆樂 音洛。之《釋文》。**則天之明，因地之利，以順天下。是以其教不肅而成，其政不嚴而治**。《釋文》。治，直吏反。注同。政不煩苛。音何。《釋文》。**先王見教之可以化民也**。見因天地教化民之易也。《正義》曰：注"見因"至"易也"此依鄭注也。《釋文》。民之易也。以，敉反。本今作人之易。按：唐注作"人"，避諱改。鄭注當本作"民"。**是故先之以博愛，而民莫遺其親。陳之以德義，而民興行**。上好 呼報反。下好禮同。義《釋文》。顧千里云：注當取《論語》"上好禮則民莫敢不敬，上好義則民莫敢不服之。"文以證《孝經》。**先之以敬讓，而民不爭**。若文王敬讓於朝 直遙反。虞芮推畔於田，則下効之。戶教反。《釋文》。**導之以禮樂，而民和睦。示之以好惡，而民知禁**。《釋文》。導，音道。本或作道。好如字。又呼報反。惡如字。注同。又烏路反。禁，金鴆反。注同。按：此當作道音導。本或作導。《論語》"導千乘之國"。《釋文》。道音導，本或作導，可證。正德本疏中云：道之以禮樂示好以引之，之教。監本、毛本悉改爲"導"。此依淺人乙改。石臺本、唐石經、岳本皆作導。**《詩》云："赫赫師尹，民具爾瞻。"**《釋文》赫本又作赤。火白反。盧學士曰：赤，蓋"苏"之訛。"苏"俗"赫"字。師尹若冢。張勇反。宰之屬也。女音汝，下同。當視民。常旨反。《釋文》。《詩正義·節南山》曰：《孝經》注以爲冢宰之屬。

孝治章第八

子曰："昔者，明王之以孝治天下也。" 昔，古也。《公羊疏》何休序。**不敢遺小國之臣，而況於公侯伯子男乎？** 聘匹正反問天子無恙羊尚反，五年一朝直遙反，下注同。郊迎魚敬反，又魚荊反。芻初俱反禾百車以客苦百反本或作以客禮待之。夜設庭燎，力召反。本亦作燎。同一音力弗反。當爲于僞反，下皆同。王者侯者矦戶豆反。伺音司。又相吏反。伯者長，丁丈反。下同。男者任而鳩反。也，德不倍步罪反別彼列反 優《釋文》。《太平御覽》卷一百四十七《孝經鄭玄注》曰："古者諸侯五年一朝天子，使世子效迎。努米百車，以客禮待之。晝坐正殿，夜設庭燎，思與相見，問其勞苦也。"《周禮疏大行人孝經注》云：世子郊迎。《儀禮疏覲禮孝經注》云：天子使世子郊迎。《禮記正義·王制孝經》云：德不倍者，不異其爵，功不倍者不異其土，故轉相半別優劣。《正義》曰舊解云：公者，正也。言正行其事。侯者，候也。言斥候而服事伯者長也。爲一國之長也。子者，字也。言字，愛於小人也。男者，任也。言，任王之職事也。按：舊解言公侯，與鄭注異。《釋文》曰：當爲于僞反。下皆同。舊解亦無惟伯者長也。爲一國之長也。男者，任也。與鄭注合。然則《正義》所稱舊解不專謂鄭注矣。"'本'或作以客禮待之，"此八字非陸語。故舊本空一字，別之挍者。據《釋文》有此本也。《序錄》謂：《孝經》童蒙始學，特紀全句。則此一本是義疏家稱引舊注，往往不加區別。《禮記》正義引《孝經》即此注也。**故得萬國之懽心，以事其先王。**《釋文》歡字亦作懽。按：石臺本、唐石經、岳本皆作懽。石臺本"萬"作"万"。天子五年一巡音旬。守 手又反。本又作狩。勞來 上力報反。下力代反。《釋文》《禮記正義王制》《孝經》注：諸侯五年一朝天子。天子亦五年一巡守。按：上注五年一朝。《釋文》音朝，直遥反。云下注同。《禮記正義》所引與陸本合。**治國者，不敢侮於鰥寡，而況於士民乎？故得百姓之懽心，以事其先君。**大夫六十無妻曰鰥，婦人五十無夫曰寡。《詩正義·桃夭》。《禮記正義·王制孝經》云：男子六十無妻曰鰥，婦人五十無夫曰寡。《廣韻二十八山鄭氏》云：六十無妻曰鰥，五十無夫曰寡。《文選注》潘安仁關中詩一首。鄭玄《孝經》注曰：五十無夫曰寡。《正義》曰：舊解士知義禮。又曰"丈夫之美稱"。故注言知義禮之士乎？按：《正義》引舊解三事。其二與鄭注合。此以士爲丈夫之美稱。與下注臣男子美稱文句極相似第。《釋文》稱字音，始見下，則非也。豈士知儀理句爲鄭注而唐注本之乎。**治家者，**理家，謂卿大夫。《正義》曰云：理家，謂卿大夫者，此依鄭注也。按：鄭注當本作治家。唐注避諱作理。**不敢失於臣妾，而況於妻子乎？**男子賤稱。尺證反。下同。《釋文》。按：《釋文》知注云：臣，男子賤稱賤。妾，女子賤稱。**故得人之懽心，以事其親。**小大盡津忍反。節養。羊尚反。《釋文》。按：唐注云：若能孝理其家，則得小大之懽心，助其奉養，注當類此。**夫然故生則親安之，祭則鬼享之。**按：石臺本"享"作"亨"。則致張利反。其樂音洛。《釋文》。按：紀孝行章"養則致其樂"注，當引此文。圣治章注同。**是以天下和平，災害不生，禍亂不作。故明王之以孝治天下也如此。**《釋文》"災"本或作"灾"。**《詩》云：'有覺德行，四國順之。'"**《釋文》行，下孟反。注同。覺，大也。《正義》曰：覺，大也。此依鄭注也。按：《釋文》曰：覺，大也。本注。

聖治章第九

曾子曰："敢問聖人之德。無以加於孝乎？"子曰："天地之性，人爲貴。"貴其異於萬物也。《正義》曰：注"貴其"至"物也"。此依鄭注也。人之行，莫大於孝。孝莫大于嚴父。嚴父莫大於配天，則周公其人也。昔者，周公郊祀后稷以配天。宗祀文王於明堂，以配上帝。上帝者，天之別名也。神無二主，故異其處，避后稷也。《史記·封禪書集解》。鄭玄曰：《續漢書·祭祀志》中注無"上也"字。《南齊書·禮志上》鄭玄注云：上帝亦天別名。《唐書·王仲丘傳》鄭注《孝經》"上帝亦天也，神無二主但異其處，以避后稷。"《釋文》。故異其處，昌慮反。辟后稷也，音避。本亦作避。同。按：《正義》曰"禮無二尊，既以后稷配郊天，不可又以文王配之。"五帝，天之別名也，因享明堂而以文王配之，大致本鄭注。是以四海之内，各以其職來祭。《禮記正義·禮器》《公羊疏·僖十五年》《後漢書·班彪傳下》皆引《孝經》曰：四海之内各以其職來助祭。按：諸家所據《孝經》皆鄭注本也。是鄭本孝經有"助"字。今石臺本、唐石經皆無"然"。唐注云：海内諸侯各修其職來助祭也。又故得萬國之懽心，以事其先君。注云皆得歡心則各以其職來助祭也。似經本有"助"字。蓋襲用舊本有"助"字。經之注耳。於朝 直遥反。越甞重，直龍反。譯 本亦作驛，同音亦。《釋文》。夫聖人之德，又何以加於孝乎？故親生之膝下，以養父母日嚴。《釋文》養羊尚反。曰人實反。注同。按：經親嚴對文讀當"故親生之膝下"句以養與生之相對。養，長也。羊尚反。蓋非。聖人因嚴以教敬，因親以教愛。致其樂 音洛。下樂同。親近 附近之近 於母。《釋文》。《正義》曰：舊注取《士章》之義而分愛敬父母之別。按：舊注與《釋文》合。知即鄭解也。《士章》資于事父以事母而愛同。資於事父以事君而敬同。此注蓋言親愛近於母，嚴敬近於父。聖人之教，不肅而成，其政不嚴而治。不令力正反而行《釋文》，其所因者本也。本，謂孝也。《正義》曰：注"本謂孝也"，此依鄭注也。父子之道，天性也，君臣之義也。父母生之，續莫大焉。君親臨之，厚莫重焉。《釋文》。父子之道古文從此巳下別爲一章。續，音俗，相續也。焉，大。焉本作莫。按：父母生之四句，字字整對，《漢書·藝文志》曰：父母生之，續莫大焉。《臣瓚》曰：《孝經》云"續莫大焉"，是此經漢晉、唐本皆作"續莫大焉"。此蓋文有脱誤。舊挍意以鄭本作續焉。大焉非也。復 扶又反 何加焉？《釋文》。故不愛其親，而愛他人者，謂之悖德。不敬其親，而敬他人者，爲之悖禮。《釋文》故不愛其親。古文從此巳下別爲一章。悖，補對反。注下同。按：當作注及下同。若桀 其烈反 紂 丈久反 是也。《釋文》。《正義》曰：鄭注云"悖若桀紂是也"。以順則逆，民無則焉。不在於善，而皆在於凶德。善雖得之，君子所不貴。君子則不然，言思可道，言中丁仲反《詩》《書》。《釋文》。**行思可樂，**《釋文》。行思可樂，如字音洛。注同。按：《釋文》及上中字音鄭注此云：行中禮樂。樂如字，讀音洛。二字淺人所加。**德義可尊，作事可法，容止可觀，進退可度，**難進而盡 津忍反 中易 以豉反。退而補過 古臥反。《釋文》。按："中"當作"忠"。**以臨其民，是以其民畏而愛之，則而象之。**傚，戶教反。《釋文》。按：《正義》曰"法則而像效之。"**故能成其德教，而行其政令。**漸也。不令 力政反。下文并注並同。而伐謂之暴。蒲報反。按："并注"徐本誤作"並注"。茲據《葉鈔》本校正。**《詩》云："淑人君子，其儀不忒。"**淑，善也。忒，差也。《正義》曰：淑，善也。忒，差也。此依鄭注也。《文選注·王元長永明十一年策秀才文五首》。鄭玄《孝經注》曰"忒，差也。"按：《釋文》曰：忒，差也。本注。

紀孝行章第十

子曰："孝子之事親，居則致其敬，盡 津忍反 禮也 一本作盡其敬也。又一本作盡其敬禮也。《釋文》按："上也"字當衍注以盡禮。釋致敬廣要道章云：禮者，敬而已矣。餘二本非。**養則致其樂，病則致其憂，**色不滿容，行不正履。《正義》曰：注"色不至正履"依鄭注也。**喪則致其哀。**擗踊哭泣，盡其哀情。《正義》曰："擗踊"至"哀情"此依鄭注也。《釋文》擗，婢亦反。踊，羊冢反。泣，器立反。**祭則致其嚴。**齊側皆反。本又作齋。必變食敬忌踧 子六反《釋文》。按：踧下當脫"踖"字。**五者備矣，然後能事親。事親者，居上不驕，為下不亂，在醜不爭。**《釋文》。爭，鬬之。爭注及下同。不忿 芳粉反。下同。爭也。《釋文》。按：下同。謂下"在醜而爭則兵"，注音同也。**居上而驕則亡，為下而亂則刑，在醜而爭則兵。**好 呼報反 亂則刑罰 音伐 及其身也。《釋文》。**三者不除，雖日用三牲之養，猶為不孝也。"**不敢惡 烏璐反 於人親。《釋文》。按：《天子章》"愛親者不敢惡於人"注，當引此，以證不孝。而文有脫誤。惡，舊讀如字，作烏路反。非。

五刑章第十一

子曰："五刑之屬三千，科 若和反條三千謂劓、魚器反。墨、宮割、或作瞎字。大辟。婢亦反下同 穿、音川窬、音俞又音豆盜、徒到反 竊者，劓。劫居業反賊傷人者，墨。男女不與禮交本或無"交"字者非。者，宮割。□□垣 音袁 牆本或作廧，同疾良反。開人關闔音藥字或作鑰。通用。□□手殺人者，大辟。《釋文》。陳仲魚云："劓墨宮割"下疑脫"腓"字。顧千里云：《釋文》五刑之屬三千，下云"墨劓腓宮割大辟"。又引《呂刑》文。此注作"腓"，不作"臏"之證。《釋文》謂與《周禮》微異者，蓋《周禮》司刑作別注。引《書傳》作"臏"。此其所以異歟。按：或作瞎字。當做"瞎"，從肉。**而罪莫大於不孝。**《正義》曰：舊注及謝安、袁宏、王獻之、殷仲文等皆以不孝之罪聖人惡之去，在三千條外。《周禮大司徒》職"一曰不孝之刑"。釋曰：《孝經》不孝不在三千。深塞逆源。此乃禮之通教。按：賈氏知《孝經》不孝不在三千者，據鄭注《孝經》言之也。與《正義》所引舊注合。鏞堂謂《正義》所引舊注即鄭解此其信。**要君者無上，非聖人者無法**，非侮亡甫反聖人者《釋文》。按："亡甫"，舊誤作"亡肖"。今據孝治章《釋文》挍正。**非孝者無親。此大亂之道也。"** □人行者一本作非孝行者。行，音下孟反。《釋文》。按：所關當是非字。《聖治章》云：人之行莫大於孝。故此注以孝爲人行。下章注以"悌爲人行之次"。一本非。

廣要道章第十二

子曰："教民親愛，莫善於孝。教民禮順，莫善於悌。《釋文》"弟"本亦作"悌"同。按：《釋文》孝悌字有"弟""悌"二本，而陸必以"弟"爲正。如廣要道章、廣揚名章、經三才章注。今皆作"弟"者。因陸云本亦作"悌"。淺人不得，擅改也。如開宗明義章注，感應章經，陸無。本亦作"悌"之言。後人悉改爲"悌"也。人行下孟反 之次也。《釋文》。**移風易俗，莫善於樂。**樂感人情者也。烏路反。惡鄭聲之亂樂也。《釋文》。按：《論語》作"亂雅樂"。**安上治民，莫善於禮。**上好呼報反禮則民易以弢反使也。《釋文》。按：此及上注皆引《論語》文。《論語》《孝經》相應。**禮者，敬而已矣。敬者，禮之本也。**《正義》曰：注"敬者禮之本也"。此依鄭注也。**故敬其父則子悦，敬其兄則弟悦，敬其君則臣悦，**《釋文》説音悦。注及下皆同。按：石臺本、唐石經、岳本皆作悦。盡津忍反禮以事。《釋文》。**敬一人而千萬人悦。**《正義》曰：舊注云：一人謂父兄，君千萬人謂子弟臣也。按：《正義》凡五引舊注其四皆與鄭同。則此亦鄭注也。**所敬者寡而悦者衆。此之謂要道也。"**《釋文》要，因妙反。下同。按：下無"要"字。當作注同。

廣至德章第十三

子曰："君子之教以孝也，非家至而日見之也。言教不必家到戶至，日見而語之。但行孝於内，其化自流於外。《正義》曰：注"言教"至"於外"，此依鄭注也。《文選·庾元規讓中書令表》"天下之人，何可門到戶説"注《孝經》曰：非門到戶至而見之。又任彥昇《齊竟陵文宣王行狀》"不言之化，若門到戶説矣"注《孝經》曰：君子之教以孝非家至而日見之也。鄭玄曰：非門到戶至而日見也。《釋文》語之魚據反。但，音誕。按：《文選注》兩引《孝經》皆無"上下也"字。疑今本衍。又注"門戶"二字。《正釋》經"家"字。唐注改作"家到"。非。**教以孝，所以敬天下之爲人父者也。**天子事三老《釋文》。按：《釋文》曰：三老三公致仕。此當本鄭注與《禮記注》異義。**教以悌，所以敬天下之爲人兄**

者也。教以臣，所以敬天下之爲人君者也。天子兄事五更 音庚。《釋文》《正義》曰：舊注用應劭《漢官儀》云：天子無父。父事三老，兄事五更。乃以事父事兄爲教孝悌之禮。《詩》云：'愷悌君子，民之父母。非至德，其孰能順民如此其大者乎？"《釋文》"愷"本又作"豈"。同。苦在反。"悌"本又作"弟"。同。徒禮反。按：石臺本、唐石經、岳本，皆作"愷悌"。鄭本當本作"豈弟"。《釋文》蓋出後人乙改。

廣揚名章第十四

子曰："君子之事親孝，故忠可移於君。以孝事君則忠。《唐注》。按：《正義》不曰此依鄭注者。引欲明此爲士章之文，故略之。據下文注知此爲依鄭注無疑。事兄悌，故順可移於長。《釋文》弟，大計反。本作悌。下注同。皆同。張，丁丈反。注皆同。以敬事長則順。《正義》曰：注"以敬事長則順"此依鄭注也。居家理，故治可移於官。《釋文》居家理故治。直吏反。注同。讀"居家理故治"絕句。《正義》曰：先儒以爲居家理下闕一"故"字。御注加之。按：《釋文》《正義》知經作居家理治可移於官。義疏家疑脫"故"字。唐明皇加之。猶改。《洪範》"無偏無頗"爲"無陂"也。今石臺本、唐石經皆有"故"字。可證《釋文》所據鄭注本無"故"字，是以云：讀"居家理治"絕句。與上文異讀也。今《釋文》大書夾注皆有故字。則淺人據唐本增加耳。蓋忠與孝悌與順，各兩事。故分言之。居家居官之理治一也。故合言之。唐本增"經"字，非。君子所居則化，故可移于官也。《正義》曰：注"君子"至"官也"，此依鄭注也。是以行成於內，而名立於後世矣。"脩上三德於內，名自傳於後代。《正義》曰：注"脩上"至"後代"此依鄭注也。按：鄭注當作"後世"。唐人避諱改爲"代"。

諫諍章第十五

《釋文》題諫諍章 按：《正義》、石臺本、唐石經、岳本皆作諫爭。經云：爭臣、爭友、爭子，作爭是也。鄭注"諫諍"字兩見。《釋文》皆音爲爭鬭之爭。可見鄭本。經作"爭"。故陸爲注作音。此古人經注異字之證。今本及《釋文》皆改作"諫諍章"，非也。

曾子曰："若夫慈愛恭敬，安親揚名，則聞命矣。敢問子從父之令，可謂孝乎？"子曰："是何言與？是何言與！"《釋文》令，力政反，下及注皆同。是何言歟？音餘。下同。今本作"與"。按：石臺本、唐石經、岳本皆作"與"。依《說文》"歟"爲正字，"與"爲通借字。孔子欲見 賢遍反 諫諍 諍鬭也 之端。《釋文》。按：諍，鬭也。諍，當做爭。事君章《釋文》音"諫諍"爲爭鬭之爭，可證。此改"爭鬭也"爲"諍鬭也"。猶改諫爭章爲諫諍章矣。昔者，天子有爭臣七人，雖無道，不失其天下。《釋文》"不失天下"本或作"不失其天下"。"其"衍字耳。《漢書·霍光傳》聞天子有爭臣七人，雖無道不失天下。按：石臺本作"不失天下"，唐石經衍"其"字。岳本、今本同考。《正義》本無"其"字。七人，謂三公及前疑後承左輔右弼。《後漢書注·劉瑜傳》。《釋文》左輔右弼皮密反，又作拂音。同前疑後"承"本亦作"丞"。《正義》曰：孔鄭二注及先儒所傳並引《禮記》文王世子以解七人之義。盧學士曰：本亦作"丞"，"丞"爲"乘"之訛。**諸侯有爭臣五人，雖無道不失其國。**使不危殆 大改反，下同。按：諸侯章"高而不危"注云：危殆，此當據以爲説。**大夫有爭臣三人，雖無道，不失其身家。士有爭友，則身不離於令名。**《釋文》則身離於令名。力智反。洪旌賢云：《釋文》本極是。《詩》不離於裏。《正義》謂之離。歷即魚麗傳之。麗，歷也。唐本"離"上有"不"字。豈因上下文皆有而以意增之邪？按：《正義》、石臺本、唐石經皆衍作"則身不離於令名"。**父有爭子，則身不陷於不義。**父失則諫，故免陷於不義。《正義》曰：注"父失"至"不義"此依鄭注也。**故當不義，則子不可以不爭於父，臣不可以不爭於君。**不爭則非忠孝。**故當不義則爭之，從父之令，又焉得爲孝乎**？《釋文》焉，於虔反。注同。

感應章第十六

《釋文》《感應章》本今作《應感章》。按：《正義》、石臺本、唐石經、岳本皆作《應感章》。今本據《釋文》改作"感應"，非。

子曰："昔者明王事父孝，故事天明，盡 津忍反。下同。孝於孝。《釋文》。**事母孝，故事地察。**視其常音反。分符問反理也。《釋文》。**長幼順，故上下治。天地明察，神明彰矣。**《釋文》長，丁丈反。注同。治，直吏反。注同。神明章矣。如字本又作彰。按：《正義》、石臺本、唐石經、岳本皆作"彰"。**故雖天子，必有尊也，言有父也。必有先也，言有兄也。**謂養老也，父謂君老也。《禮記正義·祭義》。按：君爲三字之訛。廣至德章注"謂天子父字三老，兄事五更"。則此注當有"兄爲五更也"一句。**宗廟致敬，不忘親也。修身慎行，恐辱先也。宗廟致敬，鬼神著矣。**事生者易以豉反，故重直用反，又直龍反。其文也。《釋文》《正義》曰：舊注以爲事生者易，事死者難。聖人慎之，故重其文。按：《釋文》知《正義》所引舊注即鄭解也。**孝悌之至，通於神明，光於四海，**按：石臺本、唐石經、岳本皆作"光于"。正德本疏中引注作"通於神明，光於四海"。當據以訂正。則重直龍反譯音亦來貢公弄反。《釋文》。**《詩》云：'自西自東，自南自北，無思不服。'"**義取，德教流行，莫不服，義從化也。《正義》曰：注"義取"至"化也"，此依鄭注也。《釋文》。莫不服，皮寄反，一本作"章移反"。本今作"莫不服"。按：鄭注當從《釋文》作，被唐注改作"服"。與經字通矣。一本以下十二字非陸語。

事君章第十七

子曰："君子之事上也，上陳諫諍爭鬪之爭之義畢，欲見賢遍反。《釋文》《正義》曰：此孝子在朝事君之時也，故以名章。**進思盡忠，**死君之難爲盡忠。《文選注·曹子建三良詩》《孝經注》。《釋文》死君之難，乃旦反。**退思補過。**《正義》曰：舊注韋昭云：退居私室則思，補其身過。今云：君有過則思。補益出制言也。按：《正義》所據舊注皆鄭氏也。此兼引韋昭者。蓋韋與鄭同。圣治章"進退可度"注云：難進而盡忠，易退而補過可證。鄭注爲"人臣補其身過也"。**將順其美，匡救其惡。故上下能相親也。**唐石經原刻作"故上下能相親"。後磨改作"故上下能相親也"。**《詩》云：'心乎愛矣，遐不謂矣。中心藏之，何日忘之？'"**《釋文》中"本"亦作"忠"。按：《毛詩》古文作"中心臧之"。《三家詩》今文作"忠心臧之"。《孝經》爲今文，鄭本當作"忠"，引《詩》以證。"進思盡忠也"。此蓋後人據《毛詩乙》改。

喪親章第十八

子曰："孝子之喪親也。生事已畢，死事未見，故發此事。《正義》曰：注"生事"至"此事"此依鄭注也。《釋文》死事未見。賢遍反。按：《正義》曰：説生事之禮已畢，其死事經則未見，故又發此章以言也。然則故發"此事"當作"此章"。**哭不偯，**《釋文》哭不偯，於豈反，俗作"哀"。非。《説文》作"悘"。云痛聲也，音同。高祖玉林先生曰：案：《説文》悘，痛聲也。從心，依聲。《孝經》曰：哭，不悘。偯，蓋"依"之譌。悘，依古今字。《説文》序，言《論語》《孝經》皆古文。則古文《孝經》作哭，不悘。今文《孝經》作哭，不依。《釋文》引作"怨"，爲轉寫之譌。因本作"依"。故鄭云"聲不委曲"。鏞堂謹按：《説文》無"偯"字。"哀"從口衣。聲依從人。"衣依"、"偯聲"形皆相近。故誤。陸本作"依"。故云：《説文》作"悘"音同。又云：俗作"偯"。非。以"偯"爲"依"之俗寫也。今依而既誤"偯"。因改"偯"爲"哀"。然必不當有作"哭，不哀者"。是可證"哀"爲"偯"之改，"偯"爲"依"之訛矣。《禮記·閒傳》三曲而"偯"誤同。**氣竭而息，聲不委曲。**《正義》曰：注"氣竭"至"委曲"，此依鄭注也。**禮無容，言不文，**《釋文》言"不文，文飾也。"或作聞，非。不爲趨七須反翔唯維癸反，又以水反而不對也。《釋文》按：唯而不對《禮記閒傳》文，**服美不安，**去羌呂反文繡衣於既反，衰七雷反，字或作縗同服也《釋文》。**聞樂不樂，**悲哀在心，故不樂也。《正義》曰：注"悲哀"至"樂也"，此依鄭注也。《釋文》故不樂也，音洛。**食旨不甘，此哀戚之情也。**《釋文》。此哀感之情，七歷反。按：石臺本、岳本作"此哀感之情也。"今本作"戚"，非。唐石經闕下文。爾哀感之死事。哀感皆戚下加心，則此必作"感"。可知。正德本疏中云：此上六事皆哀感之情也。則《正義》本作"感"。監本、毛本疏悉改爲"戚"矣。不甞如字鹹音咸酸素丸反而食粥之六反，又音育。《釋文》。**三日而食，教民無以死傷生，毀不滅性，此聖人之政也**。毀瘠羸瘦，孝子有之。《文選注謝希逸、宋孝武、宣貴妃誄》、鄭玄《孝經》注。《釋文》瘠情口反，羸，力爲反。疫，色救反。一本作"病"或作"憊"，皮拜反。**喪不過三年，示民有終也**。三年之喪，天下達禮，《正義》曰：云"三年之喪天下達禮者"，此依鄭注也。不肖者企上跛反而及之，賢者俯音甫而就之。再期。本又作"朞"，音同。《釋文》。慮學士曰：《禮記喪服小記》"再期之喪三年也"。鄭注當引此文。**爲之棺椁衣衾而舉之**，《釋文》槨，音。衾，其蔭反。注同。舊如字。按：石臺本、唐石經、岳本、皆作椁。正德本疏中多作"槨"。則《正義》與《釋文》同毛本疏盡改爲椁矣。周尸爲棺，周棺爲椁。《正義》曰：云"周尸爲棺，周棺爲椁"者，此依鄭注也。衾，謂單音丹。一本作殮，力贍反。可以亢苦浪反，舉也。尸而起也。《釋文》。按：《正義》曰"衾，謂單被"。當本鄭注。《釋文》"單"下當有"被"字。**陳其簠簋而哀感之**，内圓外方受斗二升者《周禮疏·舍人釋》曰：云"方曰簠圓曰簋"皆據外而言。案：《孝經》"陳其簠簋"注云"内圓外方受斗二升者"直據簋而言。若簠，則内方外圓。又瓬人釋曰《孝經》"陳其簠簋"注云"内圓外方者，彼發簋而言之"。《儀禮疏·少牢饋食禮釋》曰：《孝經》注直云"外方曰簠者據而言"。按："外方曰簠者據而言"當作"外方内圓者據簋而言"。**擗踊哭泣，哀以送之**，《釋文》擗，婢亦反。字亦作擘踊，音勇。《文選》注宋孝武宣貴妃誄。《孝經》曰：擗踊哭泣。按：石臺本、作擘踊哭泣。唐石經、岳本"踊"作"踴"。《釋文》蓋本作"踴"，音勇。後人據今本改之。啼號 戶高反 竭情也。《釋文》。**卜其宅兆，而安措之**。《釋文》"而安厝之"七故反，字亦作措。按：《儀禮·士喪禮》注《孝經》曰：卜其宅兆而安厝之，與《釋文》所據鄭本正合。石臺本、唐石經、岳本皆作"措"。葬事大，故卜之。《正義》曰：云"葬事大，故卜之。"此依鄭注也。《周禮疏·小宗伯》"《孝》經卜其宅兆注。兆以爲龜兆，解之。"按：《釋文》曰：兆，卦也。本注《儀禮·疏士喪禮》稱此注"兆，爲吉兆。"與《周禮疏》及《釋文》合。但俱是約鄭義。言之故未可竟作鄭注也。祥序錄。**爲之宗廟，以鬼享之**，《釋文》廟字亦作庿，以鬼享之。許丈反。又作饗之。按：石臺本"享"作"亨"。《閎明集》卷九引作"饗"。宗，尊也。廟，貌也。親雖亡没，事之若生，爲立宮室。四時祭之若見鬼神之容貌。《詩正義·清廟》《孝經注》云：《正義》曰：舊解云"宗，尊也。廟，貌也。言祭宗廟見先祖之尊貌也。"**春秋祭祀，以時思之**。四時變易，物有成熟，將欲食之。先薦先祖。念之若生，不忘親也。《太平御覽》卷五百二十五鄭玄注。**生事愛敬，死事哀感**，無遺纖息廉反也。《釋文》。**生民**

之本盡矣，死生之義備矣，尋繹音亦天經地義究音救竟人情也。《釋文》。孝子之事親終矣。"《釋文》。行下孟反畢孝成。《釋文》。

《孝經》鄭氏解一卷　武進臧鏞堂述

同懷弟禮堂學

嘉慶壬戌孟冬錢塘嚴杰讀時寓西湖詁經

3. 洪頤煊《孝經鄭注補證》[①]

《釋文》本另行題"鄭氏"二字，又夾注。相承解爲鄭玄。邢昺疏云：今俗所行《孝經》題曰鄭氏。又引晉中《經簿》《周易》《尚書中侯》《尚書大傳》《毛詩》《周禮》《儀禮》《禮記》《論語》凡九書，皆云鄭氏注名玄。至於《孝經》則稱鄭氏解，無"名玄"二字。今本鄭注二字合於《孝經》大題之下，是後人所改。

開宗明義章

○《釋文》本每章首俱有標題，今據補下同。

仲尼居，仲尼，孔子字。補 尻，尻講堂也。○補注見《釋文》。《説文》引古文《孝經》曰"仲尼尻"。據《釋文》所引鄭注經文本同。古文作"尻"，今本作"居"。疑後人所改。**曾子侍**。曾子，孔子弟子也。○《釋文》有此七字。不云鄭注。**子曰："先王有至德要道**，子者，孔子。補 禹三王最先者。至德，孝悌也。要道，禮樂也。○補注見《釋文》。**以順天下。民用和睦，上下無怨**。以，用也；睦，親也。至德以教之，要道以化之，是以民用和睦，上下無怨也。**汝知之乎？**○《釋文》"女"本或作汝。**曾子避席**○《釋文》辟，音避，注同。本或作避。今本注無。**曰："參不敏，何足以知之。"**參，名也。參，不達。**子曰："夫孝，德之本也**，人之行，莫大於孝，故曰，德之本也。○邢疏與今本同。末句作"故謂德"。本文少異。《釋文》有"人之行"三字。夫，音符。

[①]《孝經鄭注》補證一卷，據《知不足齋叢書》本。清朝洪頤煊撰。頤煊，字旌賢，號筠軒。臨海人。乾隆辛丑拔貢生，官廣東候補直隸州州判。是書取日本本《孝經鄭注》與《釋文》《正義》諸書。所引鄭注同者爲之證明其出處，其未有出處者則存而不論，或有《釋文》《正義》諸書所引，而日本本反略之者，亦爲考其有無，補所未備，并據《釋文》增入音義。故曰補證。補證自有此稱，豈止可以見日本本之有根據，并可以見日本本之多漏略，蓋《群書治要》所載諸書原非足本也。

注及下同。今注無"夫"字。**教之所由生也。**"教人親愛，莫善於孝。故言教之所由生。**復坐，**○《釋文》云：復，音服。坐，在臥反。注同。今本注無。**吾語汝："身體髮膚受之父母，不敢毀傷，孝之始也。**補父母全而生之，己當全而歸之，故不敢毀傷。補注見邢疏。**立身行道揚名于後世，以顯父母，孝之終也。**補父母得其顯譽也者。○補注見《釋文》。**夫孝始於事親，中於事君，終於立身。"**補父母生之是事親爲始，卅疆而仕是事君爲中，七十行步不逮，縣車致仕，是立身爲終也。○補注見邢疏案疏引作"七十致仕"。無"行步不逮縣車"六字。《釋文》本有之。今補。又疏引"卅作四十"，從《釋文》本改。**《大雅》云："無念爾祖，聿修厥德。"**《大雅》者，《詩》之篇名。無念，無忘也。聿，述也。修，治也。爲孝之道，無敢忘爾先祖。當修治其德矣。補雅者，正也。方始發章以正爲始。○補注見邢疏。《釋文》引"無念無忘也"五字。

天子章

子曰："愛親者，不敢惡於人。愛其親者，不敢惡於他人之親。○《釋文》惡，烏路反。注同。**敬親者，不敢慢於人。**己慢人之親，人亦慢己之親。故君子不爲也。**愛敬盡於事親，**盡愛於母，盡敬於父。**而德教加於百姓，**敬以直內，義以方外。故德教加於百姓也。**形於四海。**形，見也。德教流行，見四海也。○《釋文》有"形見"二字。**蓋天子之孝也。**補蓋者，謙辭。○補注見邢疏。**《呂刑》云：**○《釋文》作《甫刑》：**'一人有慶，兆民賴之。'"**《呂刑》，《尚書》篇名也。一人，謂天子。天子爲善，天下皆賴之。補引譬連類。□億萬曰兆。天子曰兆民，諸侯曰萬民。○補注"引譬連類"四字見《文選·與孫皓書》李善注。《釋文》有"引辟"二字。"億萬曰兆"以下見《五經算術》。因文不連屬，故作□以別之。下并倣此。邢疏云：鄭注以《書》錄王事，故證天子之章，以爲引類得象。案："錄王事"二句是疏。申明鄭注之文。鄭注止"引類得象"四字。與《釋文》《文選》注所見本不同。

諸侯章

在上不驕，高而不危。諸侯在民上，故言在上。敬上愛下，謂之不驕。故居高位，而不危怠也。○"危殆"二字見《釋文》。**制節謹度，滿而不溢。**費用約儉，謂之制節，奉行天子法度謂之謹度，故能守法而不驕逸也。補無禮爲驕，奢泰爲溢。○《釋文》有"費用約儉"四字。與今本同。又有"奢泰爲溢"一句。邢疏"費用約儉謂之制節，慎行禮法謂之謹度。""無禮爲驕，奢泰爲侈"今本無末二句，今補。"慎行禮法"句亦與今本少異。**高而不危，所以長守貴也。**居高位，能不驕。所以長守貴也。**滿而不溢，所以長守富也。**雖有一國之財，而不奢泰，故能長守富也。**富貴不離其身，**富能不奢，貴能不驕。故云不離其身。○《釋文》離，力智反。注同。**然後能保其社稷，**上能長守富貴，然後乃能安其社稷。**而和其民人。**薄賦斂、省傜役，是以民人和也。○《釋文》有"薄賦斂省傜役"六字。**蓋諸侯之孝也。**補 列土封疆。○補注見《釋文》。**《詩》云："戰戰兢兢，如臨深淵，如履薄冰。"**戰戰，恐懼。兢兢，戒愼。如臨深淵，恐墜。如履薄冰，恐陷。補 義取爲君恒須戒懼。○邢疏與今本同。惟作臨深，恐墜。履薄，恐陷。又有"義取"以下八字。爲少異今補。《釋文》有"恐隊恐陷"四字。

卿大夫章

非先王之法服不敢服，補 法服謂日月星辰，山龍華蟲，藻火粉米，黼黻絺繡。□先王制五服。天子服，日月星辰。諸侯服，山龍華蟲。卿大夫服，藻火。士服，粉米。□皆謂文繡也。□田獵卜筮冠皮弁，衣素積百王同之不改易。補注"法服以下"見《北堂書鈔》八十六。"先王以下"見《北堂書鈔》一百二十八《周禮·小宗伯》疏。《文選·大將軍讌會詩》注。《釋文》《禮儀·少牢饋食禮》疏。**非先王之法言不敢道，**不合《詩》《書》，則不敢道。**非先王之德行不敢行。**不合禮樂，則不敢行。補 禮以儉奢。○補注見《釋文》。"行"下"孟反注"。德行同。今注無"行"字。**是故非法不言，**非《詩》《書》，則不言。**非道不行。**非禮樂，則不行。**口無擇言，身無擇行，言滿天下，無口過；行滿天下，無怨惡。**○《釋文》惡，烏路反，注同。今本注無。**三者備矣，然後能守其宗廟。**法先王服，言先王道，行先王德，則爲備矣。補 爲作宮室。○補注見《釋文》。**蓋卿大夫之孝也。**補 張官設府謂之卿大夫。○補注見《禮記·曲禮疏》。**《詩》云："夙夜匪懈，以事一人。"**夙，早也。夜，暮也。一人，天子也。卿大夫當早起夜臥，以事天子，勿懈惰。《釋文》有"夜莫也懈惰。"五字。

士章

資於事父以事母，而愛同。事父與母，愛同，敬不同也。補 資者，人之行也。○補注見於《釋文》公羊定四年疏。**資於事父以事君，而敬同**。事父與君，敬同，愛不同也。**故母取其愛，而君取其敬，兼之者父也**。兼，并也。愛與母同，敬於君同。并此二者，事父知道也。**故以孝事君則忠**。移事父孝以事於君，則爲忠矣。○邢疏與今本同，惟"也"字作"矣"。**以敬事長則順**。移事兄敬以事於長，則爲順矣。○邢疏與今本同。《釋文》長，丁丈反。注同。**忠順不失，以事其上**。事君能忠，事長能順。二者不失，可以事上也。**然後能保其禄位，而守其祭祀**。補食禀爲禄，始爲日祭。□別是非。○補注見《釋文》。**蓋士之孝也。《詩》云："夙興夜寐，無忝爾所生。"** 忝，辱也。所生，謂父母也。士爲孝，當早起夜卧，無辱其父母也。

庶人章

子曰："因天之道。春生夏長，秋斂冬藏。順四時以奉事天道。○《釋文》《邢疏》俱有"春生"以下八字。**分地之利**，分別五土，視其高下，此分地利也。補高田宜黍，隰下田宜稻黍，丘陵阪險宜種棗棘。○《釋文》有"分別五土"四字。邢疏引"分別五土"二句。又引"高田宜黍稷"二句。"丘陵"以下八字見《釋文》。今據補。又分，方云反。注同。**謹身節用，以養父母**。行不爲非，爲謹身。富不奢泰，爲節用。度財爲費，父母不乏也。○《釋文》云行不爲非，度財爲費，什一而出。無所復。謙，與今本少異。謙，古通作"慊"。**此庶人之孝也。故自天子至于庶人，孝無終始，而患不及己者，未之有也。"** 總説五孝，上從天子，下至庶人，皆當孝無終始。能行孝道，故患難不及其身。未之有者，言未之有也。○《釋文》有"患難不及其身也。善未之有者也"十三字。案邢疏引鄭曰：諸家皆以爲患及身。又云：倉頡篇謂患爲禍。孔鄭韋王之學引之以釋此。《經》又引鄭曰：《書》云：天道，福善禍淫。又曰：惠迪吉從逆凶，惟影響當朝通識者以爲鄭注。非誤其大旨，與今本略同。邢疏又引謝萬云：言爲人無終始者，謂孝行有終始也。患不及者，謂用心憂不足。能行如此之善，曾子。所以稱難。故鄭注云：善未有也。《釋文》作"善未之有也。"是謝萬改本。

三才章

曾子曰："甚哉。孝之大也。" 上從天子，下至庶人，皆當爲孝無終始。曾子乃乃知孝之爲大。補語喟然。○補注見《釋文》。**子曰："夫孝**

天之經也，春秋冬夏，物有死生，天之經也。**地之義也**，山川高下，水泉流通，地之義也。**民之行也**。孝悌恭敬，民之行也。○《釋文》有"孝弟恭敬"四字。行，下孟反。注同。**天地之經，而民是則之**。天有四時，地有高下，民居其間，當是而則之。**則天之明**，則視也，視天四時，無失其早晚也。**因地之利**，因地高下，所宜何等。**以順天下**。**是以其教不肅而成**，以用也，用天四時地利，順治天下。下民則樂之，是以其教不肅而成也。○《釋文》有"民皆樂之"四字。**其政不嚴而治**。政不煩苛，故不嚴而治也。○《釋文》有"政不煩苛"四字。**先王見教之可以化民也**。見因天地教化民之易也。○邢疏與今本同。《釋文》有"民之易也"四字。**是故先之以博愛，而民莫遺其親**。先修人事，人事流化於民也。**陳之以德義，而民興行**。陳說德義之美，爲衆所慕，則人起心而行之。上好義，則民莫敢不服也。○《釋文》有"上好義"三字。**先之以敬讓，而民不爭**。若文王敬讓與朝，虞芮推畔於野，上行之則下效法之。○《釋文》"野"作"田"。下無"上行之"三字。又"之下"無"法"字。餘皆與今本同。**導之以禮樂，而民和睦**。上好禮，則民莫敢不敬。**示之以好惡，而民知禁**。善者賞之，惡者罰之。民之禁，不敢爲非也。○《釋文》惡如字，禁，金鳩反。注同。**《詩》云：'赫赫師尹，民具爾瞻。'"** 補 若冢宰之屬女當視民。○補注見《釋文》《毛詩·節南山》疏。

孝治章

子曰："昔者，明王之以孝治天下。不敢遺小國之臣，古者，諸侯歲遣大夫，聘問天子。天子待之以禮。此不遺小國之臣者也。 補 昔，古也。○補注見《公羊傳》序疏。《釋文》有"聘問天子無恙"六字。**而況於公侯伯子男乎**？古者諸侯五年一朝天子，天子使世子郊迎萬禾百車，以客禮待之。 補 晝坐正殿，夜設庭燎，思與相見問其勞苦也。□當爲王者□侯者，候伺伯者，長男者任也。□德不倍□別優。○《太平御覽》一百四十七引"古者諸侯"以下俱與今本同，惟不重"天子"二字。"待之"下有"晝坐正殿"十七字。今據補。"當爲王者"以下俱見《釋文》。又《釋文》有"五年一朝郊迎芻禾百車以客"十二字。"世子郊迎"又見《周禮·大行人》疏。**故得萬國之歡心，以事其先王**。諸侯五年一朝天子，各以其職來助祭宗廟，是得萬國之歡心。事其先王也。 補 天子亦五年一巡守。□勞來。○《禮記·王制疏》引《孝經注》云：諸侯五年一朝天子，天子亦五年一巡守。《釋文》有"五年一巡守勞來"七字。今據補。**治國者不敢侮於鰥寡，而況於士民乎？** 補 丈夫六十無妻曰鰥，婦人五十無夫曰寡。○補注見《毛詩·桃夭》疏。《文選·關中詩》注。**故得百姓之懽心，以事其先君。**諸侯能行孝理，得所統之懽心，則皆恭事助其祭享也。**治家者，不敢失於臣妾之心，而況於妻子乎？** 補 治家，謂卿大夫。□男子賤稱。○補注："治家，謂卿大夫"見邢疏。"治"本作"理"，是避唐諱。今依經文改正。"男子賤稱"四字見《釋文》。**故得人之懽心，以事其親。** 補 小大書節。○補注見《釋文》。**夫然故生則親安之，**養則致其樂，故親安之也。○《釋文》養則致其樂，"養"字在經文。夫然上傳寫之僞。**祭則鬼饗之。**祭則致其嚴，故鬼饗之也。**是以天下和平，**上下無怨，故和平。**災害不生，**風雨順時，百穀成熟禍亂不作。君惠臣忠，父慈子孝。是以禍亂無緣得起也。**故明王之以孝治天下也如此。**故上明王所以災害不生，禍亂不作。以其孝治天下。故致於此。**《詩》云：'有覺德行，四國順之。'"**覺，大也。有大德行。四方之國，順而行之也。○邢疏"覺大也"下有"義取天子"四字。"德行"下有"則"字，"之下"無"也"字。與今本同。《釋文》行，下孟反。注同。

聖治章

曾子曰："敢問聖人之德。無以加於孝乎？"子曰："天地之性，人爲貴。貴其異於萬物也。○邢疏與今本同。**人之行，莫大於孝。**孝者，德之本。有何加焉？○邢疏有"孝者德之本也"六字。**孝莫大于嚴父。**莫大尊嚴其父。**嚴父莫大於配天，**尊嚴其父，莫大於配天。生事愛敬，死爲神主也。**則周公其人也。**尊嚴其父，配食天者，周公爲之。**昔者，周公郊祀后稷以配天。**郊者祭天名。后稷者，周公始祖。○經文"祀"《釋文》作"巳"，音似。古通用。**宗祀文王於明堂，以配上帝。**文王，周公之父。明堂，天子布政之宮。上帝者，天之別名。 補 神無二主，故異其處，避后稷也。○補注見《釋文》《後漢·祭祀志》注。《祭祀志》注又有"明堂者，天子布政之宮。上帝者，天之別名也。"二句。與今本同。**是以四海之內，各以其職來祭。**周公行孝於朝，越嘗重譯來貢，是得萬國之歡心也。○《釋文》有"越嘗重譯"四字。**夫聖人之德，又何以加於孝乎？**孝悌之至通於神明，豈聖人所能加？**故親生之膝下，以養父母曰嚴。**○《釋文》曰，人實反，注同。今本注無。**聖人因嚴以教敬，因親以教**

愛。聖人因其親嚴之心，教以愛敬之教，故出以就傳。趨以過庭，以教敬也。抑瘙癢痛、懸衾篋枕以教愛也。因人尊嚴其父，教之爲敬。因親近於其父，教之爲愛，順人情也。[補]致其樂。○補注見《釋文》。又有"親近於母"四字。案：上文"母取其愛"此注二句是分釋父母之義。今本"親近於父"疑即《釋文》"親近於母"傳寫爲僞。**聖人之教，不肅而成**，聖人因人情而教民，民皆樂之。故不肅而成也。**其政不嚴而治**。其身正不令而行，故不嚴而治。○《釋文》有"不令而行"四字。**其所因者本也**。本謂孝也。○邢疏與今本同。**父子之道，天性也**，性，常也。**君臣之義也**。君臣非有天性，但義合耳也。**父母生之，續莫大焉**。父母生子，骨肉相連屬。復何加焉？○《釋文》有"復何加焉"四字。**君親臨之，厚莫重焉**。君親擇賢，顯之以爵，寵之以祿。厚之至也。**故不愛其親，而愛他人者，謂之悖德**。○《釋文》悖，補對反。注同。**不敬其親，而敬他人者，爲之悖禮**。不能敬其親，而敬他人之親者，謂之悖禮也。**以順則逆，以悖爲順，則逆亂之道也。民無則焉**。則，法。**不在於善，而皆在於凶德**。惡人不能以禮爲善，乃化爲惡。若桀紂是爲善。○《釋文》《邢疏》有"若桀紂是也"五字。邢疏引"若上"有"悖"字。原校云：據《釋文》"爲善"二字當作"一也"字。**雖得之，君子所不貴**。不以其道，故君子不貴。**君子則不然，言思可道**，君子不爲逆亂之道，言中詩書。故可傳道也。○《釋文》有"言中詩書"四字。**行思可樂**，動中規矩，故可樂也。○《釋文》云：樂音洛，注同。**德義可尊**，可尊法也。**作事可法**，法，則也。**容止可觀**，威儀中禮，故可觀。**進退可度**，難進而盡忠，易退而補過。○《釋文》與今本同。"忠"作"中"。古通用。**以臨其民，是以其民畏而愛之**，畏其刑罰，愛其德義。**則而象之**。[補]傚。○補注見《釋文》。**故能成其德教**，[補]漸也。○補注見《釋文》。**而行其政令**。[補]不令而伐謂之暴。○補注見《釋文》。**《詩》云：'淑人君子，其儀不忒。'"** 淑，善也。忒，差也。善人君子，威儀不差，可法則也。○邢疏：淑，善也。忒，差也。與今本同。下云"義取君子威儀不差，爲人法則。"與今本少異。又"忒差也"三字見《文選·永明十一年策秀才文》注。

紀孝行章

子曰："孝子之事親[補]也盡，○補注見《釋文》。**居則致其敬**[補]盡其敬，禮也。《釋文》云：一本作"則盡其敬也"，有一本作"盡其敬禮也。"**養則致其樂**。樂竭歡心，以事其親。**病則致其憂**，⬜補⬜色不滿容，行不正履。○補注見《邢疏》。**喪則致其哀**。⬜補⬜擗踊哭泣，盡其哀情。○補注見《邢疏》《釋文》。**祭則致其嚴**。⬜補⬜齋必變食□敬忌□踧。補注見《釋文》。**五者備矣，然後能事親。事親者，居上不驕**，雖尊爲君而不驕也。**爲下不亂**，爲人臣下，不敢爲亂也。**在醜不爭**。忿爭爲醜，醜類也。以爲善不忿爭。○原校云"忿爭爲醜疑有差誤"。《釋文》有"不忿爭也"四字。與今本異。爭之，鬬爭。注及下同。**居上而驕則亡**，富貴不以其道，是以取亡也。**爲下而亂則刑**，爲人臣下好作亂，則刑罰及其身。○《釋文》作好□。亂則刑罰及其身也。**在醜而爭則兵**。朋友中好爲忿爭者，惟兵刃之道。**三者不除，雖日用三牲之養，猶爲不孝也。"**夫愛親者，不敢惡於人之親。今反驕亂忿爭，雖日致三牲之養，豈得爲孝子？○《釋文》有"不敢惡於人親"六字。

五刑章

子曰："五刑之屬三千，五刑者，謂墨、劓、臏、宮割、大辟也。⬜補⬜科條三千□，穿窬盜竊者，劓。劫賊傷人者，墨。男女不與體交者，宮割。壞人垣墻，開人關龠者，臏手。殺人者，大辟。○補注見《釋文》。"科條三千"下本有"謂劓墨宮割臏大辟"八字。因今本已載。故删之。**而罪莫大於不孝。要君者無上**。事君，先事而後食禄。今友要君，此無尊上之道。**非聖人者無法**，非侮聖人者，不可法。○《釋文》有"非侮聖人者"五字。**非孝者無親**。己不自孝，又非他人爲孝，不可親。**此大亂之道也。"**事君不忠，侮聖人言，非孝者，大亂之道也。《釋文》有"人行者"三字。一本作"非孝行"。此非孝。"非孝者"當作"非孝行者"。傳寫之譌。

廣要道章

子曰："教民親愛，莫善於孝。教民禮順，莫善於悌。⬜補⬜人行之次也。○補注見《釋文》。"弟"本亦作"悌"。言教人親愛禮順，無加於孝悌也。**移風易俗，莫善於樂**。夫樂者，感人情。樂正則心正，樂淫則心淫也。⬜補⬜惡鄭聲之亂。雅樂也。○補注見《釋文》。上句云"樂感人情者也"與此少異。**安上治民，莫善於禮**。上好禮，則民易使。○《釋文》

與今本同。使下有"也"字。**禮者，敬而已矣。**敬，禮之本。有何加焉？〇邢疏"敬者，禮之本也。"無下一句。**故敬其父則子悦，**⃞補⃞盡禮以事。〇補注見《釋文》。"悦"作"説"。注及下者皆同。**敬其兄則弟悦，敬其君則臣悦，敬一人而千萬人悦。所敬者寡而悦者衆。**所敬一人，是其少。千萬人悦，是其衆。**此之謂要道也。"**孝悌以教之，禮樂以化之，此謂要道也。

廣至德章

子曰："君子之教以孝也，非家至而日見之也。但行孝於內，流化於外也。⃞補⃞言教不必家到戶至，日見而語之。但行孝於內，其化自流於外。〇補注見《邢疏》。《釋文》有"而日語之但"五字。《文選・讓中書令表注》引作"非門到戶至而見之。"《竟陵王行狀注》又引"見上有日"字。文皆少異。**教以孝，所以敬天下之爲人父者也。**天子無父，事三老。所以敬天下孝也。**教以悌，所以敬天下之爲人兄者也。**天子無兄，事五更，所以叫天下悌也。〇《釋文》有"天子父事三老，天子兄事五更"二句。此與上注二無字衍。**教以臣，所以敬天下之爲人君者也。**天子郊則君事天，廟則君事尸，所以教天下臣。**《詩》云：'愷悌君子，民之父母。'以上三者，教於天下，真民之父母。非至德，其孰能順民如此其大者乎！"**至德之君，能行此三者，教於天下也。

廣揚名章

子曰："君子之事親孝，故忠可移於君。欲求忠臣，出孝子之門。故可移於君。**事兄悌，故順可移於長。**以敬事兄則順，故可移於長也。〇《釋文》"弟"本作"悌"。長丁丈反。注同。邢疏有"以敬事張則順"六字。**居家理，故治可移於官。**君子所居則化，所在則治。故可移於官也。〇邢疏與今本同。無"所在則治"四字。《釋文》云：治，直吏反。注同。讀"居家理故治"絕句。**是以行成於內，而名立於後世矣。"**⃞補⃞修上三德於內，名自傳於後代。〇補注見邢疏。

諫諍章

曾子曰："若夫慈愛恭敬，安親揚名，則聞命矣。敢問子從父之令，〇《釋文》令，力政反。下及注皆同。**可謂孝乎？"子曰："是何言與？何言與？**⃞補⃞孔子欲見諫諍之端。〇補注見《釋文》。"歟"今本作"與"。**昔者天子有爭臣七人，雖無道，不失其天下。**七人者，謂大師大保大傅左輔右弼前疑後丞。維持王者，使不危殆。○《釋文》云"不失其天下"。"其"衍字耳。今本經文衍"其"字。《後漢·劉瑜傳》注引作"七人謂三公及左輔右弼前疑後承，使不危殆。"十四字。邢疏云：孔鄭二注及先儒所傳并引《禮記·文王世子》以解七人之義。**諸侯有爭臣五人，雖無道，不失其國。大夫有爭臣三人，雖無道，不失其身家。**尊卑輔善，未聞其官。**士有爭友，則身不離於令名。**令，善也。士卑無臣，故以賢友助己。○《釋文》"離"上無"不"字。離，力智反。今本"不"字，疑從後人所加。**父有爭子，則身不陷於不義。** 補 父失則諫，故免陷於不義。○補注見邢疏。**故當不義，則子不可以不爭於父，臣不可以不爭於君。故當不義則爭之，從父之令，又焉得爲孝乎？"**委曲從父命，善亦從善，惡亦從惡，而心有隱，豈得爲孝乎？○《釋文》焉，於處反。注同。今注無"焉"字。

感應章

子曰："昔者明王事父孝，故事天明。盡孝於父，則事天明。○《釋文》有"盡孝於父"四字。**事母孝，故事地察。**盡孝於母，能事地。察其高下，視其分察也。○《釋文》作"視其分理也"。案注：意以分訓明以理訓察。"分察"二字當從《釋文》作"分理"爲正。"能"字亦疑"則"字之譌。**長幼順，故上下治。**卑事於尊，幼順於長，故上下治。○《釋文》治，直吏反。注同。**天地明察，神明彰矣。**事天能明，事地能察。德合天地，可謂彰也。**故雖天子，必有尊也，言有父也。**雖貴爲天子，必有所尊，事之若父，三老是也。**必有先也，言有兄也。**必有所先，事之若兄，五更是也。**宗廟致敬，不忘親也。**設宗廟，四時齋戒以祭之，不忘其親也。**修身慎行，恐辱先也。**修身者，不敢毀傷。慎行者，不歷危殆。常恐己辱先也。**宗廟致敬，鬼神著矣。**事生者易，事死者難。聖人慎之。故重文。○邢疏引舊注與今本同。"重"下有"其"字。《釋文》有"事生者易故重其文也"九字。**孝悌之至，通於神明，光于四海，無所不通。**孝至於天，則風雨時。孝至於地，則萬物成。孝至於人，則重譯來貢。無所不通也。○《釋文》有"則重譯來貢"五字。**《詩》云：'自西自東，自南自北，無思不服。'"**孝道流行，莫敢不服。義取德教流行，莫敢不服。○《釋文》有"莫不被"三字。云：今本作"莫不服"。邢疏作"義取德教流行，莫不服。"義從化也。皆與今本不同。

事君章

子曰："君子之事上也，[補]上陳諫諍之義畢欲見。〇補注見《釋文》。進思盡忠，[補]死君之難爲盡忠。〇補注見《釋文》《文選·三良詩注》。退思補過。將順其美，匡救其惡。故上下能相親也。君臣同心，故能相親。〇原校云"治"字衍。《詩》云：'心乎愛矣，遐不謂矣。中心藏之，何日忘之？'"

喪親章

子曰："孝子之喪親也。[補]生事已畢，死事未見，故發此事。〇補注見邢疏。《釋文》有"死事未見"四字。哭不偯，[補]氣竭而息，聲不委曲。〇補注見邢疏。禮無容，言不文，[補]不爲趨翔，唯而不對也。〇補注見《釋文》。不爲紋飾。服美不安，[補]去文繡，衣衰服也。〇補注見《釋文》。聞樂不樂，[補]悲哀在心，故不樂也。〇補注見邢疏。《釋文》有"故不樂也"四字。食旨不甘。[補]不嘗酸鹹而食粥。〇補注見《釋文》。此哀戚之情也。〇《釋文》"戚"作"慼"。據下文皆作哀慼，此作"戚"者，傳寫脫耳。三日而食，教民無以死傷生，毀不滅性，[補]毀瘠羸瘵孝子有之。〇補注見《文選·宋孝武宣貴妃誄》注。《釋文》無下句。此聖人之政也。喪不過三年，示民有終也。[補]三年之喪，天下達禮。不肖者企而及之，賢者俯而就之。□再期。〇補注"三年之喪"二句見《邢疏》。"不肖者"以下見《釋文》。《邢疏》引下二句文少異。爲之棺槨衣衾而舉之，[補]周尸爲棺，周棺爲槨。衾，爲單□可以冗只而起也。〇補注"周尸爲棺"二句見《邢疏》。"衾爲單"以下冢《釋文》。陳其簠簋而哀慼之，[補]內圓外方受斗兩升。〇補注見《周禮·舍人疏》。又《禮儀·少牢飲食禮疏》引"外方曰簋"四字。擗踴哭泣，哀以送之。[補]啼號竭情也。〇補注見《釋文》"踴"作"踊"。卜其宅兆，而安措之。[補]葬事大，故卜之。〇補注見《邢疏》《釋文》。"厝"本作"措"。爲之宗廟，以鬼享之。[補]宗，尊也。廟，貌也。親雖亡没，事之若生，爲立宮室。四時祭之，若見鬼神之容貌。〇補注見《毛詩·清廟疏》。春秋祭祀，以時思之。補四時變易，物有成。孰將欲食之？先薦先祖。念之若生，不忘親也。○補注見《太平御覽》五百二十五。**生事愛敬，死事哀慼，生民之本盡矣，**補無遺纖也。○補注見《釋文》。**死生之義備矣，孝子之事親終矣。"**補尋繹天經地義究竟人情也。行畢孝成。○補注見《釋文》。

《孝經鄭注補證》完

4. 王謨輯《孝經注》北海鄭康成解

開宗明義章

仲尼尻。尻，尻講堂也。**曾子侍，**卑在尊者之側曰侍。**子曰："先王有至德要道。**禹，三王最先者。案：五帝，官天下。三王，禹始傳於殷，於殷配天，故爲孝教之始。王，謂文王也。至德，孝悌也，要道，禮樂也。並《釋文》也。

夫孝，德之本也。人之行莫大於孝，故爲德本。《正義》云此。依鄭注引其《聖治章》文也。

身體髮膚受之父母，不敢毀傷。父母全而生之，已當全而歸之。《正義》云此依鄭注引《祭義‧樂》正子春之言也。

以顯父母。父母得其顯譽也，卅卅①疆而仕，行步不逮，縣車致仕。《釋文》。

夫孝，始於事親，中於事君，終於立身。父母生之，是事親爲始；四十疆而仕，是事君爲中；七十致仕，是事身爲終。《正義》。

《大雅》云：'無念爾祖。'"雅者，正也。《正義》。無念，無忘也。《釋文》。

天子章

蓋天子之孝也。蓋者，謙辭。

《甫刑》云："一人有慶，兆民賴之。"《書》錄王事，故證天子之章引類得象。

諸侯章

制節謹度，滿而不溢。費用約儉，謂之制節。慎行禮法，謂之謹度。無禮爲驕，奢泰爲溢。并《正義》。

---

① 音"xi"，意思爲"四十"。現爲"卌"字。

富貴不離其身。薄賦斂，省徭役，列土封疆。《釋文》

《詩》云："**戰戰兢兢，如臨深淵，如履薄冰**。"戰戰，恐懼。兢兢，戒慎。臨深，恐墜。履薄，恐陷。義取爲君恒須戒懼。《正義》。

卿大夫章

非先王之法服不敢服。法服，謂日月星辰，山龍華蟲，藻火粉米，黼黻絺繡。天子服日月星辰；諸侯服山龍華蟲；卿大夫服藻火；士服粉米。《書鈔》。皆謂文繡也。田獵，卜筮，冠素積。

身無擇行。禮以檢奢。

然後能守其宗廟。爲，作宮室。並《釋文》。

蓋卿大夫之孝也。張官設府，謂之卿大夫。《禮記疏》。

《詩》云："**夙夜匪解**。"夜，莫也。解，惰也。

士章

資於事父以事母而愛同。資者，人之行也。並《釋文》。

故以孝事君則忠。移事父孝以事於君，則爲忠矣。

以敬事長則順。移事兄敬以侍於長則爲順矣。並《正義》。

然後能保其祿位，而守其正祀。食廩爲祿，爲日祭。一本作"始曰爲祭"。別是非。此有脫文。案：《釋文》所引鄭注文義多有脫誤。故竝錄制，以俟參攷。

庶人章

用天之道。春生，夏長，秋斂，冬藏。《釋文》。

分地之利。分別五土，視其高。《正義》。若高田，宜黍稷。下田，宜稻麥，丘陵阪險，宜種棗栗。《初學記》。一作"宜種桑栗"。《釋文》作"宜棗棘"。

謹身節用以養父母。行不爲非，度財爲費。什一而出，無所復謙。《釋文》。

而患不及者。諸家皆以爲患及身，今祥以爲自患不及。《釋文》作"故患難不及其身也。"《書》曰："天道福善禍淫"，又曰"惠迪吉從，兇惟影響。"

未之有也。善未有也。並《正義》。

三才章

曾子曰："甚哉。"語嗋然。

民之行也。孝悌恭敬，民皆樂之。

其政不嚴而治。政不煩苛也。並《釋文》。

先王見教之可以化民也。見因天地教化人之易也。《正義》。

先之以敬讓而民不爭。上好義而民不爭，若文王敬讓於朝，虞芮推畔於田，則下効之。

《詩》云："赫赫師尹，民具爾瞻。"師尹，若冢宰之屬也，女當視民。並《釋文》。

孝治章

昔者明王之以孝治天下也。昔，古也。《公羊序疏》。

不敢遺小國之臣，而況於公侯伯子男乎？聘問天子無恙，五年一朝，郊迎芻禾，百車以客。《釋文》云"本或作以客禮待之"。夜設庭燎。又云"在地曰燎①，執之曰燭，樹之門外曰大燭。于內曰庭燎。皆是照衆爲明，當爲王者。候者，候伺。伯者，長男者，任也。德不倍別優。

故得萬國之歡心。五年一巡守，勞來。並《釋文》。

不敢侮於鰥寡。丈夫六十無妻曰鰥，婦人五十無夫曰寡。《毛詩疏》。

治家者。理家，謂卿大夫。《正義》。

不敢失於臣妾。男子賤稱。

故得人之歡心以事其親。小大盡節養。

故生則親安之。生則至其樂。並《釋文》。

聖治章

天地之性人爲貴。貴其异於萬物也。

周公郊祀后稷以配天。配靈，威仰也。《通典》。

宗祀文王於明堂，以配上帝。明堂，居國之南。南是明陽之地，故曰明堂。《正義》。上帝者，天之別名也。神無二主，故異其處，避后稷也。《史記·封禪書》注。

各以其職來祭。於朝越嘗重譯。《釋文》。

以養父母曰嚴。至其樂，親近於母。

其政不嚴而治。不令而行。並《釋文》。

其所因者本也。本，謂孝也。《正義》。

續焉大焉。上"焉"字，《釋文》云"本"。今作莫。

厚莫重焉。復何加焉。《釋文》。

故不愛其親而愛他人者謂之悖德。若桀紂是也。《正義》。

― ― ― ― ― ― ―

① 下面是"火"字。

言思可道。言中《詩》《書》。

進退可度。難進而盡中，易退而補過。

則而象之。俲，漸也。不令而伐，謂之暴。並《釋文》。

《詩》云："淑人君子，其儀不忒。" 淑，善也；忒，差也。義取君子威儀不差，爲人法則。《正義》。

紀孝行章

盡，禮也。《釋文》云：一本作"盡"，其敬也。一本作"盡"，其敬禮也。今本作"居"，則至其敬。

病則致其憂。色不滿容，行不正嚴。

喪則致其哀。擗踊哭泣，盡其哀情。《正義》。

祭則致其嚴。齋戒沐浴，明發不寐。《書鈔》釋文作"斎必変食，敬忌蹴。"

在醜不爭。不忿爭也。

爲下而亂則刑。好亂，則刑罰及其身也。

猶爲不孝也。不敢惡於人親。並《釋文》。

五刑章

五刑之屬三千。科條三千，謂劓、墨、宮、割。本今无割字、大辟。穿窬盜竊者，劓；劫賊傷人者，墨；男女不與禮交者，宮割；人垣牆開人關龠者、手殺人者，大辟。《釋文》。

非侮聖人者無法。《釋文》云：本今無"侮"字。

非人行者無親。《釋文》云：一本作"非孝行"。

廣要道章

莫善於弟。人行之次也。

莫善於樂。樂感人情者也，惡鄭聲之亂樂也。

莫善於禮。上好禮，則民易使也。並《釋文》。

禮者敬而已矣。敬者，禮之本也。《正義》。

故敬其父則子說。盡禮以事。《釋文》。

廣至德章

非家至而日見之也。言教不必家到戶至，日見而語之。《文選注》引作"非門到戶至，而日見也。"但行孝於內，其化自流於外。《正義》。

教以孝，所以敬天下之爲人父者也。天子事三老教以弟，所以敬天下之爲人兄者也。天子兄弟五更。並《釋文》。

廣揚名章

君子事親孝，故終可移於君。以孝事君則忠。

事兄弟。《釋文》云：本作"悌"。故順可移於長，以敬事長則順。

居家理，故治可移於官。君子所居則化，故可移於官也。

是以行成于內，而名立於後世矣。修上三德于內，名自傳于後代。並《正義》。

諍諫章

是何言歟？《釋文》云：本今作"與"。孔子欲見諍諫之端。

天子有爭臣七人，雖無道，不失天下。《釋文》云：本或作"不失其天下"。七人謂三公及前疑後丞左輔右弼。《後漢書注》，《釋文》作"左輔右弼，前疑後丞，使不危殆。"《正義》云：案孔鄭二注，並引《禮記·文王世子》，以解"七人"之義。《記》曰："虞夏商周，有師保，有疑丞，設四輔及三公。不必備惟其人。"

父有爭子，身不陷於不義。父失則諫，故免陷於不義。《正義》。

感應章

昔者明王事父孝，故事天明。盡孝於父，視其分理也。

宗廟致敬，鬼神著矣。事生者，易故重其文也。《正義》云：舊注以爲，事生者易，事死者難。聖人慎之，故重其文。與此文同，疑即指鄭氏注。

無所不通。孝悌之至，則重譯來貢。並《釋文》。

無思不服。義取德教流行，莫不服。《釋文》作"莫不被"。義從化也。

事君章

進思盡忠。死君之難，爲盡忠。《文選注》。

喪親章

孝子之喪親也。生事已畢，死事未見，故發此事。

哭不偯。氣竭而息，聲不委曲。並《正義》。

禮無容。觸地無容。《書鈔》。

言不文。不爲趨翔。《書鈔》引作"不爲文飾"。唯而不對也。

服美不安。去文繡，衣衰般也。並《釋文》。

聞樂不樂。悲哀在心，故不樂也。《正義》。

食旨不甘。禮三年之喪，不嘗鹹酸而食粥。朝一溢米，暮一溢米。《釋文》。

毀不滅性。毀瘠羸瘐，孝子有之。《文選注》。

喪不過三年。三年之喪，天下達禮。《正義》。不肖者企而及之，賢者俯而就之。再期。《釋文》。

爲之棺椁衣衾而舉之。 周尸爲棺，周棺爲椁。《正義》。衾，謂。可以亢尸而起也。《釋文》。

陳其簠簋而哀戚之。 簠簋，祭器。受一斗二升，方曰簠，圓曰簋。盛黍稷稻粱器。陳奠素器而不見親，故哀戚也。《書鈔》。

擗踊哭泣哀以送之。 啼號竭，情也。《釋文》。

卜其宅兆而安厝之。 宅，墓穴也。兆，塋域也。葬事大，故卜之。《書鈔》。

春秋祭祀以時思之。 寒暑變移，益用增感，以時祭祀，展其孝思也。《書鈔》。《御覽》引此云：四時變易，物有成熟，將欲食之，故薦先祖，念之若生，不忘親也。

生事愛敬，死事哀慼。 無遺纖也。

生民之本盡矣，死生之義備矣，孝子之事親終矣。 尋繹天經地義，究竟人情也，行畢孝成。並《釋文》。

5. 尾張　藤益根輯《孝經鄭註》（寬政本）

開宗明義章第一

仲尼居， 仲尼，孔子字。**曾子侍。** 曾子，孔子弟子也。**子曰：** 子者，孔子。**"先王有至德要道，以順天下。民用和睦，上下無怨。** 以，用也；睦，親也。至德以教之，要道以化之，是以民用和睦，上下無怨也。**汝知之乎？"曾子避席曰："參不敏，何足以知之。"** 參，名也。參，不達。**子曰："夫孝德之本也，** 人之行，莫大於孝，故曰，德之本也。**教之所由生也。** 教人親愛、善於孝。言教之所由生也。言教從孝而生。**復坐，吾語汝。身體髮膚，受之父母，不敢毀傷，孝之始也。立身行道，揚名于後世，以顯父母，孝之終也。夫孝始於事親，中於事君，終於立身。《大雅》云：'無念爾祖，聿修厥德。'"** 大雅者，《詩》之篇名。無念，無忘也；聿，述也，修治也。爲孝之道，無敢忘爾先祖。當修治其德矣。"

天子章第二

子曰："愛親者，不敢惡於人。 愛其親者，不敢惡於他人之親。**敬親者，不敢慢於人。** 己慢人之親，人亦慢己之親。故君子不爲也。**愛敬盡於事親，** 盡愛於母，盡愛於父。**而德教加於百姓，** 敬以直內，義以方外。故德教加於百姓也。**刑于四海。** 形，見也。德教流行，見四海也。**蓋天子之孝也。《呂刑》云：'一人有慶，兆民賴之。'"** 《呂刑》，《尚書》篇名。一人，謂天子。天子爲善，天下皆賴之。

諸侯章第三

在上不驕，高而不危。諸侯在民上，故言在上。敬上愛下，謂之不驕。故居高位，而不危怠也。**制節謹度，滿而不溢。**費用約儉，謂之制節，奉行天子法度，故能守法而不驕逸也。**高而不危，所以長守貴也。**居高位，能不驕。所以長守貴也。**滿而不溢，所以長守富也。**雖有一國之財，而不泰，故能長守富也。**富貴不離其身，**富能不奢；貴能不驕，故云，不離其身。**然後能保其社稷，**上能長守富貴，然後乃能安其社稷。**而和其民人。**薄賦斂、省徭役，是以民人和也。**蓋諸侯之孝也。《詩》云："戰戰兢兢，如臨深淵，如履薄冰。"**戰戰，恐懼；兢兢，戒愼。如臨深淵，恐墜；如履薄冰，恐陷。

卿大夫章第四

非先王之法服不敢服，非先王之法言不敢道，不合詩書，則不敢道。**非先王之德行不敢行。**不合禮樂，則不敢行。**是故非法不言，**非詩書，則不言。**非道不行。**非禮樂，則不行。**口無擇言，身無擇行；言滿天下，無口過；行滿天下，無怨惡。三者備矣，然後能守其宗廟。**法先王服，言先王道，行先王德，則爲備矣。**蓋卿大夫之孝也。《詩》云："夙夜匪懈，以事一人。"**夙，早也。一人，天子也。卿大夫，當早起夜卧，以事天子。勿懈惰。

士章第五

資於事父以事母，而愛同。事父與母，愛同，敬不同也。**資於事父以事君，而敬同。**事父與君，敬同，愛不同也。**故母取其愛，而君取其敬。兼之者父也。**兼幷也。愛與母同，敬與君同，幷此二者，事父之道也。**故以孝事君則忠。**移事父孝，以事於君，則爲忠矣。**以敬事長則順。**移事兄敬以事於長，則爲順矣。**忠順不失，以事其上。**事君能忠，事長能順。二者不失，可以事上也。**然後能保其祿位，而守其祭祀。蓋士之孝也。《詩》云："夙興夜寐，無忝爾所生。"**忝，辱也。所生，謂父母也。士爲孝，當早起夜卧，無辱其父母也。

庶人章第六

因天之道。春生夏長，秋斂冬藏。順四時以奉事天道。**分地之利，**分別五土，視其高下，此分地利也。**謹身節用，以養父母。**行不爲非，爲謹身，富不奢泰，爲節用。度財爲費，父母不乏也。**此庶人之孝也。故自天子至於庶人，孝無終始，而患不及己者，未之有也。**總説五孝，上從天子，下至庶人，皆當孝無終始。能行孝道，故患難不及其身。未之有者，言未之有也。

三才章第七

曾子曰："甚哉。孝之大也。" 上從天子，下至庶人，皆當爲孝，無終始。曾子乃知孝之爲大。**子曰："夫孝天之經也，** 春秋冬夏，物有死生，天之經也。**地之義也，** 山川高下，水泉流通，地之義也。**民之行也。** 孝悌恭敬，民之行也。經常也，利物爲義。孝爲百行之首，人之常德。若三辰運天而有常，五土分地而爲義也。**天地之經，而民是則之。** 天有四時，地有高下，民居其間，當是而則之。**則天之明，** 則，視也。視天四時，無失其早晚也。**因地之利，** 因地高下，所宜何等。**以順天下。是以其教不肅而成，** 以用也，用天四時地利，順治天下。下民則樂之，是以其教不肅而成也。**其政不嚴而治。** 政不煩苛，故不嚴而治也。**先王見教之可以化民也。** 見因天地，教化民之易也。**是故先之以博愛，而民莫遺其親。** 先修人事，流化於民也。**陳之以德義，而民興行。** 上好義，則民莫敢不服也。**先之以敬讓，而民不爭。** 若文王敬讓於朝，虞芮推畔於野，上行之則下效法之。**導之以禮樂，而民和睦。** 上好禮，則民莫敢不敬。**示之以好惡，而民知禁。** 善者賞之，惡者罰之。民之禁，不敢爲非也。**《詩》云：'赫赫師尹，民具爾瞻。'"**

孝治章第八

子曰："昔者，明王之以孝治天下，不敢遺小國之臣， 古者，諸侯歲遣大夫，聘問天子。天子待之以禮。此不遺小國之臣者也。**而況於公侯伯子男乎？** 古者諸侯五年一朝天子，天子使世子郊迎萬禾百車，以客禮待之。**故得萬國之歡心，以事其先王。** 諸侯五年一朝天子，各以其職來，助祭總廟，是得萬國之歡心。事其先王也。**治國者，不敢侮於鰥寡，而況於士民乎？** 治國者，諸侯也。**故得百姓之歡心，以事其先君。治家者，不敢失於臣妾，而況於妻子乎？故得人之歡心，以事其親。夫然，故生則親安之，** 養則致其樂，故親安之也。**祭則鬼饗之。** 祭則致其嚴，故鬼饗之也。**是以天下和平，** 上下無怨，故和平。**災害不生，** 風雨順時，百穀成熟。**禍亂不作。** 君惠臣忠，父慈子孝。是以禍亂無緣得起也。**故明王之以孝治天下也如此。** 故上明王所以災害不生，禍亂不作。以其孝治天下。故致於此。**《詩》云：'有覺德行，四國順之。'"** 覺大也，有大德行。四方之國，順而行之也。

聖治章第九

曾子曰："敢問聖人之德。無以加於孝乎？"子曰："天地之性，人爲貴。 貴其異於萬物也。**人之行，莫大於孝。** 孝者，德之本。又何加焉？**孝莫大于嚴父。** 莫大尊嚴其父。**嚴父莫大於配天，** 尊嚴其父，莫大於配天。生事愛敬，死爲神主也。**則周公其人也**。尊嚴其父，配食天者，周公爲之。**昔者，周公郊祀后稷以配天**。郊者祭天名。后稷者，周公始祖。**宗祀文王於明堂，以配上帝**。文王，周公之父。明堂，天子布政之宮。上帝者，天之別名。**是以四海之內，各以其職來祭**。周公行孝於朝，越嘗重譯來貢。是得萬國之歡心也。**夫聖人之德，又何以加於孝乎**？孝悌之至，通於神明，豈聖人所能加？**故親生之膝下，以養父母曰嚴**。聖人因嚴以教敬，因親以教愛。因人尊嚴其父，教之爲敬。因親近於其父，教之爲愛，順人情也。**聖人之教，不肅而成**，聖人因人情而教民，民皆樂之。故不肅而成也。**其政不嚴而治**。其身正不令而行，故不嚴而治。**其所因者本也**。本，謂孝也。**父子之道，天性也**，性，常也。**君臣之義也**。君臣非有天性，但義合耳也。**父母生之，續莫大焉**。父母生子，骨肉相連屬。復何加焉？**君親臨之，厚莫重焉**。君親擇賢，顯之以禄，厚之至也。**故不愛其親，而愛他人者，謂之悖德**。人不能愛其親，而愛他人親者，謂之悖德。**不敬其親，而敬他人者，爲之悖禮**。不能敬其親，而敬他人之親者，謂之悖禮也。**以順則逆**，以悖爲順，則逆亂之道也。**民無則焉**。則，法。**不在於善，而皆在於凶德**。惡人不能以禮爲善，乃化爲惡。若桀紂是也。**雖得之，君子所不貴**。不以其道，故君子不貴。**君子則不然，言思可道**，君子不爲逆亂之道，言中詩書。故可傳道也。**行思可樂**，動中規矩，故可樂也。**德義可尊**，可尊法也。**作事可法**，可法則也。**容止可觀**，威儀中禮，故可觀。**進退可度**，難進而盡忠，易退而補過。**以臨其民**，是以其民畏而愛之，畏其刑罰，愛其德義。**則而象之**。故能成其德教，而行其政令。《詩》云：'淑人君子，其儀不忒。'"淑，善也。忒，差也。善人君子，威儀不差。可法則也。

紀孝行章第十

子曰："**孝子之事親，居則致其敬，養則致其樂**。樂竭歡心，以事其親。**病則致其憂，喪則致其哀。祭則致其嚴。五者備矣，然後能事親。事親者，居上不驕**，雖尊爲君而不驕也。**爲下不亂**，爲人臣下，不敢爲亂也。**在醜不爭**。忿爭，爲醜，醜類也。以爲善不忿爭。**居上而驕則亡**，富貵不以其道，是以取亡也。**爲下而亂則刑**，爲人臣下，好作亂，則刑罰及其身。**在醜而爭則兵**。朋友中，好爲忿爭者，惟兵刃之道。**三者不除，雖日用三牲之養，猶爲不孝也**。"夫愛親者，不敢惡於人之親。今友驕亂忿爭，雖日三牲之養，豈得爲孝子？

五刑章第十一

子曰："**五刑之屬三千**，五刑者，謂墨、劓、臏、宮割、大辟也。**而罪莫大於不孝。要君者無上**。事君，先事而後食禄。今友要君，此無尊上之道。**非聖**

人者無法，非侮聖人者，不可法。**非孝者無親**。已不自孝，又非他人爲孝，不可親。**此大亂之道也。**"事君不忠，侮聖人言，非孝者，大亂之道也。

廣要道章第十二

子曰："**教民親愛，莫善於孝。教民禮順，莫善於悌。移風易俗，莫善於樂**。夫樂者，感人情，樂正則心正。樂淫則心淫也。**安上治民，莫善於禮**。上好禮，則民易使。**禮者，敬而已矣**。敬禮之本，有何加焉？**故敬其父則子悦，敬其兄則弟悦，敬其君則臣悦，敬一人而千萬人悦。所敬者寡而悦者衆**。所敬一人，是其少。千萬人悦，是其衆。**此之謂要道也。**"孝悌以教之，禮樂以化之，此謂要道也。

廣至德章第十三

子曰："**君子之教以孝，非家至而日見之也**。但行孝於内，流化於外也。**教以孝，所以敬天下之爲人父者也**。天子無父，事三老，所以敬天下老也。**教以悌，所以敬天下之爲人兄者也**。天子無兄，事五更，所以叫天下悌也。**教以臣，所以敬天下之爲人君者也**。天子郊則君事天，廟則君事尸，所以教天下臣也。《詩》云：'愷悌君子，民之父母。'以上三者，教於天下，真民之父母。**非至德，其孰能順民如此其大者乎？**"至德之君，能行此三者，教於天下也。

廣揚名章第十四

子曰："**君子之事親孝，故忠可移於君**。欲求忠臣，出孝子之門。故可移於君也。**事兄悌，故順可移於長**。以敬事兄則順，故可移於長也。**居家理，故治可移於官**。君子所居則化，所在則治。故可移於官也。**是以行成於内，而名立於後世矣。**"

諫諍章第十五

曾子曰："**若夫慈愛恭敬，安親揚名，則聞命矣。敢問子從父之命，可謂孝乎？**"子曰："**是何言與？是何言與？昔者，天子有爭臣七人，雖無道，不失其天下**。七人者，謂大師、大保、大傅、左輔、右弼、前疑、後丞。所引爲（《釋文》，不是鄭玄所注）維持王者，使不危殆。**諸侯有爭臣五人，雖無道不失其國。大夫有爭臣三人，雖無道，不失其身家**。尊卑輔差，未聞其官。**士有爭友，則身不離於令名**。令，善也。士卑無臣，故以賢友助己。**父有爭子，則身不陷於不義。故當不義，則子不可以不爭於父，臣不可以不爭於君。故當不義則爭之，從父之令，又焉得爲孝乎？**"委曲從父命，善亦從善，惡亦從惡，而心有隱，豈得爲孝乎？

感應章第十六

子曰："**昔者明王，事父孝，故事天明**，盡孝於父則事天明。**事母孝，**

故事地察。盡孝於母，能事地察其高下，親其分理也。**長幼順，故上下治**。卑事於尊，幼順於長，故上下治。**天地明察，神明彰矣**。事天能明，事地能察。德合天地，可謂彰也。**故雖天子，必有尊也，言有父也**。雖貴為天子，必有所尊，事之若父，三老是也。**必有先也，言有兄也**。必有所先，事之若兄，五更是也。**宗廟致敬，不忘親也**。設宗廟，四時齋戒，以祭之，不忘其親也。**修身慎行，恐辱先也**。修身者，不敢毀傷，慎行者，不歷危殆。常恐己辱先也。**宗廟致敬，鬼神著矣**。事生者易，事死者難。聖人慎之，故重其文。**孝悌之至，通於神明，光于四海，無所不通**。孝至於天，則風雨時；孝至於地，則萬物成；孝至於人，則重譯來貢。故無所不通也。**《詩》云：'自東自西，自南自北，無思不服。'"** 孝道流行，莫敢不服。

事君章第十七

子曰："君子之事上也，進思盡忠，退思補過。將順其美，匡救其惡。故上下能相親也。君臣同心，故能相親。《詩》云：'心乎愛矣，遐不謂矣。中心藏之，何日忘之？'"

喪親章第十八

子曰："孝子之喪親也。哭不偯，禮無容，言不文，服美不安，聞樂不樂，食旨不甘。此哀戚之情也。三日而食，教民無以死傷生，毀不滅性，此聖人之政也。喪不過三年，示民有終也。爲之棺槨衣衾而舉之；陳其簠簋而哀戚之；擗踊哭泣，哀以送之；卜其宅兆，而安措之；爲之宗廟，以鬼享之；春秋祭祀，以時思之。生事愛敬，死事哀戚，生民之本盡矣，死生之義備矣，孝子之事親終矣。"

6. 袁鈞輯　鄭玄《孝經注》

《孝經注》見本傳。《中經簿》有《孝經鄭氏解》。《北史·儒林傳》謂與《易》《詩》《書》《禮》《論語》註解同，盛行於河北。《隋書》云：梁代孔鄭竝立，孔本亡於梁，亂陳及周，惟傳鄭氏至隨。王劭訪得孔傳，漸聞朝廷，遂著令與鄭竝立。《唐志一卷》《崇文總目》稱孔注前世與鄭竝行，今孔不傳。陳振孫言鄭注世亦少有。乾道中，熊克、袁樞得之，刻於京口。南宋尚有其書，不知何時佚也。此書以鄭志目錄不載，先儒多疑非鄭作。唐開元中，詔質定孔鄭二家。劉知幾請行孔廢鄭，司馬貞議。謂今文孝經注相承，云是鄭元、荀昶集解具載此注，其序以鄭爲主孔傳。近儒妄作其注。"用天之時，因地之利"謂"脫衣就功暴，其肌體朝莫從事，露髮塗足少而習之其心安焉。"與鄭氏所云"分別五土，視其高下。高田宜黍稷，下田宜稻麥。"優劣懸殊曾何等級。近儒詭說而廢鄭注，理實未可，司馬之言譴矣。"萬歲通天，初史承節"爲鄭君碑具載鄭所注解仍有《孝經》。孔賈諸疏亦竝引用。是時從鄭注者，衆也。宋均《孝經緯論注》引《六藝敘孝經》云：元又爲之注。是鄭已自言，可信。吾鄉黃文潔謂《孝經》鄭康成注，主今文是京口刻本，文潔猶及見之斷句。流傳正是今文，又可信也。邢昺力辨鄭注之僞，謂王肅註書好發鄭短，凡有小失皆在《聖證》，若《孝經》此注出鄭氏，被肅攻擊最應繁多，而肅無言。案：《禮·郊牲特》疏引肅難鄭云："月令命民。社，鄭注云'社，后土也。'《孝經注》云：后稷，土也。句龍爲后土。鄭記云'社，后土。則，句龍也。'是鄭自相違反，甚也。"昺之疏也。陸氏作《孝經音義》，據鄭氏解其條例，云：《孝經》，童蒙始學，特紀全句，故凡經文外所釋皆鄭注也，唐元宗注邢疏於襲鄭者，必曰依次鄭注。合二書參之，往往而合兼他所徵引鄭注，尚可十得七八。陸氏疑《孝經注》與康成注五經不同。細案之，實未見其不同也。依《唐志》一卷。

　　開宗明義章第一　攷證曰：疏云鄭注見章名

　　仲尼尻。尻，尻講堂也。《釋文》

　　先王有至德要道。禹，三王最先者。至德，孝悌也，要道，禮樂也。《釋文》。

　　參不敏。敏，猶達也。《儀禮·鄉射禮》疏

　　夫孝德之本也，人之行莫大於孝，故爲德本。《唐注》攷證曰：疏云此依鄭注。《釋文》引入"人之行"三字。

　　身體髮膚受之父母，不敢毀傷。父母全而生之，已當全而歸之，故不敢毀傷。《唐註》攷證曰：疏云此依鄭注。

　　以顯父母。父母得其顯譽也。《釋文》。

　　夫孝，始於事親，中於事君，終於立身。父母生之，是事親爲始；四十疆而仕，是事君爲中；七十行步不逮，懸車致仕，是事身爲終。《邢疏》攷證曰：疏本無"行步不逮懸車"六字。從《釋文》引補。《釋文》引"卅疆而仕及此"六字。

　　《大雅》云："無念爾祖。"雅者，正也。方始發章以正爲始。本疏。無念無忘也。《釋文》

　　天子章第二

　　刑于四海。刑，見也。《釋文》

蓋天子之孝也。蓋者，謙辭。本疏

甫刑云。引譬連類得象。本疏。春秋有呂國而無甫矦。《禮記·緇衣》疏攷證曰：《緇衣》疏引作"孝經序"。案："序"字，注字，音涉而譌也，當是此注，然所引未全。

兆民賴之。億萬曰兆。天子曰兆民，諸侯曰萬民。《五經算術》

諸侯章第三

在上不驕，高而不危。制節謹度，滿而不溢。危，殆也。《釋文》費用約儉，謂之制節。慎行禮法，謂之謹度。無禮爲驕，奢泰爲溢。《唐注》攷證曰：疏云此依鄭注。"費用奢泰"二句又見《釋文》。

然後能保其社稷。后土，社也。句龍爲后土。《禮記·郊特牲》疏攷證曰：本作后稷，土也。案：稷是社之細別，原顯之神，非后土，且與下句不相應。此"稷"字是"社"字之譌，又與土字倒換，爾今以義改正。《地官比長》疏云：孝經注直云"社"，謂后土者。舉配皇者而言耳。《大宗伯疏》亦因"社后土"。疏云句"龍生爲后土"，爻配社，即以社爲后土，又云孝經及諸文注多言"社，后土"。

而和其民人。薄賦斂、省徭役。《釋文》

蓋諸侯之孝也。列土封疆，謂之諸侯。《周禮·大宗伯疏》攷證曰。《釋文》引前四字。

戰戰兢兢，如臨深淵，如履薄冰。戰戰，恐懼。兢兢，戒慎。臨深，恐墜；履薄，恐陷。義取爲君恒須戒懼。《唐注》攷證曰：《疏》云此依鄭注。《釋文》引"戰戰兢兢恐墜恐陷"八字，摘訓不全。

卿大夫章第四

非先王之法服不敢服。法服，謂日月星辰，山龍華蟲，藻火粉米，黼黻絺繡。《北堂書鈔》八十六禮儀部七法則十五。先王制五服《周禮·小宗伯疏》天子服日月星辰；諸侯服山龍華蟲；卿大夫服藻火；士服粉米。《書鈔》一百二十八衣冠部、二法服十攷證曰：《釋文》引"服山龍華蟲，服藻火，服粉米"十一字。《文選·陸雲〈大將軍讌會詩〉》註引"大夫服藻火"五字。《小宗伯》疏引"日月星辰，服諸侯，服山龍"云云。竝刪節之。文《禮記·王制》疏云：皋陶云五服五章哉。《鄭注》五服，十二也，九也，七也，五也，三也。如鄭之義，九者謂公侯之服，自山而下七也是。伯之服自華蟲而下，五也。謂子男之服自藻而下，三也。卿大夫之服，自粉米而下與孝經注不同者。孝經舉其大綱。皆謂文繡也。《釋文》田獵，戰伐、卜筮，冠皮弁，衣素積。百王同之，不改易。《儀禮·少牢饋食禮》疏攷證曰："田獵"下本無"戰伐"字，從《詩·六月》疏、補《六月疏》引"田獵戰伐冠皮弁"七字。《釋文》引"田獵卜筮冠皮弁素積"九字。

非先王之法言不敢道，非先王之德行不敢行。禮以檢奢。《釋文》攷證曰：此注不全。

蓋卿大夫之孝也。 張官設府，謂之卿大夫。《禮記·曲禮》疏

夙夜匪解。 夜，莫也。解，惰也。《釋文》

士章第五

資於事父以事母而愛同。資於事父以事君而敬同。 資者，人之行也。《釋文》攷證曰：公羊定四年傳疏曰鄭注云云。注四制云：資，猶操也。然則言人之行者謂人操行也。

故以孝事君則忠，以敬事長則順。 移事父孝以事於君，則爲忠矣。移事兄敬以侍於長則爲順矣。《唐注》攷證曰：疏云此依鄭注。

然後能保其祿位，而守其祭祀。 食稟爲祿，始爲日祭。《釋文》攷證曰：古《春秋左氏》說古者，先王日祭祖考。《楚語》云：日祭祖爾。許氏謹案：叔孫通宗廟有日祭之禮，知古而然也。士有田，則祭，故曰始爲日祭。《釋文》存兩讀其音。越者，非也。

蓋士之孝也。 別是非□□□《釋文》攷證曰：此注不全。以上諸侯卿大夫注例之"別是非"下當有"謂之士"三字。今作空方記之。本疏引《傳》曰：通古今辨，然不然，謂之士。

庶人章第六

用天之道。 春生，夏長，秋斂，冬藏。《唐注》考證曰：疏云此依鄭注，又見《釋文》"秋斂，作秋收"云。"收"本作"斂"。

分地之利。 分別五土，視其高下。若高田，宜黍稷。下田，宜稻麥。邱陵阪險，宜種棗栗。《初學記·地部》。攷證曰疏引首二句云：此依鄭注。《詩·信南山》疏《周禮·大司徒》疏竝引"高田"二句。《釋文》引"分別五土邱陵阪險宜棗栗"十一字。《御覽》引"宜種桑栗"四字。

謹身節用。 行不爲非，度財爲費。什一而出。《釋文》

此庶人之孝也。 無所復謙。《釋文》考證曰：天子、諸侯、卿大夫、士之孝竝言，蓋此言此者庶人之孝如此而已，故曰"無所復謙也。"

故自天子至於庶人，孝無終始，而患不及者，未之有也。 始自天子，終於庶人。尊卑雖殊，孝道同致，而患不能及者未之有也。言無此理，故曰未有。

而患不及者。 患禍。《書》云："天道福善禍淫"，又曰"惠迪吉從，逆凶惟影響。"本疏。《釋文》攷證曰：疏引"善未有也"四字。

三才章第七

甚哉。 語喟然。《釋文》

天地之經，而民是則之。孝悌恭敬，民皆樂之。《釋文》

其政不嚴而治。政不煩苛。《釋文》

先王見教之可以化民也。見因天地教化，民之易也。《唐注》考證曰：疏云：此依鄭注。"民"本作"人"。《釋文》引"民之易也"四字，云"今作人"，蓋避太宗諱今改正。

陳之以德義，而民興行。上好義。《釋文》攷證曰：下闕。

先之以敬讓而民不爭。上好禮如文王敬讓於朝，虞芮推畔於田，則下効之。《釋文》攷證曰：《釋文》本無"上好禮"三字，然於"上好義"下云：呼報反，"下好禮"同，則應有此三字也。

赫赫師尹，民具爾瞻。師尹，若冢宰之屬也，女當視民。《釋文》攷證曰：下闕。《詩·節南山》疏引"冢宰之屬"四字。孔氏云以此刺其專恣，是三公用事者明兼冢宰，以統群職。

孝治章第八

曾者。曾，古也。《公羊傳序》疏

不敢遺小國之臣，而況於公侯伯子男乎？古者聘問天子無恙，五年一朝，天子使世子郊迎芻禾，百車以客。禮待之，晝坐正殿，夜設庭燎。思與相見，問其勞苦也。《御覽·皇親部·太子類》攷證曰：《御覽》本無"聘問天子無恙"六字，從《釋文》補。《釋文》無"古者諸侯"四字及"天子使世子"五字，"晝坐"四字，"思與"九字。《周禮大行人疏》引"世子郊迎"四字。□□□當爲王者□□族者，候伺伯者長□□□男者任也。德不倍別優。《釋文》考證曰：《釋文》引不具。前脫公訓，中脫子訓。案：《白虎通》云公者，通也。《春秋傳》曰：王者之後稱公。矦者，候也。伯者，長也。子者，字也。男者，任也。鄭注當與之同。則當爲上是"公者通也"四字。"王者"下是"之後"兩字。"伯者長"下是"子者字"三字可補也。今竝作空方記之。別優未成句，其下似當有"禮之"二字。

故得萬國之歡心。諸侯五年一朝天子，天子亦五年一巡守。《禮記·王制》疏。勞來。《釋文》攷證曰：《釋文》連上五字引"勞來"未成句，其上下當有脫文。

治國者不敢侮於鰥寡。丈夫六十無妻曰鰥，婦人五十無夫曰寡也。《詩·桃夭序》疏攷證曰：《文選·潘岳關中詩》注引"五十無夫曰寡"六字。

治家者，不敢失於臣妾。理家，謂卿大夫。《唐注》考證曰：疏云此依鄭注。諸侯稱國，大夫稱家。《春官典命》疏引《孝經》云云。案：《孝經》無此文。當是鄭注疏引脫"注"字耳。臣，男子賤稱。妾，女子賤稱。《釋文》

故得人之歡心以事其親。小大盡節養。《釋文》攷證曰下闕。

故生則親安之。生則至其樂。《釋文》攷證曰：本無"生"字，以義補。

有覺德行。 覺，大也。《唐注》攷證曰：疏此依鄭注。

聖治章

天地之性人爲貴。 貴其异於萬物也。《唐注》攷證曰：疏此依鄭注。

昔者周公郊祀后稷以配天。 郊祭感生之帝，東方青帝。靈，威仰。周爲木德，威仰木帝。本疏。以帝嚳配祭圜丘。同上。

宗祀文王於明堂，以配上帝。 明堂，居国之南。南是明阳之地，故曰明堂。堂上圜下方八牖四闥。本疏。上帝者，天之別名也。神無二主，故異其處，辟后稷也。《史記·封禪書注》考證曰：《通典吉禮篇·大享明堂類》引"上帝知其處名"下無"也"字。《南齊書·禮志》引"上帝"二句，《釋文》引"故異"二句。

是以四海之內，各以其職來祭。 於朝越嘗重譯。《釋文》攷證曰：此注上下有闕文。

以養父母日嚴。 至其樂親近於母。

聖人因嚴以教敬，因親以教愛。 □□□□□□□□□□致其樂親近於母。《釋文》攷證曰："致其"上當有"養"，則至其樂親近於母，釋因親以教愛。則上句"因嚴以教敬"注者必是居則致其敬，盡禮於父。此可推而知者，故空其文而識所見如此。

聖人之教，不肅而成，其政不嚴而治。 不令而行。《釋文》

其所因者本也。 本，謂孝也。《唐注》攷證曰：疏云此依鄭注。

父母生之，續焉大焉。君親臨之，厚莫重焉。 復何加焉。《釋文》

故不愛其親而愛他人者謂之悖德。不敬其親，而敬他人者，爲之悖禮。 悖若桀紂是也。本疏攷證曰：《釋文》無"悖"字。

言思可道。 言中《詩》《書》。《釋文》

進退可度。 難進而盡中，易退而補過。《釋文》攷證曰："中"字故與"忠"通用。

則而象之。 則，傚。《釋文》攷證曰：《釋文》有"傚"字，是"則"字注也。

故能成其德教，而行其政令。 漸而不令而伐謂之暴。《釋文》攷證曰：前有闕文。

淑人君子，其儀不忒。 淑，善也；忒，差也。《唐注》攷證曰：疏云此依鄭注。"忒"訓又見《文選·王融册秀才文》注。

紀孝行章第十

居則致其敬

□□也。盡，禮也。《釋文》攷證曰：《釋文》止"也盡禮也"四字其上當是致"盡敬"二字。故空文記之。

病則致其憂。色不滿容，行不正履。《唐注》考證曰：疏云此依鄭注。

喪則致其哀。擗踊哭泣，盡其哀情。《唐注》考證曰：疏云此依鄭注。《釋文》引上句。

祭則致其嚴。齋必變食，敬忌踧□。《釋文》攷證曰：闕文是"蹜"字。

在醜不爭。不忿爭也。《釋文》

爲下而亂則刑。好亂則刑罰及其身也。《釋文》

猶爲不孝也。不敢惡於人親。並《釋文》

三者不除，雖日用三牲之養，猶爲不孝也。不敢惡於人親。《釋文》考證曰：下闕。

五刑章第十一

五刑之屬三千。科條三千，謂劓、墨、宮割、□、大辟。穿窬盜竊者，劓；劫賊傷人者，墨；男女不與禮交者，宮割；入垣牆開人關閫者、手殺人者，大辟。《釋文》攷證曰：此注與《尚書·甫刑傳》《周禮·司刑》注相出入。宮割下當有"臏"字。"入垣"上當有"壞"字。閫者下亦當有"臏"字。不與之與同，以古與以字通也。

非聖人者無法。非侮聖人者。《釋文》

非孝者無親。非人行者。《釋文》考證曰：陸氏引"人行者"三字。注云一本作"非孝行"。案："非"字當補，"人行"不必改"孝行"。

廣要道章第十二

教民禮順，莫善於弟。弟，人行之次也。《釋文》

移風易俗，莫善於樂。樂感人情者也，惡鄭聲之亂樂也。《釋文》

安上治民，莫善於禮。上好禮，則民易使也。《釋文》

禮者敬而已矣。敬者，禮之本也。《唐注》考證曰：疏云此依鄭注。

故敬其父則子説，敬其兄則弟悦，敬其君則臣悦。盡禮以事。《釋文》

廣至德章第十三

君子之教以孝也[①]，非家至而日見之也。言教不必家到戶至，日見而語之。但行孝於內，其化自流於外。《唐注》考證曰：疏云此依鄭注。《釋文》引"而日語之但"五字。《文選·任昉齊竟陵文宣王行狀》注引"非門到戶至，而日見也。"一句。庾亮讓《中書令表注》亦引此句，"日見也"作"見之"。

教以孝，所以敬天下之爲人父者也。教以悌，所以敬天下之爲人兄者

[①] "孝"下注疏本有"也"字。

也。天子事三老，兄事五更。《釋文》攷證曰：《釋文》脫"父"字。疏言：舊注用應劭漢官儀是有"父"字也。今補。

廣揚名章第十四

君子事親孝，故終可移於君。以孝事君則忠。《唐注》考證曰疏云：此依鄭注。

事兄弟，故順可移於長。以敬事長則順。故順可移於長。《唐注》考證曰疏云：此依鄭注。

居家理，故治可移於官。考證曰：《釋文》讀"居家理故治"。《絕句邢疏》云：先儒以爲"居家理"下闕一"故"字。御注加之。君子所居則化，故可移於官也。《唐注》考證曰疏云：此依鄭注。

是以行成于內，而名立於後世矣。修上三德于內，名自傳于後代。《唐注》考證曰疏云：此依鄭注。

諍諫章第十五

"敢問子從父之令，可謂孝乎？"子曰："是何言與？是何言與？"孔子欲見諍諫之端。《釋文》。

昔者，天子有諍爭臣七人。七人，謂三公及前疑後丞左輔右弼，前疑後丞。《後漢書·劉瑜傳》注攷證曰疏云：鄭注引文王世子以解"七人"之義。《釋文》引"左輔"八字。

雖無道，不失天下。使不危殆。《釋文》

父有諍子，則身不陷於不義。父失則諫，故免陷於不義。《唐注》考證曰：疏云此依鄭注。《釋文》引"陷於不義"四字。

感應章第十六

昔者明王事父孝，故事天明。盡孝於父，視其分理也。《釋文》

宗廟致敬，鬼神著矣。事生者易，事死者難。聖人慎之，故重其文也。本疏考證曰：疏稱：舊注末無"也"字。從《釋文》引補。《釋文》止首末二句。

光於四海，無所不通。孝悌之至，則重譯來貢。《釋文》

無思不服。義取德教流行，莫不被義從化也。《唐注》考證曰：疏云此依鄭注。《釋文》引"莫不被"三字。云本今作"莫不服"。《唐注》"正"作"服"。今從《釋文》改正。

事君章第十七

君子之事上也。上陳諫諍之義，畢欲見事君。《釋文》攷證曰：此下當有"之道"二字。一本并"事君"二字脫。

進思盡忠。死君之難，爲盡忠。《文選·曹植三良詩注》考證曰：《釋文》引前四字。

喪親章第十八

孝子之喪親也。生事已畢，死事未見，故發此事。《唐注》考證曰：疏云此依鄭注。《釋文》引第二句。"此章"唐注本作"此事"。據疏釋注釋"章"字。今改。

哭不偯。氣竭而息，聲不委曲。《唐注》考證曰：疏云此依鄭注。

禮無容，言不文。不爲趨翔，唯而不對也。《釋文》攷證曰：《書鈔·禮儀部》有"禮無容，觸地無容。言不文，不爲文飾"四句是誤引唐注作鄭者。

服美不安。去文繡，衣衰服也。《釋文》攷證曰：一本脫"服也"二字。

聞樂不樂。悲哀在心，故不樂也。《唐注》考證曰：疏云此依鄭注。《釋文》引下句。

食旨不甘。不嘗鹹酸而食粥。《釋文》

毀不滅性。毀瘠羸瘦，孝子有之。《文選·謝莊宋孝武宣貴妃誄》注考證曰：《文選》注引此作"擗踊號泣以送之"注，誤《釋文》引上句。

喪不過三年。三年之喪，天下達禮。《唐注》考證曰：疏云此依鄭注。不肖者企而及之，賢者俯而就之□。再期。《唐注》考證曰："再期"上當有"故"字。爲空方記之。《喪服小記》云：再期之喪，三年也。

爲之棺椁衣衾而舉之。周尸爲棺，周棺爲椁。《唐注》考證曰：疏云此依鄭注。衾謂單，可以覆尸而起也。《釋文》

陳其簠簋而哀戚之。簠簋，內圓外方，受斗二升。《地官舍人》疏攷證曰：《舍人疏》云：直，據簋而言。若簠，則內方外圓。又攷工旅人疏云舍人注：方曰簠，圓曰簋。《孝經》簋內圓外方者，彼兼簠而言之。《禮儀少牢饋食疏》引"外方曰簠"四字。

擗踊哭泣。啼號竭，情也。《釋文》

卜其宅兆。兆，龜兆。《周禮·小宗伯》疏。葬事大，故卜之。《唐注》考證曰：疏云此依鄭注。《書鈔·禮儀部》。此前有"宅墓穴也兆塋域也"八字，亦是誤引唐注作鄭。

爲之宗廟，以鬼享之。宗，尊也。廟，貌也。親雖亡歿，事之若生。爲作宮室，四時祭之，若見鬼神之容貌。《詩·清廟序》疏攷證曰："爲作之作"本作"立"。從《釋文》改。《釋文》引"爲作宮室"四字。

春秋祭祀以時思之。四時變易，物有成熟，將欲食之，故先薦先祖，念之若生，不忘親也。《御覽》五百二十五《禮儀部·祭禮中》。

生事愛敬，死事哀慼。無遺纖也。《釋文》

生民之本盡矣，死生之義備矣，孝子之事親終矣。尋繹天經地義，究竟人情也，行畢孝成。《釋文》。

《孝經》者，三才之經緯，五行之綱紀。孝爲百行之首。經者，不易之稱。《玉海·四十一藝文門·孝經類》攷證曰："不易"一本作"至易"。僕避難於南城山，棲遲巖石之下。念昔先人，餘暇述夫子之志而注《孝經》。劉肅《大唐新語》九攷證曰：《御覽》引此"避難"作"避兵"。"南城山"作"城南之山"。"棲"下有"于"字。未有"焉"字。又《御覽》引《後漢書》曰：鄭元漢末遭黃巾之難，客於徐州。今《孝經序》鄭氏所作"南城山西上可二里所。有二石室焉。週廻五丈俗云是康成注《孝經》處。"今《范書》無此文。此序頗不類正君手筆，以相承已舊存之。

7. 龔道耕輯《孝經鄭氏注》

開宗明義章

嚴可均云："《正義》云：'今《鄭注》見章名。'《釋文》用《鄭注》，本亦有章名，《群書治要》無章名。"道耕案：《治要》所錄群經、諸子或有篇名，或無篇名，例不畫一，未足據。又《正義》、石臺、唐石經、今本皆有"第一"、"第二"字，今依《釋文》本。

仲尼居，[注]仲尼，孔子字。《群書治要》卷九。後但署《治要》。居，居講堂也。《釋文》《正義》。案《釋文》引《注》文"居"作"凥"。臧鏞堂云："此因《釋文》上云《說文》作'凥'，因並改此也。"今考《釋文》《治要》所據鄭本經文皆作"居"，臧說是也。嚴氏並改作經文作"凥"，非是。今訂正經、注，並作"居"。**曾子侍，**[注]曾子，孔子弟子也。《治要》。**子曰："先王有至德要道，**[注]子者，孔子。《治要》。禹，三王最先者。嚴云："《釋文》此下有"案五帝官天下，三王禹始傳於子，於殷配天，故爲教孝之始。王，謂文王也。'二十八字，蓋皆鄭注。唯因有'案'字，疑爲陸德明申說之詞，退附《注》末。"案此文不類陸語，丁氏晏亦輯爲《鄭注》，當是。臧輯及洪氏頤煊輯本並不載，今依嚴本。至德，孝弟也。要道，禮樂也。《釋文》，"弟"原作"悌"，據臧校改。**以順天下，民用和睦，上下無怨。**[注]以，用也。睦，親也。至德以教之，要道以化之，是以民用和睦，上下無怨也。《治要》。**女知之乎？"曾子辟席曰："女"，**今本作"汝"。"辟"，今本作"避"。今依《釋文》本。**參不敏，何足以知之？"**[注]參，名也。《治要》。案"名"上當增

"曾子"二字。敏，猶達也。《儀禮·鄉射禮》疏。參不達。《治要》。《釋文》云："辟，音避，《注》同。"案《明皇注》："參，曾之名也。禮師有問，避席起答。敏，達也。""參不達"云云，上下皆依《鄭注》。"禮師有問"二句，亦必用鄭注。《唐注》多有本諸家，而《正義》不言依某義者。蓋邢昺校正時所翦截也。**子曰："夫孝，德之本也，**〔注〕夫□《釋文》，凡文不連屬，或有闕脫者，皆以□別之。**人之行莫大於孝，故曰德之本也。**《治要》。《正義》末句作"故爲德本"。《釋文》有"人之行"三字。案《唐注》作"故爲德本"，蓋約用鄭義。今從《治要》本。**教之所由生也。**〔注〕教人親愛，莫善於孝，故言教之所由生。《治要》。**復坐，吾語女。**〔注〕□復坐□。《釋文》。上下闕，案《唐注》云："曾參起對，故使復坐。"或是用《鄭注》。**身體髮膚，受之父母，不敢毀傷，孝之始也。**〔注〕父母全而生之，子當全而歸之。《正義》。**立身行道，揚名於後世，以顯父母，孝之終也。**〔注〕父母得其顯譽也者。《釋文》。嚴云："或當作'者也'，轉寫倒。"臧云："'者'字當衍。"今仍原文。**夫孝，始於事親，中於事君，終於立身。**〔注〕父母生之，是事親爲始。卅彊而仕途，《正義》作"四十強而仕"。今依《釋文》。是事君爲中。七十行步不逮，縣車致仕，《釋文》有此八字。《正義》但作"七十致世"。是立身爲終也。《正義》。案臧本依《釋文》，以《正義》所引旁注云："《正義》約鄭義，非其本文，故與《釋文》所標者異。"今依嚴本、洪本。**《大雅》云：'無念爾祖，**《釋文》"無"作"毋"，""爾"作"尒""，今依各本。**聿修厥德。'"**〔注〕《大雅》者，《詩》之篇名。《治要》。雅者，正也。方始發章，以正爲始。《正義》。無念，無忘也。《釋文》《治要》。聿，述也。修，治也。爲孝之道，無敢忘爾先祖，當修治其德也。《治要》。

天子章

子曰："愛親者，不敢惡於人。"〔注〕愛其親者，不敢惡於他人之親。《治要》有"惡"字。**敬親者，不敢慢於人。**〔注〕己慢人之親，人亦慢己之親，故君子不爲也。《治要》。**愛敬盡於事親，**〔注〕盡愛於母，盡敬於父。《治要》。**而德教加於百姓。**〔注〕敬以置内，義以方外，故德教加於百姓也。《治要》。**形於四海。**本俱作"刑于"，臧云"鄭本作'形'，《注》云'形，見。'唐本作別'刑'，《注》云'刑，法也'。《釋文》有'法也'二字，淺人所加。《孝經序》"庶幾廣愛"。形於四海'，此参用鄭本也。此經"形於四海，猶《感應章》'光於四海'，當從鄭本作'形'。唐本作'刑'，非也。又凡古文經作'于'，今文及傳、注作'於'，《孝經》傳也，又今文也，故字皆作'於'，不當作'于'。此章及《感應章》'通於神明，光于四海'，'於'、'于'字皆錯見，非也。此章作'刑于'，蓋因《詩·思齊》文相涉，誤改。《庶人章》正義作'加於百姓，刑於四海'，可據以訂正。"道耕案：《治要》本正作"形"，"於"仍作"于"，臧氏謂今文經、傳、注皆作"於"，未足據。惟此經"於"字三十六見，不應此二處獨作"于"字，故用臧說改正。〔注〕形，見也。**德教流行，見四海也。**《治要》《釋文》有"形見"二字。〔注〕文"四海"上當補"於"字。**蓋天子之孝也，**〔注〕蓋者，謙辭。《正義》。**《甫刑》云：**《治要》本作《呂刑》，今依《釋文》及各本。**"一人有慶，兆民賴之。"**〔注〕《甫刑》，《尚書》篇名。《治要》。引辟連類，《文選·孫子荊爲石仲容與孫皓書》注。《釋文》有"引辟"二字。案《選》注"辟"作"譬"注。今依《釋文》。《書》錄王事，故證天子之章。《正義》云"《鄭注》以《書》錄王事，故證天子之章以爲引類得象。"案"引類得象"，即"引辟連類"之異文。嚴輯本以"引類得象"連"引辟連類"下，臧輯本又謂《正義》約述鄭義，並"《書》錄"十字附之旁注，皆非是。一人，謂天子。《治要》。億萬曰兆，天子曰兆民，諸侯曰萬民。《五經算術》上。案甄鸞但引《孝經注》，以《隋志》"周齊唯傳鄭義"證之，知是《鄭注》。天子爲善，天下皆賴之。《治要》。

諸侯章

在上不驕，高而不危，〔注〕諸侯在民上，故言在上，敬上愛下，謂之不驕，故居高位而不危殆也。《治要》。《釋文》有"危殆"二字。**制節謹度，滿而不溢。**〔注〕費用約儉，謂之制節。奉行天子法度，謂之謹度。《治要》。《正義》后二句作"慎行禮法，謂之謹度"。《釋文》有"費用約儉"四字。故能守法而不驕逸也。《治要》。無禮爲驕，奢泰爲溢。《正義》。《釋文》有下句。**高而不危，所以常守貴也。**〔注〕居高位而不驕，所以長守貴也。《治要》。"而"，單行《鄭注》本作"能"，今從《治要》刻本。**滿而不溢，所以長守富也。**〔注〕雖有一國之財而不奢泰，故能長守富。《治要》。**富貴不離其身，**〔注〕富能不奢，貴能不驕，故能不離其身。《治要》《釋文》有"離"字。"故能"，單行《注》本作"故云"。今依《治要》刻本。**然後能保其社稷，**〔注〕社，謂后土也。勾龍爲后土。《禮記·郊特牲》正義。《周禮·封人》疏引上句。《周禮·大宗伯》疏引作"社后土"。案此下當有解"稷"字語，今闕。上能長守富貴，然後乃能安其社稷。《治要》。嚴本脫此條。而和其民人。[注] 薄賦斂，省徭役，是以民人和也。《治要》。《釋文》無末句。**蓋諸侯之孝也，**[注] 列土封畺，《釋文》《周禮·大宗伯》疏。案"畺"，原俱引作"疆"。臧云："業鈔本《釋文》云'疆'字又作'畺'，則所標'畺'字當作'疆'。今據改。謂之諸侯。《周禮·大宗伯》疏。**《詩》云："戰戰兢兢，如臨深淵，如履薄冰。"**[注] 戰戰，恐懼。兢兢，戒慎。如臨深淵，恐隊。如履薄冰，恐陷。《治要》。《正義》無"如履薄冰"四字，"隊"作"墜"。《釋文》有"恐隊恐陷"四字。義取爲君恒須戒慎。《正義》。"慎"原作"懼"。臧云："石臺本、岳本作'慎'，《正義》亦云'常須戒慎。今《注》及《疏》標起止作'懼'，誤'。"今據改。

卿大夫章

非先王之法服不敢服，[注] 法服，謂先王制五服。天子服日月星辰，諸侯服山龍華蟲，卿大夫服藻火，士服粉米，皆谓文繡也。《周禮·小宗伯》疏引作"先王制五服，日月星辰服，諸侯服山龍"云云。《北堂書鈔》卷八十六引作"法服謂日月星辰、山龍華蟲、藻火、粉米、黼黻，皆文繡"。卷一百二十八引作"天子服"云云，至"粉米"。又引"士服粉裦羔"，即"粉米"之誤。《釋文》》有"服山龍華蟲、服藻火、服粉米，皆謂文繡也。"十六字。《文選·陸世龍〈大將軍宴會被命作詩〉》注引"大夫服藻火"。諸引互異。今合併參訂。嚴云："鄭注《禮器》云：'夫子服日月以至黼黻。'今此不至黼黻，闕文也。"田獵戰伐卜筮，冠皮弁，衣素積，百王同之，不改易。《儀禮·少牢饋食禮》疏引無"田獵戰伐"四字。《詩·六月》正義引"田獵戰伐冠皮弁"。《釋文》有"田獵戰伐衣素積"七字。案此注尚未完。**非先王之法言不敢道，**[注] 不合《詩》《書》，則不敢道。《治要》。**非先王之德行不敢行。**[注] 德行□。《釋文》。案：下闕，以下文推之，當是解德行爲禮樂也。禮以檢奢□。《釋文》。案下當闕"樂以"云云。不合禮樂，則不敢行。《治要》。**是故非法不言，**[注] 非《詩》《書)，則不言。《治要》。**非道不行。**[注] 非禮樂，則不行。《治要》。嚴本此二句經、注並脫，蓋傳刻失之。**口無擇言，身無擇行。言滿天下無口過，行滿天下無怨惡。**[注] 口過口惡口。《釋文》上下闕。**三者備矣，**[注] 法先王服，言先王道，行先王德，則爲備矣。

《治要》。案"法"當作"服"。**然後能守其宗廟。**［注］宗，尊也。廟，貌也。親雖亡没，事之若生，爲作宫室，《詩疏》"作"作"立"，今依《釋文》。四時祭之，若見鬼神之容貌。《詩·清廟》正義。《釋文》有"爲作宫室"四字。**蓋卿大夫之孝也。**［注］張官設府，謂之卿大夫，《禮記·曲禮上》正義。《詩》云：**"夙夜匪解。"**今本"解"作"懈"，《釋文》云："懈，佳賣反。《注》及下字或作'解'，同。"臧云："此當作'解'，佳賣反。《注》及下同字或作'懈'。據下標注"解，惰'字，知鄭本必作'解'，若本作'懈'，正字易識，陸可不音矣。蓋淺人據今本易之。"案今據臧說改正。**以事一人。'"**［注］夙，早也。《治要》。夜，莫也。《釋文》。《治要》"莫"作"暮"。匪，非也。解，惰也。《華嚴經音義》卷二十（行品）之二"解"作"懈"。《釋文》有"解惰"二字。一人，天子也。卿大夫當早起夜卧，以事天子，勿解惰。《治要》。"解"原作"懈"。

士章

資於事父以事母，而愛同，［注］資者，人之行也。《釋文》《春秋公羊傳·定四年》疏。事父與母，愛同，敬不同也。《治要》。**資於事父以事君，而敬同。**［注］事父與君，敬同，愛不同。《治要》。**故母取其愛，而君取其敬，兼之者父也。**［注］兼，並也。愛與母同，敬與君同，並此二者，事父之道也。《治要》。**故以孝事君則忠，**［注］移事父孝以事於君，則爲忠矣。《正義》。《治要》"矣"作"也"。**以敬事長則順。**［注］移事兄敬以事於長，則爲順也。《治要》、《正義》。《釋文》注有"長"字。**忠順不失，以事其上。**［注］事君能忠，事長能敬，二者不失，可以事上也。《治要》。**然後能保其禄位，**［注］食稟爲禄。《釋文》原本"禄"字空白，據盧校本補。此下尚當有解"位"之文，今闕。**而守其祭祀。**［注］始爲日祭。《釋文》。原本"始"字空白，據盧校本補。《釋文》又云："一本作'始曰爲祭'，曰，音越，又人實反。"嚴云："《藝文類聚》十八、《初學記》十三引《五經異義》曰：'謹案叔孫通宗廟有日祭之禮，知古而然也。'道耕案：據此則作"日"者是。《釋文》"音越"二字蓋淺人所加。又案：此注闕文尚多。**蓋士之孝也。**［注］別是非。《釋文》。此有闕文。《白虎通》云："通古今，辨然不，謂之士。"此注"別是非"，即"辨然不"也。蓋注文當脱"通古今謂之士"六字，與上《諸侯章》《卿大夫章》此注文一律。《詩》云：**"夙興夜寐，無忝爾所生。"**［注］忝，辱也。所生，謂父母。士爲孝，當早起夜卧，無辱其父母也。《治要》。

庶人章

用天之道，《治要》本首有"子曰"二字，"用"作"因"，嚴本從之，云："'因'，余蕭客所見影宋蜀大字本亦有'子曰'，亦作'因'。"案《釋文》於《天子章》云，"此一'子曰'，通《天子》《諸侯》《卿大夫》《士》《庶人》五章。"是陸所據鄭本此章無"子曰"二字，明甚。《治要》有校語云："'子曰'二字，衍。"是也。"用"字作"因"，似與注本順時義合，然無他證據，故仍依今本。[注] 春生夏長，秋收冬藏，《釋文》《治要》。《正義》"收"作"斂"，非。**順四時以奉事天道。**《治要》。**分地之利，**[注] 分別五土，視其高下，若高田宜黍稷，下田宜稻麥，丘陵阪險宜種棗棘。《太平御覽》卷三十六"棗棘"作"桑栗"。《唐會要》七十七無"丘陵"以下八字。《初學記》卷五引"高田"以下三句，"棗棘"作"棗栗"，"阪"作"坂"。《釋文》有"分別五土丘陵阪險宜棗棘"十一字，《注》云："一本作'宜種棗棘'。"《治要》、《正義》並引"分別"二句。《詩·信南山》正義、《文選·束廣微補亡詩》注引"高田"二句。案"棗棘"或作"桑栗"，或作"棗栗"，蓋所據本異，今依《釋文》。此分地之利。《治要》。**謹身節用，以養父母。**[注] 行不爲非爲謹身，富不奢泰爲節用，度財爲費。《治要》。《釋文》有"行不爲非爲度財爲費"八字。什一而出，《釋文》。父母不乏也。《治要》。**此庶人之孝也。**[注] 無所復謙。《釋文》有闕脱，洪以此句爲"父母不乏"之異文，謂"謙"古通作"慊"。案上四章皆言蓋某某之孝也，鄭於《天子章》注，以"蓋"謂謙辭。此章作"此庶人之孝也"，故鄭以爲無所復謙。嚴、臧本列此注於此句下，是也。洪説非。**故自天子至於庶人，**《治要》本"於"作"于"，非，今從各本。**孝無終始，而患不及己者，**各本無"己"字，《治要》有，嚴本依《治要》云："據《注》'患難不及其身，身即己也。'"《正義》引劉瓛云："而患行孝不及己者。"又云："何患不及己者哉。"則經文原有'己'字。《唐注》本臆删。"今從之。**未之有也。**[注] 總説五孝，上從天子，下至庶人皆當孝無終始。能行孝道，故患難不及其身也。《治要》無"也"字。《釋文》有末句，《正義》》引劉瓛云："鄭、王家諸家，皆以爲患及身。"《正義》云："《倉頡篇》謂患爲禍，孔、鄧、韋、王之學，引之以釋此經。"未之有者，言未之有也。《治要》。《釋文》無上句，下句作"善未之有也。"云"善"，一本作"難"。《正義》引同《釋文》,無"之"字。嚴云:"難、善,二本皆誤。其致誤之由,以《鄭注》有"皆當孝無終始"之語。而下章復有此語,實則兩無'無'並宜作'有',何以明之?經云:"孝無終始"者,承首章,始於事親,終於立身。故此言人之行孝,倘不能有始有終,未有禍患不及其身者也。晉時傳寫承誤,謝萬、劉瓛雖曲爲之説,於義未安,今擬改《鄭注》爲'皆當孝有終始',則經旨明白矣。末句尚有差誤,不敢意定。"案嚴説近是,然諟審注文,兩"無"非誤,鄭意蓋謂上從天子,下至庶人,皆當盡孝,不限終始。此"無"字,讀如無衆寡、無小大之"無",與經文"無"字少異。末句當依《正義》引删去"之"字,則於義得通,今姑仍《治要》本。又案《正義》此章疏兩引"鄭曰",其文不類,蓋申鄭説者之辭,今不取。

三才章

曾子曰:"甚哉!〔注〕語謂然。《釋文》。有闕脱。**孝之大也。"**〔注〕上從天子,下至庶人,皆當孝無終始,曾子乃知孝之爲大。《治要》。**子曰:"夫孝,天之經也,**〔注〕春秋冬夏,物有死生,天之也。《治要》。**地之義也。**〔注〕山川高下,水泉流通,地之義也。《治要》。**民之行也。"**〔注〕孝弟恭敬,民之行也。《治要》"弟"作"悌"。《釋文》有"孝弟恭敬行"五字。**天地之經,而民是則之。**〔注〕天有四時,地有高下,民生其間,當是而則之。《治要》。**則天之明,**〔注〕則,視也,視天四時,無失其早晚也。《治要》。**因地之利,**〔注〕因地高下所宜何等,《治要》。**以順天下。是以其教不肅而成,**〔注〕以,用也,用天四時地利,順治天下,下民皆樂之,是以其教不肅成也。《治要》。《釋文》有"民皆樂之"四字。案臧本以"民皆樂之"屬上注"孝弟恭敬"下,蓋未見《治要》引耳。**其政不而治。**〔注〕政不煩苛,故不嚴而治也。《治要》。《釋文》有上句。**先王見教之可以化民也。**〔注〕見因天地化民之易也。《治要》。《正義》"民"作"人"。《釋文》有"民之易也"四字。案《正義》"民"作"人",避諱改也。**是故先之以博愛,而民莫遺其親。**〔注〕先修人事,流化於民也。《治要》。**陳之以德義,而民興行。**〔注〕上好義,而民莫敢不服也。《治要》。《釋文》有"上好義"三字。**先之以敬讓,而民不爭。**〔注〕若文王敬讓以朝,虞芮推畔於田。《釋文》。《治要》"田"作"野",上行之,則下効之。《治要》。《釋文》有"則下効之"。案《治要》"効"作"效",古字通。單行《注》本"則下效法也",蓋後改本。今從《釋文》。**道之于禮樂，而民和睦。**"道"，今本作"導"。《釋文》："導，音道。本或作道。"臧云："當作'道，音導，本或作導。'今本淺人乙改。"案《治要》本作"道"，原本《北堂書鈔》卷二十七引《孝經》亦作"道"，二書所據皆鄭本也，今據改。[注]上好禮，則民莫敢不敬。《治要》。**示之以好惡，而民知禁。**[注]善者賞之，惡者罰之，民知禁，不敢爲非也。《治要》。《釋文》有"惡"字。**《詩》云："赫赫師尹，民具爾瞻。"**[注]師尹，若冢宰之屬也。《釋文》。《詩·節南山》正義云："師尹，《孝經注》以爲冢宰之屬。"女當視民。《釋文》。有脫闕。

孝治章

子曰："昔者明王之以孝治天下也，《治要》本脫"也"字。[注]昔，古也。《春秋公羊傳序》疏。**不敢遺小國之臣，**[注]古者，諸歲遣大夫，聘問天子無恙。"無恙"二字依《釋文》加。天子待之以禮，此不遺小國之臣者也。《治要》。《釋文》有"聘問天子無恙"六字，**而況於公侯伯子男乎？**[注]古者諸侯五年一朝天子，天子使世子郊迎，芻禾百車，以客禮待之。《治要》。《太平御覽》卷一百四十七不重"天子"字，"禾"作"米"。《釋文》有"五年一朝郊迎芻不百車以客"十二字，又有校語云："本或作'以客禮待之。'"蓋後人校《釋文》有此本也。**晝坐正殿，夜設庭寮，思與相見，問其勞苦也。**《太平御覽》卷一百四十七"寮"作"燎"。《釋文》有"夜設庭寮"四字。囗當爲王者口。《釋文》。案此文於前後不屬，文亦不甚可通，《釋文》云："爲，于僞反，下皆同。"今此下不見"僞"字，則闕者尚多。公者，正也，言正行其事也。侯者，候也，言斥候而服事。伯者，長也，爲一國之長也。子者，字也，言字愛於小人也。男者，任也，言任王之職事也。《正義》引舊解。《釋文》有"侯者候伺伯者長男者任也"十一字。案臧氏謂《正義》引舊解皆《鄭注》，甚確，惟疑於此條謂言"侯"者與《鄭注》異。余謂"候伺"與"斥候"義無大異，特《釋文》《正義》所據《鄭注》本微不同耳。德不倍者，不異其爵，功不倍者，不異其土。故轉相半別優劣。《禮記·王制》正義。《釋文》有"德不倍別優"五字。案《禮記》疏引作"《孝經》云"，以《釋文》證之，知即《鄭注》。此上尚有脫文。**故得萬國之歡心，以事其先王。**[注]諸候五年一朝天子，各以其職来助祭宗廟。《治要》。《禮記·王制》正義引上句。天子亦五年一巡守，《禮記·王制》正義。《釋文》無"天子亦"三字。囗勞來囗。《釋文》，上下闕。

是得萬國之歡心，事其先王也。《治要》。**治國者，不敢侮於鰥寡，**［注］治國者，諸侯也。《治要》。《唐注》："治國爲諸侯也。"《疏》以爲依《魏注》，"魏"當作"鄭"，以下治家者注證之可見。又《庶人章》"分地之利"，《唐注》依《鄭注》，宋本《疏》亦誤作《魏注》。丈夫六十無妻曰鰥，婦人五十無夫曰寡。《詩·桃夭》正義。《廣韶》二十八"山"引無"丈夫婦人"四字。《文選·潘安仁關中詩》注引"五十無夫曰寡"，**而況於士民乎？**［注］士知禮義。《正義》引解。《正義》此下云："又曰：丈夫之美稱。"臧云："《正義》引舊解，多與《鄭注》合。此以士爲丈夫美稱，與下注男子賤稱文句相第。《釋文》稱字音始見，下則非也，豈'士知禮義'句爲《鄭注》而《唐注》本之乎？"案臧説是也。今據採此注。**故得百姓之歡心，以事其先君。治家者，不敢失於臣妾，**《治要》"妾"下有"之心"二字，乃涉上下文衍，今刪。［注］治家，謂卿大夫。《正義》"治"原作"理"，《唐注》避諱也。今據經文改。□男子賤稱□。《釋文》。臧、嚴并云："此注上當有'臣'字，下當有'妾，女子賤稱。"**而況于妻子乎？故得人之歡心，以事其親。**［注］小大盡節。《釋文》。有闕脱。**夫然，故生則親安之，**［注］養則致其樂，故親安之也。《治要》。《釋文》有上句。案《釋文》標注文"養"字在經文"夫然"上，傳寫之誤。**祭則鬼享之。**《治要》本"享"作"饗"，今依《釋文》。《注》"饗"字同。［注］祭則致其嚴，故鬼享之。《治要》。**是以天下和平，**［注］上下無怨，故和平。《治平》。**災害不生，**［注］風雨順時，百穀成熟。《治要》。**禍亂不作。**［注］君惠臣忠，父慈子孝，是以禍亂無緣得起也。《治要》。**故明王之以孝治天下也如此。**［注］故明王所以災害不生，災亂不作，以其孝治天下，故致於此。《治要》。**《詩》云：'有覺德行，四國順之。'"**［注］覺，大也。有大覺德，四方之國，順而行之。《治要》。《唐注》與此同，"大也"下有"義取天子"四字。《正義》惟云："覺，大也。"依《鄭注》。

聖治章

曾子曰："敢問聖人之德，無以加於孝乎？"子曰："天地之性人爲貴。［注］貴其異於萬物也。《治要》。《唐注》同。《正義》云："依《鄭注》。"**人之行莫大於孝，**［注］孝者，德之本，又何加焉！《治要》。**孝莫大於嚴父，**［注］莫大於尊嚴其父。《治要》。《治要》刻本無"於"字，從單注本補。**嚴父莫大於配天，**［注］尊嚴其父，莫大配天。生事愛敬，死爲神主也。《治要》。**則周公其人也。**［注］尊嚴其父，配食天者，周公爲之。《治要》。《治要》刻本無"尊嚴"字，從單注本補。**昔者周公郊祀后稷以配天，**《釋文》本把"祀"作"巳"，蓋傳寫之譌，或據謂鄭本如是，誤也。［注］郊者，祭天之名。《宋書·禮志三》。《治要》無"之"，后稷者，周公始祖。《治要》。嚴輯本此下有"東方青帝靈威仰周爲木德威仰木帝"十五字，云：據《正義》，检尋《正義》，此乃約舉鄭氏《禮注》之義。且末云："鄭説具於《三禮義宗》。"則非《孝經注》明矣。洪、臧各輯本俱不載此文，今删。**宗祀文王於明堂，以配上帝。**［注］文王，周公之父。明堂，天子布政之宮。《治要》。明堂之制，八窗四達，《太平御覽》卷一百八十八。上圓下方，《白孔六帖》卷十。案此説明堂制度未備，蓋猶有闕説。居國之南，《正義》。《玉海》卷九十五"居"作"在"。南是明陽之地，故曰明堂。《正義》。上帝者，天之別名也。《史記·封禪書》集解、《宋書·禮志三》。《治要》無"也"字。《南齊書》卷九引作"上帝亦天別名"。《唐書·王仲邱傳》引作"上帝亦天也"。嚴云："鄭以上帝爲天別名，謂五方天帝，別名上帝，非即昊天上帝也。"案王伯厚謂此注爲與鄭他經注不同之證，觀嚴説可無疑矣。神無二主，故異其虞，辟后稷也。《史記·封禪書》集解，《續漢書·祭祀志中》注。《宋書·禮志三》引作"明堂異處，以避后稷"。《唐書·王仲邱傳》引作"但異其處，以避后稷"。《釋文》無"神無二主"四字。案"辟"字諸引皆作"避"，今依《釋文》。是以四海之內，各以其職來助祭。今本無"助"字，臧云："《禮記·禮器》正義、《公羊·僖十五年》疏、《後漢書·班彪傳下》注引《孝經》皆有'助'，諸家所據《孝經》皆《鄭注》本，是鄭本《孝經》有'助'字。"今據增。［注］周公行孝於朝，越嘗重譯来贡，是得萬國之歡心也。《治要》。《釋文》有"於朝越嘗重譯"六字。《治要》"嘗"作"裳"，今依《釋文》。**夫聖人之德，又何以加於孝乎？**［注］孝弟之至，通於神明，豈聖人所能加？《治要》。**故親生之膝下，以養父母日嚴。**［注］口致其樂口。《釋文》。上下闕。**聖人因嚴以教敬，因親以教愛。**［注］因人尊嚴其父，教之爲敬，因親近於其母，教之爲愛。順人情也。《治要》。《釋文》有"親近於母"四字，《正義》云："舊注取《士章》之義，而分愛近父母之別。"案《治要》原作"因親近於其父"，誤，今依《釋文》。又案《正義》引舊注即《鄭注》，此亦一證。**聖人之教不肅而成，**［注］聖人因人情而教民，民皆樂之，故不肅而成也。《治要》。其政不嚴而治。[注] 其身正，不令而行，故不嚴而治。《治要》。《釋文》有 "不令而行" 四字。**其所因者本也。**[注] 本，謂孝也。《治要》。《唐注》同。《正義》云："此依《鄭注》也。"**父子之道，天性也，**[注] 性，常也。《治要》。**君臣之義也，**[注] 君臣非有天性，但義合耳。《治要》。**父母生之，續莫大焉。**[注] 父母生之，骨肉相連屬，復何加焉。《治要》。《釋文》有 "復何加焉" 四字。《治要》刻本注文 "之" 作 "字"。**君親臨之，厚莫重焉。**[注] 君親擇賢，顯之以爵，寵之以祿，厚之至也。《治要》。**故不愛其親而愛他人者，謂之悖德；**[注] 人不能愛其親，而愛他人親者，謂之悖德。《治要》。"他人" 下宜依下注增 "之" 字。**不敬其親而敬他人者，謂之悖禮。**[注] 不能敬其親而敬他人之親者，謂之悖禮也。《治要》。**以順則逆，**[注] 以悖爲順，則逆亂之道也。《治要》。《治要》刻本 "逆亂" 作 "悖亂"，今依單注本。**民無則焉。**[注] 則，法。《治要》。**不在於善，而皆在於凶德。**[注] 惡人不能以禮爲善，乃化爲惡。《治要》。悖若桀、紂是也。《正義》。《釋文》《治要》並無 "悖" 字，單注本作 "若桀、紂是爲善"，有校語云："據《釋文》，'爲善' 二字當作一 '也' 字。" 刻本《治要》同《釋文》，即據校語改。**雖得之，君子不貴也。**《治要》本作 "君子所不貴"，則與《古文孝經》同，今有通行本。[注] 不以其道，故君子不貴。《治要》。**君子則不然，言思可道，**[注] 君子不爲亂逆之道，言中《詩》《書》，故可傳道也。《治要》。《釋文》有 "言中詩書" 四字。"亂逆"，刻本《治要》作 "逆亂"。**行思可樂。**[注] 動中規矩，故可樂也。《治要》。《釋文》有 "樂" 字。**德義可尊，**[注] 可尊法也。《治要》。**作事可法。**[注] 可法則也。《治要》。**容止可觀，**[注] 威儀中禮，故可觀。《治要》。**進退可度。**[注] 難進而盡忠，易退而補過。《治要》《釋文》。案《釋文》"忠" 誤作 "中"，今依《治要》。**以臨其民，是以其民畏而愛之，**[注] 畏其刑罰，愛其德義。《治要》。**則而象之。**[注] 口傚口。《釋文》。上下闕。《正義》"法則而象效之"，《鄭注》當類此。**故能成其德教，**[注] 口漸也。《釋文》。上闕。**而行其政令。"**[注] 不令而伐謂之暴。《釋文》。上下闕。案《釋文》云："令，力正反。" 下文並注並同，則所闕尚多。**《詩》云：'淑人君子，其儀不忒。'"** [注] 淑，善也。忒，差也。《治要》。《唐注》同。《正義》云："此依《鄭注》也。"《文選·王元長永明十一年策秀才文》注引下句。善人君子，威儀不差，可法則也。《治要》。《唐注》云："義取君子，威儀不差，爲人法則。"與鄭義同。《正義》不言依《鄭注》，蒙上可知也。

紀孝行章

子曰："孝子之事也，居則致其敬，［注］也盡禮也。《釋文》。案《釋文》云："一本作'盡其敬也'，又一本作'盡其敬禮也。"減云："上'也'"字當衍。《注》以'盡禮'釋'致敬'。《廣要道章》云：'禮者，敬而已矣。'餘二本非。"**養則致其樂，**［注］樂竭歡心以事其親。《治要》。**病則致其憂，**［注］色不滿容，行不正履。《唐注》。《正義》云："此依《鄭注》也。"**喪則致其哀，**［注］擗踊哭泣，盡其哀情。《唐注》。《正義》云："此依《鄭注》也。"《北堂書鈔》卷九十三無"哀"字。《釋文》有"擗踊泣"三字。**祭則致其嚴。**［注］齊必變食，居必遷坐，敬忌踧踖，若親存也。《北唐書鈔》卷八十八。《釋文》有"齊必變食敬忌踧"七字。案《書鈔》"齊"作"齋"，今依《釋文》。陳禹謨删改本《書鈔》引此注作"齋戒沐浴，明發不寐"，乃據《唐注》妄改，不足據。**五者備矣，然後能事親。事親者居上不驕，**［注］雖尊爲君，爾不驕也。《治要》。**爲下不亂，**［注］爲人臣下，不敢爲亂也。《治要》。**在醜不爭。**［注］忿爭爲醜。刻本《治要》無此句，蓋校者以其不可解而删之，今用單注本。醜，類也。以爲善不忿爭也。《治要》。《釋文》有"不忿爭也"四字。《治要》無"也"字，依《釋文》加。單注本有校語云："忿事爲醜，疑有差誤。"嚴云："'以爲善'亦有脱，下文'在醜而爭'注，'朋友中好爲忿爭，此當云朋友爲醜。《曲禮》'在醜夷不爭'注'醜，衆也。夷，猶儕也'。義亦不殊。據《諫爭章》'士有爭友'注，'以賢友助己。'此當云助己爲善。己、已形近，'以'即'已'。脱一'助'字。存疑，俟定。"**居上而驕則亡，**［注］富貴不以其道，是以取亡也。《治要》。**爲下而亂則刑，**［注］爲人臣下好作亂，則刑罰及其身也。《治要》。《釋文》有"好亂則刑罰及其身也"九字。《治要》無"也"字，依《釋文》加。**在醜而爭則兵。**［注］朋友中好爲忿爭者，惟兵刃之道。《治要》。**三者不除，雖日用三牲之養，猶爲不孝也。"**［注］夫愛親者，不敢惡於人之親。今反驕亂忿爭，雖日致三牲之養，豈得爲孝乎？《治要》。《釋文》有"不敢惡於人親"六字。

五刑章

子曰"五刑之屬三千，［注］五刑者，謂墨、劓、臏、宮割、大辟也。《治要》。科條三千，謂劓、墨、宮割、大辟。《釋文》。嚴云："此注當云墨之屬千，劓之屬千，臏之屬五百，宮割之三百，大辟之屬二百。今本倒亂脫誤。"穿窬盜竊者劓，劫賊傷人者墨，男女不與禮交者宮割，壞人垣牆開人關闔者臏，手殺人者大辟。《釋文》。"壞人者臏"四字依盧校《釋文》補。嚴云："此注'劓'當作'墨'，'墨'當作'劓'，'男女'至'宮割'九字當在'臏'字下。《周禮》司刑二千五百罪以墨、劓、宮刖、殺爲次弟。《呂刑》以墨、劓、剕、宮、大辟爲次弟。刖、剕即臏也。此經言'五刑之屬三千'明依《呂刑》。《治要》載《鄭注》次弟不誤，《釋文》非。"又云："《釋文》云此與《周禮注》不同者，據《司刑注》引《書傳》也。《書傳》是伏生今文說，鄭受古文，與伏生說不同。《司刑注》云：其刑書則亡。明所說目略，衰周法家追定，周初未必有之。鄭亦據法家爲說，各有所本，不必強同。而鄭意又有可推得者，唐虞象刑、《呂刑》用罰爲刑。法家之說，雖無害於經，究未足以說經，故注《呂刑》無此目略。陸爲先陸所誤，抉擇異同，實爲隔硋。"道耕案：此注嚴本最有條理，說亦明通，今依之。**而罪莫大於不孝。**［注］不孝之罪，聖人惡之，去在三千條外。《正義》引舊注。《周禮·大司徒》疏："《孝經》不孝不在三千者，深塞逆源。"臧云："賈氏知《孝經》不孝不在三千者，《鄭注孝經》言之，與《正義》引舊注合。鏞堂謂《正義》所引舊注即鄭解，此其信。"道耕案："深塞逆源"四字，蓋亦《鄭注》文。**要君者無上，**［注］事君先事而後食祿，今反要之，此無尊上之道。《治要》。**非聖人者無法，**［注］非侮聖人者，不可法。《治要》。《釋文》有上五字。**非孝者無親，**［注］己不自孝，又非他人爲孝，不可親。《治要》。《釋文》有"人行者"三字。又云："一本作'非孝行者'。"蓋《釋文》所據鄭本作"己不自孝，又非他人行孝者"，與《治要》本異。**此大亂之道也。**［注］事君不忠，侮聖人言，非孝者，大亂之道也。《治要》。

　　廣要道章

　　子曰："**教民親愛，莫善於孝。教民禮順，莫善於弟。**"弟"今本並作"悌"，今依《釋文》本。臧云："《釋文》'孝悌'字有'弟'、'悌'二本，而陸必以'弟'爲正，如《廣要道章》《廣揚名章》經，《三才章》注，皆作'弟'者。因陸云'本亦作悌'，淺人不得輒改也。如《開宗明義章》注、《感應章》經，陸無'本亦作悌'之言，後人悉改爲'悌'矣。"［注］人行之次也。《釋文》。**移風易俗，莫善於樂。**［注］夫樂者，感人情者也。《治要》無"者也"。《釋文》無"夫"字及上"者"字。《北堂書鈔》卷一百五引作"夫樂感人之情"。樂正則心正，樂淫則心淫也。《治要》。《北堂書鈔》卷一百五無"也"字。□惡鄭聲之亂樂也。《釋文》。上文闕。**安上治民，莫善於禮。**〔注〕上好禮，則民易使也。《釋文》《北堂書鈔》卷八十。《治要》無"也"字。**禮者，敬而已矣。**〔注〕敬者，禮之本，有何加焉。《治要》。《唐注》："敬者，禮之本也。"《正義》云："此依《鄭注》也。"**故敬其父則子説，**"説"，《治要》及今本並作"悦"，今依《釋文》，下皆同。**敬其兄則弟説，敬其君則臣説，**〔注〕盡禮以事□。《釋文》。語未竟。**敬一人而千萬人説，**〔注〕一人，謂父、兄、君。千萬人，謂子、弟、臣也。《正義》引舊注。**所敬者寡而説者衆，**〔注〕所敬一人，是其少。千萬人説，是其衆。《治要》。**此之謂要道也。"**〔注〕孝弟以教之，禮樂以化之，此之謂要道也。《治要》。

廣至德章

子曰："君子之教以孝也，非家至而日見之也。臧云："《文選注》兩引《孝經》，皆無上下'也'字，疑今本衍。"案《治要》亦無上"也"字，今姑依今本。〔注〕言教非門到户至，日見而語之，但行孝於内，其化自流於外也。《唐注》"言教非家到"云云至"於外"，《正義》云："此依《鄭注》也。"《文選·庾元規讓中書令表》注引作"非門到户至而見文"。任彦昇《齊竟陵文宣王行狀》作"非門到户至而日見也"。《治要》作"但行孝於内，流化於外也"。《釋文》有"語之但"三字。案諸引乖異，今參互訂正。**教以孝，所以敬天下之爲人父者也。**〔注〕天子父事三老，所以教天下孝也。《治要》。《釋文》有上句。《治要》作"天子無父"，今依《释文》。**教以弟，所以敬天下之爲人兄者也。**〔注〕天子兄事五更，所以教天下弟也。《治要》。《释文》有上句。《正義》舊注用應劭《漢官儀》云："天子無父，父事三老，兄事五更，乃以事父事兄爲教孝悌之禮。"《治要》作"天子無兄"，今依《釋文》。後刻本《治要》兩"無"字皆删去。**教以臣，所以敬天下之爲人君者也。**〔注〕天子郊，則君事天。廟，則君事尸。所以教天下臣。《治要》。《詩》云：'豈弟君子，**《释文》"愷"本又作"豈"，"悌"本又作"弟"。臧云："各本作'愷、悌'，鄭本當本作'豈弟'，《釋文》蓋出後人乙改。"今據以改正。**民之父母。'**〔注〕以上三者，教於天下，真民之父母。《治要》。**非至德，其孰能順民如此其大者乎！"**〔注〕至德之君，能行此三者，教於天下也。《治要》。

廣揚名章

子曰："君子之事親孝，故忠可移於君；［注］以孝事君則忠。《唐注》。《正義》不云依《鄭注》，以下文例知之。欲求忠臣，出孝子之門，故可移於君。《治要》。**事兄弟，故順可移於長；**［注］以敬事長則順，故可移於長也。《治要》。《唐注》有上句。《正義》云："此依《鄭注》也。"**居家理治，**案"治"上今本有"故"字，《正義》云："先儒以爲'居家理'下闕一'故'字，御注加之。"是《唐注》以前本無"故"字。故《釋文》云："鄭讀'居家理治'絕句。"與上異讀。今本《釋文》《治要》皆爲淺人據唐本妄加"故"字，今刪。**可移於官。**［注］君子所居則化，所在則治，故可移于於官也。《治要》。《唐注》同，無弟二句。《正義》云："此依《鄭注》也。"《釋文》有"治"字，又云："《注》讀'居家理治'絕句。"案《鄭注》"所居則化"解"理"字，"所在則治"解"治"字，《唐注》既增經文"故"字，故用《鄭注》而刪次句也。**是以行成於内，而名立於後世矣。"**［注］脩上三德於内，名自傳於後世。《唐注》。《正義》云："此依《鄭注》也。""世"原作"代"，避諱改也，今改復。

諫爭章

《釋文》本"爭"作"諍"，《治要》及各本作"爭"。《釋文》於"欲見諫諍之端"下云"諍，鬭也。"是其本亦作"爭"，今本爲後人所改。

曾子曰："若夫慈愛恭敬，安親揚名，則聞命矣。敢問子從父之令，可謂孝乎？"［注］□令□。《釋文》。上下闕。**子曰："是何言與？是何言與？**"與"，《釋文》作"歟"，今從各本。［注］孔子欲見諫爭之端□。《釋文》。下闕。"爭"本作"諍"，據《釋文》云："諍，鬭也"，則當是"爭"字，今據改。**昔者天子有爭臣七人，雖無道，不失天下。**"不失"下今本有"其"字，惟石臺本及《釋文》本無，《漢書·霍光傳》引此經亦無"其"字，今據刪。［注］七人者，謂太師、太保、太傅、左輔、右弼、前疑、後承，維持王者，使不危殆。《治要》"承"作"丞"。《後漢書·劉瑜傳》注引作"七人謂三公及左輔、右弼、前疑、後承"。《釋文》有"左右弼前疑後承使不危殆"十二字。《正義》云："孔、鄭《注》並引《文王世子》以解七人。"**諸侯有爭臣五人，雖無道，不失其**

國。**大爭有臣三人，雖無道，不失其家。**［注］尊卑輔善，未聞其官。《治要》。**士有爭友，則身不離於令名。**《釋文》標經文無"不"字，盧文弨《考證》以爲脱，是也。臧氏引洪氏及顧廣圻說，非是。［注］令，善也。士卑無臣，故以賢友助己。《治要》。**父有爭子，則身不陷於不義，**［注］父失則諫，故免陷於不義。《唐注》。《正義》云："此依《鄭注》也。"**故當不義，則子不可以不爭於父，臣不可以不爭於君。故當不義則爭之，從父之令，又焉得爲孝乎？**"［注］委曲從君父之令，善亦從善，惡亦從惡，而心有隱，又焉得爲忠臣孝子乎？《治要》《臣軌·匡諫章》注。《釋文》："焉，於虔反。"《注》同。《治要》"焉"作"豈"，今依《臣軌》注。"亦從"，《臣軌》作"只爲"，非是，今仍《治要》。

感應章

子曰："昔者明王事父孝，故事天明，［注］盡孝於父，則事天明。《治要》。《釋文》有上句。**事母孝，故事地察。**［注］盡孝於母，能事地，察其高下，視其分理也。《治要》。《釋文》有末句。《治要》"理"作"察"，依《釋文》改。**長幼順，故上下治。**［注］卑事於尊，幼事於長，故上下治。《治要》。《釋文》有"長治"二字。**天地明察，神明章矣。**"章"，今本皆作"彰"，今依《釋文》。《注》內"彰"字並改。［注］事天能明，事地能察，德合天地，可謂章也。《治要》。**故雖天子，必有尊也，言有父也；**［注］謂養老也。《禮記·祭義》正義。雖貴爲天子，必有所尊事之若父者，三老是也。《治要》無"者"字。《北堂書鈔》卷八十三無"之"、"是"二字。《禮記·祭義》正義作"父謂君老也"。案《禮記疏》約舉鄭義，"君"即"三"字之誤。**必有先也，言有兄也。**［注］必有所先，事之若兄，五更是也。《治要》。**宗廟致敬，不忘親也。**［注］設宗廟，四時齊戒以祭之，不忘其親。《治要》。**修身慎行，恐辱先也。**［注］修身者，不敢毀傷；慎行者，不歷危殆，常恐己辱先也。《治要》。**宗廟致敬，鬼神著矣。**［注］事生者易，事死者難，聖人慎之，故重其文也。《治要》無"其"字、"也"字。《正義》引舊注無"也"字。《釋文》有"事生者易故重其文也"九字。**孝弟之至，**"弟"，各本作"悌"，今改。說在《廣要道章》。**通於神明，光於四海，**各本"於"作"于"，嚴據石臺本、臧據正德本《孝經疏》引經文，均謂宜改作"於"，今從之。說又詳《天子章》"形於四海"下。**無所不通。**［注］孝至於天，則風雨時。孝至於地，則萬物成。孝至於人，則重譯來貢。故無所不通也。《治要》。《釋文》有"則重譯來貢"五字。**《詩》云：'自西自東，自南自北，無思不服。'"**［注］義取孝道流行，莫不被義從化也。《唐注》。《正義》云：此依《鄭注》也。"《釋文》有"莫不被"三字。《治要》作"孝道流行，莫敢不服"，蓋有删節。"被"，《唐注》作"服"，今依《釋文》。

事君章

子曰："**君子之事上也，**［注］上陳諫爭之義畢，欲見□。《釋文》。下闕，"爭"原作"諫"，今據《諫爭章》改。**進思盡忠，**［注］死君之難爲盡忠。《文選·曹子建三良詩》注。《釋文》有"死君之難"四字。**退思補過，**［注］退居私室，則思補其身過。《正義》引舊注。臧云："以《聖治章》'進退可度'注證之，此必《鄭注》無疑。《正義》兼引韋昭者，蓋韋與鄭同也。**將順其美，匡救其惡，故上下能相親也。**［注］君臣同心，故能相親。《治要》。**《詩》云：'心乎愛矣，遐不謂矣。中心藏之，何日忘之？'"**《釋文》"中"本亦作"忠"，子建三臧云："《毛詩》古文作'中心臧之'，三家《詩》今文作'忠心藏之'，鄭本《孝經》爲今文，當作'忠'，引《詩》以能進思盡忠也。此蓋後人乙改。"案此説未確，今仍依舊本。

喪親章

子曰："**孝子之喪親也，**［注］生事已畢，死事未見，故發此章。《唐注》。《正義》云："此依《鄭注》也。"《釋文》有"死事未見"四字。"章"原誤"事"，據疏述注文改。**哭不偯，**［注］氣竭而息，聲不委曲。《唐注》。《正義》云："此依《鄭注》也。"**禮無容，言不文，**［注］父母之喪，不爲趨翔，唯而不對也。《北堂書鈔》卷九十三。《釋文》有末二句。《書鈔》脱"趨"字，"翔"誤"詡"，"也"上衍"者"字，據《釋文》删正。陳禹謨本《書鈔》作"觸地無容，言不文飾"，蓋據《唐注》妄改。**服美不安，**［注］去文繡，衣衰服也。《釋文》。**聞樂不樂，**［注］悲哀在心，故不樂也。《唐注》。《正義》云："此依《鄭注》也。"**食旨不甘，**［注］不嘗鹹酸而食粥。《釋文》。此哀感之情也。**三日而食，教民無以死傷生，毁不滅性，**［注］毁瘠羸瘦，孝子有之。《文選·謝希逸宋孝武宣貴妃誄》注。《釋文》有上句。**此聖人之政也。喪不過三年，示民有終也。**［注］三年之喪，天下達禮。《唐注》。《正義》云："此依《鄭注》也。"不肖者企而及之，賢者俯而就之，再期□。《釋文》。下闕。盧校云：

"當是引《喪服小記》'再期之喪三年'。"**爲之棺椁衣衾而舉之**，［注］周尸爲棺，周棺爲椁。《唐注》。《正義》云："此依《鄭注》也。"□衾謂單，被可以亢尸而起也。《釋文》。臧、嚴並云："'單'下脱'被'字。"今補。此上尚闕釋"衣"之文。**陳其簠簋而哀慼之**，［注］簠、簋，祭器，受一斗二升。内圓外方，祭不見親，故哀慼也。《北堂書鈔》卷八十九。《周禮·舍人》疏引作"内圓外方，受斗二升者"。又《旅人》疏引"内圓外方者"。《儀禮·少牢饋食禮》疏引作"外方曰簠"。臧云："《儀禮疏》'曰簠'二字，乃'内圓'之誤。"陳本《書鈔》末二句作"陳奠素器，而不見親，故哀慼也"，蓋據《唐注》妄改。**擗踊哭泣，哀以送之**。［注］啼號竭情也。《釋文》。**卜其宅兆，而安厝之**。"厝"，今本作"措"，依《釋文》本。鄭注《士喪禮》引經亦作"厝"，《書鈔》所據《鄭注》本亦作"厝"。［注］宅，葬地。兆，吉兆也。葬事大，故卜之，慎之至也。《北堂書鈔》卷九十二。《唐注》有"葬事"二句，《正義》云："此依《鄭注》也。"《儀禮·士喪禮》疏云："《孝經注》兆爲吉兆。"《周禮·小宗伯》疏云："《孝經注》兆以龜兆釋之。"並約鄭義。**爲之宗廟，以鬼享之**。［注］宗，尊也。廟，貌也。言祭宗廟，見先祖之尊貌也。《正義》引舊解。此與《卿大夫章》注大同小異，注不妨同也。**春秋祭祀，以時思之**。［注］四時變易，物有成熟，將欲食之，先薦先祖，念之若生，不忘親也。《北堂書鈔》卷八十八、《太平御覽》卷五百二十五。《書鈔》多譌脱，以《御覽》爲正。**生事愛敬，死事哀慼，生民之本盡矣**，［注］無遺纖也。《釋文》。有闕文。**死生之義備矣**，［注］尋繹天經地義，究竟人情也。《釋文》。**孝子之事親終矣**。"［注］行畢孝成。《釋文》。

參考文獻

（唐）李隆基注，（宋）邢昺疏：《孝經注疏》，中華書局1980年版。

（清）皮錫瑞：《孝經鄭注疏》，清光緒二十二年至三十四年（1896—1908）《皮氏經學叢書》本。

（清）皮錫瑞：《鄭志疏證》，《師伏堂叢書》，光緒元年（1875）本。

（清）嚴可均：《孝經鄭注》，清光緒三十三年（1907）刻《咫進齋叢書》本（第三集）。

（清）洪頤煊：《孝經鄭氏補證》，清乾隆三十六年（1771）刻《知不足齋叢書》本。

（清）陈鱣輯：《孝經鄭氏注》一卷，清咸豐元年（1851）刻《涉聞梓舊》本。

（清）黃奭輯：鄭玄《孝經解》一卷，清光緒十九年（1893）刻《漢學堂叢書》（高密遺書）本。

（清）孔廣林輯：《鄭玄孝經注》，清光緒十六年（1890）山東書局刻《通德遺書所見錄》本。

（清）袁鈞輯：《鄭玄孝經注》，清乾隆六十年（1795）浙江書局刻《鄭氏佚書》本。

（清）王謨輯：《孝經注》，清嘉慶三年（1798）刻《漢魏遺書鈔》（經翼第四冊）本。

（清）臧鏞堂輯：《孝經鄭氏解輯本》，《知不足齋叢書》（第二十一集），清乾隆四十一年至道光三年（1776—1823）鮑氏刻本。

（清）朱彝尊輯：《孝經鄭氏注》，《經義攷》卷222，中華書局1998年版。

（清）余蕭客輯：《孝經鄭氏注》，《欽定四庫全書·經部·古經解鉤沉》，文淵閣本。

（清）潘任：《孝經鄭注考證》，清光緒二十年（1894）《虞山潘氏叢書》本。

（清）孫季咸：《孝經鄭注附音》，清光緒二十二年（1896）本。

龔道耕：《孝經鄭氏注》，《龔道耕儒學论集》，四川大學出版社 2010 年版。

曹元弼：《孝經鄭氏注箋釋》，民國二十四年（1935）本。

［日］尾張藤益根輯：《孝經鄭註》，日本早稻田大學藏本。

［日］岡田挺之輯：《孝經鄭註》《孝經鄭注補集》，《知不足齋叢書》（第二十集），（乾隆至道光本、景乾隆至道光本）。

陳鐵凡：《孝經鄭氏解輯詮》，燕京文化事業有限公司 1977 年版。

陳鐵凡：《敦煌本孝經鄭氏解抉微》，燕京文化事業有限公司 1977 年版。

陳鐵凡：《敦煌本孝經類纂》，燕京文化事業有限公司 1977 年版。

陳鐵凡：《孝經學源流考》，臺灣編譯館 1986 年版。

陳鐵凡：《孝經鄭注校證》，臺灣編譯館 1987 年版。

陳鐵凡：《敦煌本鄭氏孝經序作者稽疑》，《中國敦煌學百年文庫文獻卷（二）》，甘肅文化出版社 1999 年版。

李學勤、吕文郁主編：《四庫大辭典》，吉林大學出版社 1996 年版。

張涌泉主編：《敦煌經部文獻合集》（第七册），中華書局 2008 年版。

王啟濤主編：《吐魯番文獻合集·儒家經典卷》，巴蜀書社 2017 年版。

林秀一、陸明波、刁小龍：《敦煌遺書〈孝經〉鄭注義疏研究》，《中國典籍與文化論叢》，2013 年。

林秀一、陸明波、刁小龍：《敦煌遺書〈孝經〉鄭注復原研究》，《中國典籍與文化論叢》，2013 年。

舒大剛：《迷霧濃雲：〈孝經鄭注〉真偽諸説平議》，《儒藏論壇》，2012 年。

耿天勤：《鄭玄注〈孝經〉考辨》，《古籍整理研究學刊》2010 年第 1 期。

陈壁生：《明皇改經与〈孝經〉學的轉折》，《中國哲學史》2012 年第 2 期。

顾永新：《〈孝經鄭注〉回传中國考》，《文獻》2004 年第 3 期。

史应勇：《传世〈孝經〉鄭注的再考察》，《唐都學刊》2006 年第 5 期。

赵景雪：《清代〈孝經〉文獻輯佚研究》，《安徽文學》2007 年第 3 期。

金光一：《〈群書治要〉回傳考》，《理論界》2011 年第 9 期。

吴仰湘：《清儒對鄭玄注〈孝經〉的辩护》，《中國哲學史》2017 年第 3 期。

後　　記

　　從 2013 年夏開始，到 2018 年秋完稿，又經一年統稿。春去秋來，寒來暑往，整整六載流轉。期間的甘苦不爲外人所道，今天終於可以直抒胸臆。

　　本人從事倫理學研究二十年有餘，雖對中國倫理思想素有興趣，碩士論文便是《龔自珍倫理思想的近代色彩》，只是後來進行倫理學原理、西方倫理學思想史方面的研究。進年來在研究西方道德責任理論的同時，也一直倚重于墨家思想，研究也多以"微言大義"的闡釋爲重點，對於史料、文獻訓詁、攷證之類的，則很少觸及。也正因了這一緣故，總覺得學術需培根固土，以便堅實有力發展。於是，從"小學"而"大學"，由現代回溯傳統之根，則成爲我反復思考之事。當 2013 年，青島大學前校長徐宏力提議整理《康成文集》這一浩大工程時，我也是積極響應者之一。後來在文學院院長竇秀艷教授大力推動下，才有了《〈孝經〉鄭玄注匯校》的落實。於我而言，這是第一次開始文獻整理方面的工作。兩千多個日夜，爬梳理耕，凝心聚力，不敢有絲毫馬虎與疏忽，戒持浮躁之心，從最初的茫然無知、困難重重，到而今初有感覺和體悟。從陌生到熟悉，時斷時續，幾次曾萌生放棄之念。何必爲難自己呢？可正是在這種爲難自我的磨礪中，才會有精彩的收穫和自覺成長。

　　鄭玄作爲經學大家，其作品歷來受到學者重視。鄭玄經注的知識性研究已取得較爲可觀的成果，其經注的思想性研究也正日益为学者所關注。但鄭玄對於倫理的關注與思考，則爲當代學人所忽視。或因中國傳統文化歷來以倫理見長，但凡研究中國傳統文化則内含對倫理的研究。《禮記·樂記》中最早出現"倫理"一詞，"凡音者，生於人心者也；樂者，通倫理者也。"以倫理來解釋"樂"。鄭玄曾爲之注："倫，猶類也。理，分也。"在为《孟子》作注時，曾云"伦，识人事之序也。"雖然其注與當代"倫理"意義大相徑庭，但對當今學者依然有重要啓示。"經典爲彼岸，注释是津梁。"對於鄭玄注《孝經》及其思想的研究還有大量工作要做，也是本人今後研究努力的方向之一。"道阻且长，行則將至。"

原計劃匯校四類《孝經鄭注》，第一類是《孝經鄭注》，匯校一種。是以嚴可均《鄭玄孝經注》（咫進齋叢書）、龔道耕《孝經鄭氏注》、日本尾張藤益根《孝經鄭注》（寬政本　日本早稻田大學圖書館藏本）爲對校，参攷潘任《孝經鄭注攷證》（《虞山潘氏從事》光緒二十年刊）、洪頤煊《孝經鄭注補注》（《知不足齋叢書》）、日本專家林秀一《孝經鄭注復原研究》、台灣學者陈鐵凡的《孝經鄭注》，敦煌本《孝經類纂》等文獻。第二類是《孝經鄭玄集解》類，匯校一種，以臧庸《孝經鄭氏解》爲底本，以黃奭《鄭玄孝經解》、曹元弼《孝經鄭注解》爲對校。第三類是《孝經鄭玄注疏》類，匯校一種。以皮錫瑞的《孝經鄭註疏》爲底本。第四類是有关《孝經鄭注附音》方面，匯校一種。以孫季咸《孝經鄭注附音》爲底本。但是因爲時間緊張，精力有限，加之資料搜集整理還有待于完善，只能暫時做一類匯校，遺憾留待後補了。

本書作爲青島市社科規劃（後期）項目成果，在匯校過程中得到衆多學者及其論著的幫助和啟迪，再此一併感謝。感謝青島大學提供出版基金資助。感謝青島大學文學院院長竇秀艷教授，從叢書的籌劃、相關資料的提供、聯繫出版事宜等所付出的辛苦。感謝衆多學生參與到此項活動中，積極完成部分打字任務，使匯校工作減輕不少。感謝中國社會科學出版社任明主任的認真負責，玉成此事。更要感謝本書所直接引用、參考的文獻及其輯作者。這是一本衆人智慧的凝結，是後人與前人對話的呈現，也是本人與外界對話的過程。由於本人學識能力所限，出現錯訛紕漏雖非所願，亦難避免，誠邀各位方家指正賜教，不勝感激。

2019 年 12 月 1 日於青島